高 等 学 校 教 材

分析化学简明教程

主　编　王冬梅　吴　杰　李　娜
副主编　齐　誉　孙　鹏　耿洪超
陈　伟　李　昆　黄小文

中国教育出版传媒集团
高等教育出版社·北京

内容提要

本书为山东省一流本科课程（线上线下混合式课程）“分析化学”的主讲教材。全书突出可读性、适应性和前沿性，与课程线上教学的知识点相结合，增加课程思政内容，以分析化学发展史为主线，把发展过程中涉及的科学发现过程、相关理论在应用中的典型案例等内容融入教材中（限于篇幅，很多内容以二维码形式呈现），给学生知识拓展、能力培养、创新创业、思政培育和职业发展等提供样板，为新工科建设和中国制造 2025 的人才培养打下坚实的基础。

全书共 8 章，包括绪论、定量分析的误差与数据处理、酸碱滴定法、配合滴定法、氧化还原滴定法、重量分析法与沉淀滴定、紫外 - 可见分光光度法，以及分析化学领域的最新进展、检索方法和常用网站等。每章章首有学习导航，章末有课程思政任务单、思考题、习题、思维导图和电子课件、拓展知识等，其中对一些思考题和计算题还提供了参考答案。

本书作为高等学校通用的分析化学课程简明教材，适合于工科、理科及师范类院校使用，也可供专科（含成人专科）学生与科研、生产技术人员参考。

图书在版编目（CIP）数据

分析化学简明教程 / 王冬梅，吴杰，李娜主编. 北京 : 高等教育出版社，2024. 11. -- ISBN 978-7-04-062931-6

Ⅰ. O65

中国国家版本馆CIP数据核字第2024XE4429号

Fenxi Huaxue Jianming Jiaocheng

策划编辑 刘 佳　　责任编辑 刘 佳　　封面设计 李卫青　　版式设计 李彩丽
责任绘图 邓 超　　责任校对 高 歌　　责任印制 沈心怡

出版发行	高等教育出版社	网　址	http://www.hep.edu.cn
社　址	北京市西城区德外大街4号		http://www.hep.com.cn
邮政编码	100120	网上订购	http://www.hepmall.com.cn
印　刷	运河（唐山）印务有限公司		http://www.hepmall.com
开　本	787mm×1092mm　1/16		http://www.hepmall.cn
印　张	15		
字　数	300千字	版　次	2024年11月第1版
购书热线	010-58581118	印　次	2024年11月第1次印刷
咨询电话	400-810-0598	定　价	41.10元

物 料 号　62931-00

序

生物技术、纳米技术和信息科学技术是21世纪推动经济发展的三大支柱，分析化学作为与工农业、医药卫生、环境保护监测、地质分析、矿物分析、材料科学、生物科学等多领域息息相关的学科，无处不在。随着相关学科与技术的迅猛发展，分析化学对其他科学技术的影响越来越大，已经成为一门极具活力的学科。

分析化学是研究物质的组成、含量、结构和形态等化学信息的分析方法及理论的一门科学。它的主要任务是采用各种各样的方法和手段，得到分析数据，鉴定物质体系的化学组成、测定其中有关成分的含量，以及确定体系中物质的结构和形态，解决关于物质体系构成及其性质的问题。分析化学是化学、生物学、化工、医药等专业本科学生的主要基础课程之一。面对党的二十大对高等教育的发展与改革提出的要求，本课程的学习使学生掌握分析化学的基本理论、基本知识和基本分析方法，牢固树立起“量”的概念，初步具备分析问题和解决问题的能力，培养学生良好的道德修养、职业素质和家国情怀，为今后的工作及更深一步的深造做必要的铺垫。

现代分析化学的发展正在使分析化学成为能够提供各式各样信息的一门化学信息科学。它是人们获得物质组成和结构信息的科学，这些信息对于生命科学、材料科学、环境科学和能源科学来说都是必不可少的。

同时，分析化学又是一门工具科学，在科学研究上起着“眼睛”的作用，在化学学科本身的发展上曾经起过而且继续起着重要的作用，在其他许多科学领域中，如生物学、医药学、农业科学、地质学、矿物学、海洋学、天文学等领域中也要用到分析化学，因此可以说在涉及化学现象的任何一种科学研究中，分析化学都是必不可少的研究手段。

与其他学科一样，科学渗透是分析化学发展的一个重要特点。科学渗透已使分析化学成为一个庞大的学科体系，分析化学家面临的不是一个单一的分支，而是综合性的学科研究领域，即进入所谓“分析科学”的阶段。

材料科学和环境科学曾经和正在促进着分析化学的发展，其主要标志是痕量分析、微区分析、表面分析和形态分析获得前所未有的发展。20世纪80年代以来，生命科学又进一步推动了分析化学的发展。分析化学涉及的内容十分广泛，发展非常迅速。分析化学不断地吸收现代科学技术的新成果，并成为最具活力的学科之一。

本书是一本简明的分析化学基础教材，是编者近20年分析化学教学、科研及相关生产经验的结晶。全书强调基础概念，重视理论与实践的结合，力求取材新颖、文字通俗、深入浅出、简明扼要。为提高学生的学习兴趣、开阔学生的科学视野、实现立德树人根本任务，书中编写了分析化学在各行各业中的应用、最新学科进展、章节思维导图等内容，相关拓展内容以二维码形式呈现。

本书内容详简适中，由浅入深，遵循学生认知规律，具有较强的系统性和逻辑性，并融入了最新的信息技术，希望本书的出版可以为学生呈现一本符合新时代科学发展特点的教材。

于济南大学

2024 年 1 月

前言

山东科技大学化学与生物工程学院的应用化学本科专业2019年进入全球基本科学指标数据库(ESI)的1%,2021年该专业获批山东省一流专业建设点。本书为该专业获批的山东省一流本科课程“分析化学”配套教材。作为大学一年级的专业基础课,“分析化学”在应用化学、材料化学、高分子材料工程等专业的学位课程学习、毕业设计、毕业论文等环节都十分重要。党的二十大对高等教育的要求是在基础教学中加上课程思政、创新创业教育等对学生“两性一度”的培养,但考虑到近年来高校分析化学课程学时的压缩(从48学时压缩到32学时),这些要求是原有教材无法实现的;同时,由于分析化学课程是十分注重实验教学的课程,教学中理论与实践的结合也是原有教材未能完全覆盖的。

本书编写组将普通高等学校多年来教学中积累的优质资源、理论与实践结合的案例、当今社会中关注的热点问题与分析化学课程的教学内容相结合,在保证课程教学内容完整性的情况下,以二维码的形式,把教学案例、课程思政任务单、思维导图、习题及解答、课程案例、课程拓展内容融入教材中,为学有余力、致力于科学研究的学生提供开阔视野的平台,也为广大学生和教师提供进一步提升综合能力的途径与资源。

本书主编在分析化学课程的教学实践中,于2013年初率先进行了在线课程、混合式教学、课程思政等教学改革,其成果获得山东省第八届高等教育教学成果一等奖,2020年有100多所高校引用该课程,并以课程思政示范包的方式被全国237名教师使用。

本书的编写由山东科技大学、黑龙江大学、江苏海洋大学、石河子大学、湖南大学、辽宁科技大学、河南城建学院7所高校协作完成,这为本书在普通高校的推广和应用打下了坚实的基础。本书在编写过程中遵循以下原则:适应社会发展、紧跟学科前沿、加强实践应用、提高素质能力、充实思政情怀。

本书充分反映了各院校教学改革和研究成果,在教材编写中融入现实生活中的问题解决方法案例、热点问题解决案例、课程思政、思维导图、学习难点和重点、学科前沿、拓展知识、习题解答、实验训练等,重点突出以下特点:

1. 服务教学,明确知识目标、能力目标和思政目标,标识内容重点、难点,进一步熟悉教材相关专业培养目标和人才规格,明晰该课程的教学目标及要求,避免教与学中无法抓住重要知识、理论与实践脱节的弊端。

2. 案例引导,强调理论与实践相结合,提高学生分析问题、解决问题的能力。为学生介绍本课程的学习在实际工作中的典型任务和解决策略，优化课程章节，进行案例引导，增强学生自主学习、深入思考和不断创新的综合能力。

3. 强调实用，服务于就业，在教学内容上紧跟前沿、与时俱进、理论与实践紧密结合。

4. 与网络数字资源相融合，激发学生学习兴趣、提高学习效率。构建信息量丰富、学习手段灵活、学习方式多元的立体化教材，适应性强，助力提高学生的“两性一度”。

本书第 1 章由孙鹏撰写，第 2 章由王冬梅、黄小文撰写，第 3 章由李娜撰写，第 4 章由陈伟撰写，第 5 章由耿洪超撰写，第 6 章由齐誉撰写，第 7 章由王冬梅撰写，第 8 章由李昆撰写，吴杰负责全书教学课件和思维导图的制作，李娜负责数字化资源的编写，周俐军负责全书的统稿和校对工作。济南大学国家级教学名师奖获得者魏琴教授对全书进行审阅，在此表示衷心的感谢。

由于作者知识水平有限，书中难免存在问题和错误，请广大读者批评指正。

编者

2024 年 1 月于青岛

目 录

第3章

酸碱滴定法 45

第4章

配位滴定法 82

第5章 氧化还原滴定法 113

第6章 重量分析法与沉淀滴定 145

第7章 紫外－可见分光光度法 168

第8章 分析化学领域的最新进展、检索方法和常用网站 190

附录 203

主要参考文献 226

第1章 绪论

学习导航

知识目标

1. 了解分析化学概述，并掌握其作用和分类。

2. 了解分析化学的发展历史及分析化学的应用及前景。

3. 了解试样分析的基本程序及注意事项。

4. 了解滴定分析法的分类和滴定方式。

5. 理解滴定分析法产生的原因，并掌握滴定分析中的基本计算方法。

能力目标

1. 让学生了解分析化学是怎样的一门学科，树立准确的量的概念。

2. 让学生对分析化学的任务、重要性、分类及发展趋势等，有一个概括的了解，激发学生进一步深入学习这门学科的主动性和积极性。

3. 在了解滴定分析法的特点和分类方法的基础上，明确作为滴定分析的化学反应所必须具备的条件。

4. 掌握滴定分析中常用的滴定方式；标准溶液的配制、标定及其浓度的表示方法。

5. 掌握滴定分析法的有关基本概念。

思政目标

让学生知道分析化学的发展历史，切实感受到化学与人类的生存发展密切相关，认识到学习化学的重要性与必要性，谨记作为化学科学工作者应该恪守的职业道德准则。

让学生牢记：记录分析数据必须严谨、真实、可靠，要实事求是；在学习和工作中必须保持严谨、艰苦奋斗、求真务实、百折不挠、坚持真理的科学精神。

案例导入

三鹿奶粉事件是2008年发生的一起食品安全事件，导致数千名婴幼儿患病。事件的根本原因是奶粉中非法添加了三聚氰胺这种化工原料，以此虚假提高蛋白质含量的检测结果。这一事件突显了分析化学在确保食品安全方面的重要作用。

分析化学是化学学科的一个重要分支，它为许多领域的研究和应用提供了方法和工具。它犹如一双“眼睛”，揭示事物的本质。这双“眼睛”在人们日常生活中随处可见。三鹿奶粉事件、增塑剂事件等食品安全问题，曾一度成为人们讨论的热点。原来对某些物质的分析方法本身存在的一些漏洞，被有些不法分子钻了空子，蒙蔽了这双“眼睛”。例如，原来奶粉质量国家标准中蛋白质含量测定采用凯氏定氮法，用所测的氮含量来折算蛋白质含量，其局限性在于无法排除非蛋白质氮源的干扰，一般奶粉蛋白质中氮含量不会超过30%，而三聚氰胺中氮含量却可达到66%左右，当奶粉中加入三聚氰胺后，会使奶粉氮含量急剧提高，生产成本降低，并蒙混监督机构的检验，谋取不义之财。现在国家标准中采用离子色谱等作为奶制品蛋白质含量的检测手段后，大家就可以喝上安全放心的奶制品了。

三鹿奶粉事件　案例　国家标准　国家标准　国家标准

1.1 分析化学的任务与作用

分析化学（analytical chemistry）是人们获得物质化学组成和结构信息的科学，主要涉及分析方法及有关理论的研究。分析化学的研究对象是物质的化学组成和结构，它要解决的问题是物质的化学组分是什么、各组分的相对含量是多少，以及这些组分在物质中的存在形式是怎样的。因此，分析化学的主要任务就是获取关于物质化学组成、含量及结构等方面的信息。

分析化学是一门极其重要的、理论与实际紧密结合的基础学科，也是一门多学科交叉的化学信息学科。它与化学、物理学、生命科学、信息科学、材料科学、环境科学、能源科学、地球与空间科学等有着密切的联系，相互交叉和渗透，相互促进和发展。

分析化学不仅对化学自身的发展起着重大作用，也在国民经济、环境保护、食品安全、医药卫生、国防建设等方面都起着重要作用。

在国民经济方面，资源勘探和钢铁、油田基地选定过程中对矿田和油气的分析，工业生产中的原料中间体、成品的分析，农业生产中土壤、肥料、粮食、农药的分析，原子能材料、半导体材料和超纯物质中微量杂质的分析，现代大型企业中质量控制与产品检验等都要用到分析化学。

在环境保护方面，环境污染物的检测、水质检测、雾霾检测组成分析等，都成为分析化学重要研究内容，也需要分析化学工作者不断做出努力。

在食品安全方面，人们比较关心的农药的残留、重金属含量的测定等都是分析化学的重要任务。

在医药卫生方面，病因的调查、疾病的临床检验、药品质量、假药鉴别和新药的开发研制也都需要分析化学发挥重要的作用。在历届奥运会上，兴奋剂的问题是突出问题，而且目前各种新型兴奋剂不断涌现，兴奋剂的检测成为分析化学不断需要研究的课题。

在国防建设中，分析化学在武器、航海、航天材料及化学战剂等的研究中起着重要的作用。

分析化学已经渗透到许多学科领域，如生物学、物理学、电子学、天文学、地质学、矿物学、海洋学、医药学及考古学等。可以说，从地球到宇宙凡涉及化学现象的任何领域都要用到分析化学，而化学现象是自然界最普遍的现象之一。因此，分析化学已成为科学技术的“眼睛”，可及时提供有效的、具有统计意义的结果与信息，并给以科学的解释，在发现和解决实际问题的过程中扮演着重要的角色。

分析化学应用的最新进展实例

1.2 分析化学的方法分类

根据分析的任务、对象、测定原理、试样用量、待测组分含量和具体要求等方面的不同，可将分析化学分为不同的类别。

1.2.1 定性分析、定量分析和结构分析

按照分析化学的目的和要求的不同，分析化学可以分为以下三种：

定性分析（qualitative analysis）的任务是鉴定物质由哪些元素、基团或化合物所组成。

定量分析（quantitative analysis）的任务是测定物质中有关成分的含量。

结构分析（structure analysis）的任务是研究物质的分子结构、晶体结构或综合形态，通过测定物质的空间构型、排布方式，从其微观结构进一步研究其物理、化学方面的性质。

1.2.2 无机分析和有机分析

按照分析的对象分类，分析化学主要分为无机分析和有机分析。

无机分析（inorganic analysis）：组成无机物的元素种类较多，要求鉴定物质的组成和测定各组分的含量。

有机分析（organic analysis）：组成有机物的元素种类不多，但结构相当复杂，分析的重点是官能团分析和结构分析。

1.2.3 化学分析和仪器分析

按照分析测试原理和使用仪器的不同，可将分析化学分为**化学分析**和**仪器分析**。

以物质的化学反应及其计量关系为基础的分析称为化学分析（chemical analysis）。化学分析法是分析化学的基础，又称经典分析法，主要有重量分析法和滴定分析法等，相关内容在本书中有全面的介绍。

以物质的物理性质和物理化学性质为基础的分析称为物理和物理化学分析。这类分析通过较特殊的仪器来完成，通常称为仪器分析（instrumental analysis）。主要的仪器分析法有以下几类。

1. **光学分析法**

这是根据物质的光学性质和能量变化所建立的分析方法，主要包括分子光谱法，如紫外－可见分光光度法、红外光谱法、分子荧光分析法及磷光分析法；原子光谱法，如原子发射光谱法、原子吸收光谱法；其他方法，如激光拉曼光谱法、光声光谱法、化学发光分析法等。

2. **电化学分析法**

这是根据物质在溶液中的电化学性质变化所建立的分析方法，主要包括电位分析法、电重量法和库仑法、伏安法和极谱法、电导分析法等。

3. **热分析法**

这是根据测量体系的温度与某些性质（如质量、反应热或体积）间的动力学关系所建立的分析方法，主要包括热重量法、差热分析法和测温滴定法。

4. **色谱法**

这是以物质在互不相溶的两相中的分配系数差异为基础所建立的分离分析方法。色谱法是一种重要的分离富集方法，主要包括气相色谱法、液相色谱法及离子色谱法。

近几十年迅速发展起来的质谱法、核磁共振波谱法、X 射线电子能谱法、电子显微镜分析及毛细管电泳法、纳米化学传感器等仪器的分离分析方法使得分析手段更为丰富，分析能力更加强大。

1.2.4 常量分析和微量分析

按照分析试样的取样量分类，分析化学则分为常量分析和微量分析两大类。

根据试样中被分析的组分在试样中的相对含量的高低可分类为常量分析、半微量分析、微量分析和痕量分析，具体情况见表 1–1。

表 1–1 按照分析试样的取样量分类的具体情况

分类名称	所需试样质量 /mg	所需试样体积 /mL
常量分析（macro analysis）	100~1 000	10~1 000
半微量分析（semi–macro analysis）	10~100	1~10
微量分析（micro analysis）	0.1~10	0.01~1
痕量分析（trace analysis）	<0.1	<0.01

1.2.5 例行分析和仲裁分析

按照最终的用途分类，分析化学则分为例行分析和仲裁分析。

一般分析实验室对日常生产流程中的产品质量指标进行检查控制的分析称为**例行分析**（routine analysis）。不同企业部门间对产品质量和分析结果有争议时，请权威的分析测试部门进行裁判的分析称为**仲裁分析**（arbitral analysis）。

1.3 试样分析的基本程序

一个完整的试样分析过程包括：采样、试样的分解、干扰组分的掩蔽和分离、分析测定、数据处理及结果评价。

1.3.1 采样

采样的基本要求就是所采集的试样必须具有代表性，即所采集的试样在物质组成和含量方面必须能代表总体。采样过程还涉及试样的保存问题：当试样从试样总体中取出后，存在着可能污染或发生化学和物理变化的风险。因此，洁净的采样容器、合适的保存方法是保证采样质量的重要因素。

1. 固体试样

常见的固体试样包括颗粒物、片状和棒状材料（如聚合物薄膜、金属线材和板材等）。固体一般为不均匀体系，为了使采集到的试样具有代表性，合理的采样方法显得尤为重要。对土壤、地质试样、矿样等可采取多点、多层次的方法采样，即根据试样分布面积的大小，按一定距离和不同的地层深度采集。采到的粗试样经风干、磨碎后，按四分法缩分，直到所需的量。对制成的产品，可按不同批号分别采样，对同一批号的产品须多次采样后充分混匀。

2. 气体试样

典型的气体试样包括大气、工业废气、气溶胶、压缩气体等。气体采样更多地采用吸收法。这种方法用固体吸附剂或液体吸收剂来吸附或吸收气体试样。固体吸附剂主要有硅胶、氧化铝、镁铝酸盐、分子筛等无机化合物，各种合成高分子树脂及滤纸、滤膜、脱脂棉、玻璃棉等纤维状物质。液体吸收剂包括水、水溶液、有机溶剂等。

3. 液体试样

常见的液体试样包括天然水、工业溶剂、饮料、液体状口服药剂等。对于完全均匀的液体试样可直接用虹吸管或注射器抽取。然而大多数液体试样并非真正的均匀试样。在试样总量不大的情况下，可通过搅拌或摇匀使试样均匀化。对于总量很大的待测对象，如湖泊水、工业废水等，则必须采用分点、分时采样的方法。如要分析某水体的重金属污染状况，应该在不同的水体区域和不同的深度进行采样。不同部位采集的试样可以被单独分析，以了解水体重金属污染的空间分布，也可以将采集的试样混合均匀后再取一定的量进行分析，这样可以得到水体中重金属离子的平均浓度。

4. 生物试样

生物试样中，待测物的组成会因生物体的器官、部位和生理状态，以及采样的季节和时间等因素不同而有很大的差异。因此采样时，应根据分析任务，选取生物体的适当部位，在适当的生长阶段和时间，合理采样。同时，生物试样的物态既有固体，也有微生物甚至细胞等。

1.3.2　试样的分解

定量分析一般采用湿法分析（光谱分析、差热分析等除外），通常要求将干燥好的试样分解后转入溶液中，然后进行分离及测定。根据试样的性质不同，分解方法也不同。

选择合适的分解方法，不仅直接关系到待测组分是否转变为合适的测定形态，也关系到以后的分离和测定。

选择分解方法时，要求试样分解完全，即待测组分定量地转入溶液，并使其状态有利于测定；分解速率快；分解过程中避免引入干扰组分和待测组分；分离测定较顺利，同时对环境无污染或污染很小。

常用的分解方法有如下几种。

1. 溶解法

采用适当的溶剂将试样溶解制成溶液，这种方法比较简单、快捷。溶解试样的常用溶剂除水外，还有酸、碱溶液等，见表 1–2。

表 1–2 溶解试样常用的酸、碱溶液

溶剂	可分解试样和特性
HCl 溶液（37%）	Fe、Co、Ni、Cr、Sn、Be、Mg、Ge、Ti 等金属；可分解碳酸盐、硅酸盐、氧化物、硫化物等
HNO_3 溶液（70%）	多种金属（除 Au 和 Pt 系金属外），湿法消化有机及生物试样
H_2SO_4 溶液（98%）	溶解大多数金属及合金试样
HF 溶液（50%）	硅酸盐
H_3PO_4 溶液	合金钢和许多难溶矿物
$HClO_4$ 溶液（70%）	多种金属及合金试样
20%~30% NaOH 溶液	溶解 Al 及两性氧化物

2. 熔融法

熔融法是将固体试样与固体熔剂按一定比例混合，放在适当材料制成的坩埚内高温熔融。在熔融状态下试样中待测组分与熔剂发生复分解反应，使待测组分转化为易溶于水或酸的形式。冷却后的融块，用水或酸浸取，使待测组分定量转入溶液。熔融法一般用来分解难溶的试样。熔融法分解能力强，但在熔融时需要加入大量熔剂，因此将带入熔剂本身的离子和其中的杂质；熔融时坩埚材料的腐蚀也会引入杂质。

常用的熔剂可分为酸性熔剂和碱性熔剂。常用的酸性熔剂有 $K_2S_2O_7$ 和 KHS，后者加热脱水也变成 $K_2S_2O_7$，所以它们的作用是一样的。

常用的碱性熔剂有 Na_2CO_3、NaOH、Na_2O_2、K_2CO_3 及其混合物，用于分解大多数酸性矿物。

除以上分解法外，还有一些特殊的分解法，如热分解法、氧瓶燃烧法、定温灰化法（主要分解有机试样）、非水溶剂中金属 Na 或 K 分解法、微波溶解技术。在实际工作中，各种分解法常配合使用以保证试样分解完全。

1.3.3 干扰组分的掩蔽和分离

所测定的试样中常含有多种组分，有些共存组分对测定有干扰，在测定之前要对干扰组分进行处理。一般情况下，首先应尽量采用选择性高的测定反应，或创造专属反应条件，以提高测定反应的选择性，从而达到不进行分离即可测定的目的，这是最简单的方法。如果难以实现，则需要采用掩蔽方法来消除干扰组分的影响。在无法创造专属反应条件，又无合适的掩蔽剂时，则需进行分离处理来消除干扰。掩蔽和分离应达到的完全程度，应根据分析要求的准确度和干扰物质对测定所产生的干扰程度来确定。

1.3.4 分析测定

依据试样的组成、待测组分的性质、大致含量和对分析结果准确度的要求，选择合适的分析方法。要求操作简单、快速、准确、试剂便宜、容易得到。

1.3.5 数据处理及结果评价

新方法和技术的融入

根据分析过程中有关反应的化学计量关系及分析测量所得的数据，计算试样中待测组分的含量。对测定结果及其误差分布情况，应用统计学方法进行评价，判断分析结果的准确度、灵敏度、选择性等是否达到要求。

关于分析化学中的最新数据处理技术见侧边二维码。

1.4 分析化学的发展和展望

分析化学的发展历史悠久，其起源可追溯到中世纪甚至更早的时期。在那时，人们已经展开了初步的分离和分析检验活动，如中药学中就已经涵盖了分析化学的一些基本技术，如识别和使用天然矿物并将其作为药物治疗疾病。在化学的发展历程中，分析化学一直占据着核心地位。它在许多重要领域都发挥了关键作用，如在元素的发现、原子量的测定及化学基本定律（如定比定律和倍比定律）的确立等方面均有显著贡献。

关于分析化学的发展过程经历了三次巨大变革。

第一次变革起源于20世纪初。此时，随着物理化学中溶液化学理论的发展，建立了酸、碱化学的理论基础，分析化学由一门操作技术变成一门科学，形成了分析化学的第一次变革。第二次变革开始于20世纪40年代后，由于物理学、电子学的发展，促进了分析化学中物理方法的发展，一些简便、快速的仪器分析方法取代了烦琐的经典分析方法，化学分析与仪器分析并重，仪器分析自动化程度低。第三次变革开始于20世纪80年代初，是因为以计算机应用为标志的信息时代的来临为分析化学提供了高灵敏性、高选择性、高速度化、自动化、智能化等新手段。

今后分析化学总的发展趋势为在分析理论上与其他学科相互渗透，各类方法相互融合，能够在灵敏度、选择性、速度及成本等指标有效提升，建立复杂试样分析、分子及原子水平分析、微区分析、形态分析、活性物质分析、原位分析等方法。分析仪器向自动化、数字化、计算机化、信息化、仿生化和无损分析的纵深方向发展，以解决更多、更新、更复杂的难题。

1.5 分析化学的学习方法

分析化学发展最新进展

分析化学是指导生产实践、从事科学研究不可缺少的工具和手段，因此它是高等院校中化学、应用化学、化工、材料、生命科学、环境科学、医学、食品、农学等许多专业的一门基础课。通过对分析化学课程的学习，学生可以掌握分析化学的基本理论知识和实验方法，树立准确的量的概念，还可以逐步培养发现问题、分析问题和解决问题的实际能力，以及养成细致的科学实验技能和严肃谨慎的科学态度，初步具备从事科学研究的技能，并提高自身的综合素质和创新能力。

在学习分析化学课程时，要注意分析化学是一门实践性很强的科学，在全部课程中实验教学占有很大的比重。因此必须在理论联系实践的基础上，养成科学的工作态度和良好的工作习惯，既要注重基本理论和原理的学习，更要加强基本操作技能的培养训练。为后续课程的学习和今后的工作打下良好的基础。

分析化学学习方法推荐

1.6 滴定分析法概述

滴定分析法是化学分析法中最重要的分析方法之一。滴定分析法又称容量分析法，主要用于组分含量在 1% 以上的高、中含量组分（称常量组分）的测定。该法的特点是准确度高，其分析误差可小至 ±0.1%，能够满足一般工作的要求，同时所需的仪器设备简单、价廉、操作简便、快速，并且可应用多种化学反应类型进行测定，方法成熟可靠，因此，它是目前最常用的定量分析方法。

1.6.1 滴定分析法的基本概念和术语

滴定分析法（titrimetric analysis）：将已知浓度的试剂滴加到待测物质的溶液中，或者是将待测物质的溶液滴加到标准溶液中，使其与待测组分按照化学计量关系恰好完全反应，根据加入试剂的量及其反应物之间的化学计量关系，从而计算待测组分的含量。目前在滴定分析法中经常用到的术语及相关定义如下：

1. **标准溶液**（standard solution）

已知准确浓度的试剂溶液，又称滴定剂（titrant）。

2. 待测溶液

含有待测组分的试样(sample)溶液。

3. 滴定(titration)和标定(standardization)

将标准溶液由滴定管滴加到待测溶液的过程称为滴定。若滴定是为了确定标准溶液的浓度,则此过程称为标定。

4. 化学计量点(stoichiometric point)

标准溶液与待测组分正好按化学计量关系完全反应的那一点,也称理论终点、等量点(equivalent point)。

5. 指示剂(indicator)

在实际滴定操作时,常在待测物质的溶液中加入一种辅助试剂,借助于它的颜色变化作为化学计量点到达的指示信号,这种辅助试剂称为指示剂。

6. 滴定终点(end point of titration)

滴定过程中指示剂发生颜色突变而终止滴定反应的那一点。

7. 终点误差(end point error)

实际分析操作中滴定终点与化学计量点不一致而造成的测定误差。其大小取决于化学反应的完全程度和指示剂的选择合适度。终点误差又称滴定误差(titration error)。

1.6.2 滴定分析法的分类和滴定反应条件

1. 滴定分析法的分类

目前滴定分析法按反应类型主要分为酸碱滴定法、配位滴定法、氧化还原滴定法和沉淀滴定法等。

(1)酸碱滴定法(又称中和法) 这是以质子传递为基础的滴定分析法,可用来测定酸、碱。其反应式为

$$H_3O^+ + OH^- = 2H_2O$$

$$H_3O^+ + A^- = HA + H_2O$$

(2)配位滴定法 这是以配位反应为基础的滴定分析法,主要用于测定各种金属离子。最常使用的是以EDTA(配体)作为滴定剂来滴定各种金属离子,化学反应通式为

$$M^{n+} + Y^{4-} = MY^{n-4}$$

式中,M^{n+}表示金属离子,Y^{4-}为EDTA阴离子,MY^{n-4}则为金属离子与EDTA生成的配合物。

(3)氧化还原滴定法 这是以氧化还原反应为基础的滴定分析法,可以测定具有氧化还原性质的物质,以及能与氧化还原剂起定量反应的物质。例如,常用$K_2Cr_2O_7$标准溶液来滴定二价铁离子,反应式为

$$6Fe^{2+} + Cr_2O_7^{2-} + 14H^+ = 6Fe^{3+} + 2Cr^{3+} + 7H_2O$$

（4）沉淀滴定法　这是利用沉淀反应进行滴定的方法，最常用的是以 $AgNO_3$ 标准溶液滴定卤化物。例如：

$$Ag^+ + Cl^- \xlongequal{\quad} AgCl\downarrow$$

以上四种类型的滴定分析法将在后面的章节中详细讨论。

2. 滴定分析法对化学反应的要求

化学反应的类型很多，但能够用于滴定分析的化学反应却要具备以下条件：

（1）化学反应能按一定的化学计量关系定量进行。

（2）化学反应程度完全，能达到 99.9% 以上，并无副反应发生。

（3）化学反应的速率要快，如果反应速率较慢，则可采取相应措施提高其反应的速率。

（4）有合适简便的方法来指示滴定终点的到达。

1.6.3 滴定方式

化学反应如果具备上述的四个条件则可采用直接滴定法的方式进行滴定，直接滴定法是滴定分析中最常用和最基本的方法。此外，有些反应不完全符合上述要求则可采用下述几种其他的方法进行滴定。

1. 直接滴定法

如果滴定反应能满足滴定分析的要求，就可以直接采用标准溶液对试样进行直接滴定，称为直接滴定法，这是最常用和最基本的滴定方式。

2. 返滴定法

若滴定反应速率较慢或滴定固体物质时，反应不能立即完成或者没有合适的指示剂来指示滴定终点，则不能用直接滴定法。此时可先准确地加入过量的滴定剂，与试剂中的待测物质或固体试样反应，待反应完成后，再用另一种标准溶液滴定剩余的滴定剂，根据反应中实际消耗滴定剂的量计算待测物质的含量，这种滴定方式称为返滴定法。

3. 置换滴定法

对于一些不按一定化学反应式进行，或伴有副反应发生的化学反应，不能用直接滴定法来滴定待测组分，此时可通过它与另一种试剂起反应，转换出一定量的可以被滴定的物质，然后用适当的滴定剂进行滴定，此方式称为置换滴定法。

4. 间接滴定法

对不能与滴定剂直接反应的物质，有时可以通过另外的化学反应进行间接滴定。例如，Ca^{2+} 没有可变价态，不能直接用氧化还原法滴定，但可先将 Ca^{2+} 生成 CaC_2O_4 沉淀，过滤洗净后用 H_2SO_4 溶解，产生的 $H_2C_2O_4$ 便可用 $KMnO_4$ 标准溶液滴定，从而间接测得 Ca^{2+} 的含量。

1.7 标准溶液

在化学分析工作中，随时都要使用各种浓度的溶液，溶液的浓度是指在一定量的溶液或溶剂中，所含溶质的量。

1.7.1 基准物质和标准溶液的配制

1. 基准物质

可用来直接配制标准溶液或标定溶液浓度的物质称为基准物质。作为基准物质应符合以下五个条件：

（1）试剂的组成与化学式完全相符，若含结晶水，如 $H_2C_2O_4 \cdot 2H_2O$、$Na_2B_4O_7 \cdot 10H_2O$ 等，则其结晶水的含量均应符合化学式。

（2）试剂纯度足够高（质量分数在 99.9% 以上）。

（3）性质稳定，不易与空气中的氧气、二氧化碳反应，也不易吸收空气中的水分。

（4）试剂参加滴定反应时，应按反应式定量进行，没有副反应。

（5）试剂具有较大的摩尔质量。

常用的几类基准物质包括纯金属和纯化合物，如金、铜、锌、铝、铁、钴、锗、镍、铬和氯化钠、重铬酸钾、碳酸钠、邻苯二甲酸氢钾、硼砂、草酸钠等，它们的质量分数一般都在 99.9% 以上。根据不同的应用分为如下几种：

（1）用于酸碱反应的基准物质　无水碳酸钠（Na_2CO_3），硼砂（$Na_2B_4O_7 \cdot 10H_2O$，）邻苯二甲酸氢钾（$KHC_8H_4O_4$），恒沸点盐酸，苯甲酸 {$H(C_7H_5O_2)$}，草酸（$H_2C_2O_4 \cdot 2H_2O$）等。

（2）用于配位反应的基准物质　硝酸铅 {$Pb(NO_3)_2$}，氧化锌（ZnO），碳酸钙（$CaCO_3$），硫酸镁（$MgSO_4 \cdot 7H_2O$）及各种纯金属如 Cu，Zn，Cd，Al，Co，Ni 等。

（3）用于氧化还原反应的基准物质　重铬酸钾（$K_2Cr_2O_7$），溴酸钾（$KBrO_3$），碘酸钾（KIO_3），碘酸氢钾 {$KH(IO_3)_2$}，草酸钠（$Na_2C_2O_4$），氧化砷（Ⅲ）（As_2O_3），硫酸铜（$CuSO_4 \cdot 5H_2O$）和纯铁等。

（4）用于沉淀反应的基准物质　银（Ag），硝酸银（$AgNO_3$），氯化钠（NaCl），氯化钾（KCl），溴化钾（从溴酸钾制备的）等。

以上这些物质的含量一般在 99.9% 以上，甚至可达 99.99% 以上。值得注意的是，有些超纯物质和光谱纯试剂的纯度虽然很高，但这只说明其中金属杂质的含量很低，却并不表明它的主成分含量在 99.9% 以上。有时因为其中含有不定组成的水分和气体杂质，以及试剂本身的组成不固定等原因，会使主成分的含量达不到 99.9%，也就不能用作基准物质了。

2. 标准溶液的配制

标准溶液是具有准确浓度的溶液,用于滴定待测试样。其配制方法有直接法和标定法两种。

(1)直接法　准确称取一定量基准物质,溶解后定量转入容量瓶中,用蒸馏水稀释至刻度。根据称取物质的质量和容量瓶的体积,计算出该溶液的准确浓度。

(2)标定法　有些物质不具备作为基准物质的条件,便不能直接用来配制标准溶液,这时可采用标定法。将该物质先配成一种近似于所需浓度的溶液,然后用基准物质(或已知准确浓度的另一份溶液)来标定它的准确浓度。例如,HCl 试剂易挥发,欲配制浓度为 $0.1\ mol \cdot L^{-1}$ 的 HCl 标准溶液时,就不能直接配制,而是先将浓 HCl 溶液配制成浓度大约为 $0.1\ mol \cdot L^{-1}$ 的稀溶液,然后称取一定量的基准物质如硼砂对其进行标定,或者用已知准确浓度的 NaOH 标准溶液来进行标定,从而求出 HCl 溶液的准确浓度。

在实际工作中,有时选用与待测试样组成相似的"标准试样"来标定标准溶液,以消除共存元素的影响提高标定的准确度。

用基准物质或标准试样来校正所配标准溶液浓度的过程叫做标定。

1.7.2 标准溶液浓度的表示方法

通常标准溶液浓度的表示方法有物质的量浓度和滴定度两种方法。

1. 物质的量浓度

物质的量浓度是指单位体积溶液中所含溶质 B 的物质的量 n_B 或 $n(B)$,用 c_B 或 $c(B)$ 表示。一般用 $c_B=\dfrac{n_B}{V_B}=\dfrac{m_B}{M_B V_B}$ 或 $c(B)=\dfrac{n(B)}{V(B)}=\dfrac{m(B)}{M(B)V(B)}$ 来计算。

例 1-1　计算下列几种常用试剂的物质的量浓度。

(1)浓盐酸含 HCl 的质量分数为 37%,密度为 $1.19\ g \cdot mL^{-1}$(HCl 摩尔质量为 $36.5\ g \cdot mol^{-1}$)。

(2)浓硫酸含 H_2SO_4 的质量分数为 98%,密度为 $1.84\ g \cdot mL^{-1}$(H_2SO_4 摩尔质量为 $98.0\ g \cdot mol^{-1}$)。

(3)浓硝酸含 HNO_3 的质量分数为 65%,密度为 $1.42\ g \cdot mL^{-1}$(HNO_3 摩尔质量为 $63.0\ g \cdot mol^{-1}$)。

解:根据物质的量浓度的定义,可以分别计算浓盐酸、浓硫酸和浓硝酸的浓度。

(1) $c_{HCl}=\dfrac{1.19\times10^3\ g \cdot L^{-1}\times37\%}{36.5\ g \cdot mol^{-1}}=12.06\ mol \cdot L^{-1}$

(2) $c_{H_2SO_4}=\dfrac{1.84\times10^3\ g \cdot L^{-1}\times98\%}{98.0\ g \cdot mol^{-1}}=18.4\ mol \cdot L^{-1}$

(3) $c_{HNO_3}=\dfrac{1.42\times10^3\ g \cdot L^{-1}\times65\%}{63.0\ g \cdot mol^{-1}}=14.65\ mol \cdot L^{-1}$

2. **滴定度**

滴定度也是表示标准溶液浓度的常用方法，有两种表示方式。滴定度表示单位体积标准溶液A所相当的待测物质B的质量，符号为$T_{B/A}$，单位为$g \cdot mL^{-1}$。一种方法是用每毫升标准溶液A相当于待测物质B的质量（g）表示，用$T_{B/A}$表示，脚标中A是标准溶液的化学式，B是待测物质的化学式。这种方法应用广泛。若采用固定试样称量，滴定度还可以直接表示待测物质的质量分数。另一种是以每毫升标准溶液A中所含溶质的质量（g）表示，用T_M表示，下脚标中M表示标准溶液的化学式。

用滴定度表示标准溶液浓度的方法应用不广泛，但在微量组分测定中较为方便。例如，$T_{Fe/K_2Cr_2O_7}$=0.005 000 $g \cdot mL^{-1}$，表示每毫升$K_2Cr_2O_7$滴定剂相当于0.005 000 g Fe。又例如，T_{HCl}=0.010 00 $g \cdot mL^{-1}$，表示每毫升HCl标准溶液中含溶质HCl的质量为0.010 00 g。

例1-2 用含硫量为0.051%的标准钢样来标定I_2溶液，如果固定称样0.005 000 g，滴定时消耗I_2溶液11.8 mL，试用上述两种方法来表示碘溶液的滴定度。

解：$$T_{I_2/S}=\frac{0.005\ 000\times 0.051\%}{11.8\times 10^{-3}}\ g \cdot L^{-1}=0.000\ 22\ g \cdot L^{-1}$$

$$T_{I_2}=\frac{0.051\%}{11.8\times 10^{-3}}\ g \cdot L^{-1}=0.043\ g \cdot L^{-1}$$

1.8 滴定分析的计算

1.8.1 滴定分析计算的依据

滴定分析法中涉及一系列的计算问题，如标准溶液的配制和标定，滴定剂和待测物质之间的化学计量关系及分析结果的计算等，此时滴定分析结果的计算依据是：当滴定剂与待测物质作用完全时，反应达到了化学计量点。此时，两者的物质的量必定相当。

设滴定剂T与待测物质A有下列反应：

$$t\mathrm{T}+a\mathrm{A} = c\mathrm{C}+d\mathrm{D}$$

则待测物质的物质的量n_A与滴定剂的物质的量n_T之间的关系，可以通过下述两种方式求得。

1. **根据滴定反应中T与A的化学计量数**

化学计量点时，$n_T:n_A=t:a$，则A的物质的量（mol）为$n_A=(a/t)n_T$，T的物质的量（mol）为$n_T=(t/a)n_A$。

2. **根据换算因数**

设待测物质A的溶液体积为V_A（mL），浓度为c_A（$mol \cdot L^{-1}$），滴定剂T消耗的体积为

V_T(mL),浓度为 c_T($mol \cdot L^{-1}$)。

A 的质量为 m_A(g),A 的摩尔质量为 M_A($g \cdot mol^{-1}$),则有

$$c_A \cdot V_A = (a/t)c_T \cdot V_T \quad 或 \quad (m_A/M_A) = (a/t)c_T \cdot V_T$$

$$m_A = (a/t)c_T \cdot V_T \cdot M_A$$

1.8.2 滴定分析计算示例

1. 计算待测溶液浓度

例 1–3 用 0.099 04 $mol \cdot L^{-1}$ H_2SO_4 标准溶液滴定 20.00 mL NaOH 溶液时,消耗 H_2SO_4 标准溶液 22.40mL,计算该 NaOH 溶液的浓度。

解:

$$H_2SO_4 + 2NaOH == Na_2SO_4 + 2H_2O$$

$$n_{NaOH} = 2n_{H_2SO_4}\ (a/t = 2/1)$$

$$c_{NaOH}V_{NaOH} = 2c_{H_2SO_4}V_{H_2SO_4}$$

$$c_{NaOH} = (2 \times 0.099\ 04 \times 22.40 \div 20.00)\ mol \cdot L^{-1} = 0.221\ 8\ mol \cdot L^{-1}$$

2. 配制一定浓度溶液所需固体量的计算

例 1–4 用容量瓶配制 0.020 00 $mol \cdot L^{-1}$ $K_2Cr_2O_7$ 标准溶液 500 mL,需称取固体 $K_2Cr_2O_7$ 多少克?

解:

$$m_{K_2Cr_2O_7} = c_{K_2Cr_2O_7} \times V_{K_2Cr_2O_7} \times m_{K_2Cr_2O_7}$$

$$= (0.020\ 00 \times 500 \times 294.2 \div 1\ 000)\ g = 2.942\ g$$

3. 标定标准溶液浓度的计算

例 1–5 用 0.203 6 g 无水 Na_2CO_3 作基准物质,以甲基橙作指示剂,标定 HCl 溶液浓度时,消耗 HCl 溶液 36.06 mL,计算 HCl 溶液的浓度。

解:

$$Na_2CO_3 + 2HCl == 2NaCl + H_2O + CO_2$$

$$n_{HCl} = 2n_{Na_2CO_3}\quad (t/a = 2/1)$$

$$c_{HCl} \cdot V_{HCl} = 2 \times \frac{m_{Na_2CO_3}}{M_{Na_2CO_3}}$$

$$c_{HCl} = 2 \times m_{Na_2CO_3} \times \frac{1\ 000\ mL \cdot L^{-1}}{M_{Na_2CO_3} \times V_{HCl}}$$

$$= [2 \times 0.203\ 6 \times 1\ 000 \div (106.0 \times 36.06)]\ mol \cdot L^{-1} = 0.106\ 5\ mol \cdot L^{-1}$$

4. 基准物质(或待测物质)取量的估算

例 1–6 标定 NaOH 溶液时,如欲控制消耗 NaOH(0.10 $mol \cdot L^{-1}$)滴定液 22 mL 左右,估计基准物质(邻苯二甲酸氢钾)应称取多少克? 提示:反应式为

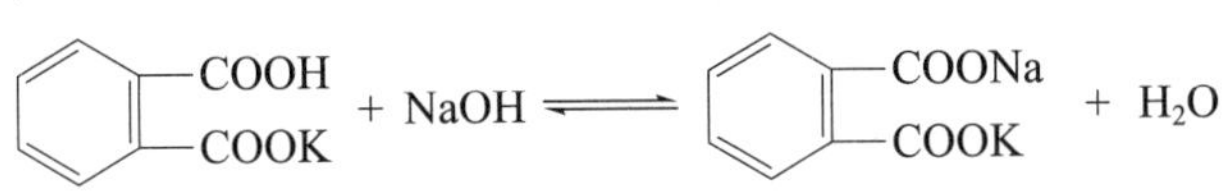

解：

$$n_{KHC_8H_4O_4} = n_{NaOH} \quad (a/t = 1/1)$$

$$\frac{m_{KHC_8H_4O_4}}{M_{KHC_8H_4O_4}} = c_{NaOH} V_{NaOH}$$

$$m_{KHC_8H_4O_4} = (0.10 \times 22 \times 204 \div 1\,000)\ \text{g} = 0.45\ \text{g}$$

5. 待测物质质量分数的计算

例 1–7 称取 $CaCO_3$ 试样 0.250 1 g，用 25.00 mL HCl 标准溶液（0.260 2 mol · L^{-1}）溶解，回滴过量的酸用去 NaOH 标准溶液（0.245 0 mol · L^{-1}）6.50mL，求 $CaCO_3$ 的质量分数（w_{CaCO_3}）。

解：

$$CaCO_3 + 2HCl(\text{过量}) = CaCl_2 + CO_2\uparrow + H_2O$$

$$NaOH + HCl(\text{剩余}) = NaCl + H_2O$$

$$n_{CaCO_3} = \frac{1}{2} n_{HCl} \quad (a/t = 1/2)$$

$$n_{CaCO_3} = \frac{1}{2}(n_{HCl} - n_{NaOH})$$

$$m_s \times w_{CaCO_3} = \frac{1}{2}(c_{HCl}V_{HCl\ \text{过量}} - c_{HCl}V_{HCl\ \text{剩余}}) \times M_{CaCO_3}$$

$$w_{CaCO_3} = \frac{\left[\frac{1}{2}(c_{HCl}V_{HCl\ \text{过量}} - c_{HCl}V_{HCl\ \text{剩余}}) \times M_{CaCO_3}\right]}{m_s}$$

$$= [(1/2) \times (0.260\,2 \times 25.00 - 0.245\,0 \times 6.50) \times 100.09/1\,000]/0.250\,1 = 98.30\%$$

1.9 课程思政任务单

1.10 学习要求、重点和难点

1.11 思考题和习题

思考题

1. 分析化学的定义是什么?

2. 分析化学的主要任务是什么?

3. 分析化学是怎么分类的?

4. 根据分析任务,分析化学可分为哪几类?

5. 根据被分析的组分在试样中的相对含量,可将分析方法分为哪几类?

6. 什么是定量分析?

7. 解释以下名词术语:滴定分析法,滴定,标准溶液(滴定剂),标定,化学计量点,滴定终点,滴定误差,指示剂,基准物质。

8. 滴定度的表示方法 $T_{B/A}$ 和 T_M 各自的意义如何?

9. 基准物质应具备哪些条件?

10. 用于滴定分析的化学反应应符合哪些条件?

11. 在食品安全检测中,常常需要对食品中的多种成分进行分析,包括但不限于营养成分、添加剂、防腐剂及潜在的有害物质(如重金属、残留农药等)。结合你所学习的分析化学知识,设计一个有效可靠的测量策略。

12. 在分析化学实验室中,常常会产生各种化学废物,包括但不限于废溶剂、重金属离子、有毒有害化学物质残余等。不当处理这些化学废物不仅会对实验室人员的健康构成威胁,还会对环境造成污染。你能通过查阅文献给出一个合理的解决该问题的方案吗?

13. 环境污染问题中,水污染尤为突出。重金属铅是一种常见的水体污染物,长期摄入低剂量的铅可对人体造成慢性危害,如影响儿童智力发展、损害神经系统等。因此,监测和控制饮用水和环境水体中的铅含量是非常重要的。你能通过查阅文献给出一个合理的解决该问题的方案吗?

14. 第7章将要介绍的分光光度法是一种基于物质吸收光的特性来进行定量分析的方法,广泛应用于金属离子的测定、有机物的定量分析等领域。你能提供一个“使用分光光度计测定溶液中铜离子的浓度”的具体方案吗?

习 题

1. 称取纯金属锌 0.325 0 g，溶于 HCl 溶液后，定量转移至 250 mL 容量瓶中，稀释定容摇匀。计算 Zn^{2+} 溶液的浓度。 （0.019 88 $mol\cdot L^{-1}$）

2. 有 0.098 2 $mol\cdot L^{-1}$ H_2SO_4 溶液 480 mL，现欲使其浓度增至 0.100 0 $mol\cdot L^{-1}$，则应加入 0.500 0 $mol\cdot L^{-1}$ H_2SO_4 溶液多少毫升？ （2.16 mL）

3. 在 500 mL 溶液中，含有 9.21 g $K_4Fe(CN)_6$。计算该溶液的浓度及在以下反应中对 Zn^{2+} 的滴定度：

$$3Zn^{2+}+2[Fe(CN)_6]^{4-}+2K^{+} = K_2Zn_3[Fe(CN)_6]_2$$

（0.050 0 $mol\cdot L^{-1}$，4.90 $mg\cdot mL^{-1}$）

4. 要求在滴定时消耗 0.2 $mol\cdot L^{-1}$ NaOH 溶液 25~30 mL，应称取基准物质邻苯二甲酸氢钾多少克？如果改用二水合草酸作基准物质，则应称取多少克？

（1.0~1.2 g，0.3~0.4 g）

5. 含 S 有机试样 0.471 g，在氧气中燃烧使 S 氧化为 SO_2，用预中和过的 H_2O_2 将 SO_2 吸收，将其全部转化为 H_2SO_4。以 0.108 $mol\cdot L^{-1}$ KOH 标准溶液滴定至化学计量点，消耗 28.2 mL。计算试样中 S 的质量分数。 （10.4%）

6. 将 50.00 mL 0.100 0 $mol\cdot L^{-1}$ $Ca(NO_3)_2$ 溶液加入 1.000 g 含 NaF 的试样溶液中，过滤、洗涤。滤液及洗液中剩余的 Ca^{2+} 用 0.050 00 $mol\cdot L^{-1}$ EDTA 标准溶液滴定，消耗 24.20 mL。计算试样中 NaF 的质量分数。 （31.83%）

7. 今有 $MgSO_4\cdot 7H_2O$ 纯试剂一瓶，设不含其他杂质，但有部分失水变为 $MgSO_4\cdot 6H_2O$，测定其中 Mg 含量后，全部按 $MgSO_4\cdot 7H_2O$ 计算，得其质量分数为 100.96%。计算试剂中 $MgSO_4\cdot 6H_2O$ 的质量分数。 （12.19%）

8. 不纯 Sb_2S_3 0.251 3 g，将其置于氧气流中灼烧，产生的 SO_2 通入 $FeCl_3$ 溶液中，使 Fe^{3+} 还原为 Fe^{2+}，然后用 0.020 00 $mol\cdot L^{-1}$ $KMnO_4$ 标准溶液滴定 Fe^{2+}，消耗 $KMnO_4$ 标准溶液 31.80 mL。计算试样中 Sb_2S_3 的质量分数。若以 Sb 计，则质量分数又为多少？

（71.64%，51.35%）

9. 已知在酸性溶液中，Fe^{2+} 与 $KMnO_4$ 反应时，1.00 mL $KMnO_4$ 溶液相当于 0.111 7 g Fe，而 1.00 mL $KHC_2O_4\cdot H_2C_2O_4$ 溶液在酸性介质中恰好与 0.20 mL 上述 $KMnO_4$ 溶液完全反应，则需要多少毫升 0.200 0 $mol\cdot L^{-1}$ NaOH 溶液才能与上述 1.00 mL $KHC_2O_4\cdot H_2C_2O_4$ 溶液完全中和？ （1.50 mL）

10. 用纯 As_2O_3 标定 $KMnO_4$ 溶液的浓度。若 0.211 2 g As_2O_3 在酸性溶液中恰好与 36.42 mL $KMnO_4$ 溶液反应，则该 $KMnO_4$ 溶液的浓度是多少？ （0.023 45 $mol\cdot L^{-1}$）

11. 称取大理石试样 0.230 3 g 溶于酸中，调节酸度后加入过量 $(NH_4)_2C_2O_4$ 溶液，使 Ca^{2+} 沉淀为 CaC_2O_4。过滤、洗净，将沉淀溶于稀 H_2SO_4 中。溶解后的溶液用

浓度为 $c\left(\frac{1}{5}KMnO_4\right)=0.201\ 2\ mol\cdot L^{-1}$ 的 $KMnO_4$ 标准溶液滴定，消耗 22.30 mL。计算大理石中 $CaCO_3$ 的质量分数。（97.49%）

12. Cr（Ⅲ）因与 EDTA 反应缓慢而采用返滴定法测定。某含 Cr（Ⅲ）的药物试样 2.63 g 经处理后用 5.00 mL 0.010 3 $mol\cdot L^{-1}$ EDTA 标准溶液滴定分析。剩余的 EDTA 需 1.32 mL 0.012 2 $mol\cdot L^{-1}$ Zn^{2+} 标准溶液返滴定至终点。计算此药物试样中 $CrCl_3$（M=158.4 $g\cdot mol^{-1}$）的质量分数。（0.213%）

13. 计算质量浓度为 5.442 $g\cdot L^{-1}$ 的 $K_2Cr_2O_7$ 标准溶液的物质的量浓度，以及该溶液对 Fe_3O_4（M=231.54 $g\cdot mol^{-1}$）的滴定度（$mg\cdot mL^{-1}$）。（0.018 50 $mol\cdot L^{-1}$，8.567 $mg\cdot mL^{-1}$）

14. 0.200 g 某试样中含量的分析过程如下：加入 50.0 mL 0.100 $mol\cdot L^{-1}$ $(NH_4)_2Fe(SO_4)_2$ 标准溶液还原 MnO_2 到 Mn^{2+}，完全反应后，过量的 Fe^{2+} 在酸性溶液中被 0.020 0 $mol\cdot L^{-1}$ $KMnO_4$ 标准溶液滴定，需 $KMnO_4$ 标准溶液 15.0 mL。以 Mn_3O_4（M=228.8 $g\cdot mol^{-1}$）的形式计算该试样中的含量。

（提示：反应为 $5Fe^{2+}+MnO_4^-+8H^+ = 5Fe^{3+}+Mn^{2+}+4H_2O$

$2Fe^{2+}+MnO_2+4H^+ = Mn^{2+}+2Fe^{3+}+2H_2O$）（66.7%）

15. 国家标准规定，化学试剂 $FeSO_4\cdot 7H_2O$（M=278.01 $g\cdot mol^{-1}$）的含量：99.50%~100.5% 为一级（GR）；99.00%~100.5% 为二级（AR）；98.00%~101.0% 为三级（CP）。现以 $KMnO_4$ 法测定，称取试样 1.012 g，在酸性介质中用 0.020 34 $mol\cdot L^{-1}$ $KMnO_4$ 标准溶液滴定，至终点时消耗 35.70 mL。计算此试剂中 $FeSO_4\cdot 7H_2O$ 的质量分数，并判断此试剂符合哪一级化学试剂标准。

16. CN^- 可用 EDTA 间接滴定法测定。已知一定量过量的 Ni^{2+} 与 CN^- 反应生成 $[Ni(CN)_4]^{2-}$，过量的 Ni^{2+} 用 EDTA 标准溶液滴定，$[Ni(CN)_4]^{2-}$ 并不发生反应。取 12.7 mL 含 CN^- 的试液，加入 25.00 mL 含过量 Ni^{2+} 的标准溶液以形成 $[Ni(CN)_4]^{2-}$，过量的 Ni^{2+} 需与 10.1 mL 0.013 0 $mol\cdot L^{-1}$ EDTA 标准溶液完全反应。已知 39.3 mL 0.013 0 $mol\cdot L^{-1}$ EDTA 标准溶液与 30.0 mL 上述 Ni^{2+} 标准溶液完全反应。计算试液中 CN^- 的物质的量浓度。（0.092 76 $mol\cdot L^{-1}$）

17. 称取硫酸铝试样 0.373 4 g，用水溶解，溶液中加入 $BaCl_2$ 定量沉淀 SO_4^{2-} 为 $BaSO_4$，沉淀经过滤、洗涤，溶入 50.00 mL 0.021 21 $mol\cdot L^{-1}$ EDTA 标准溶液中，过量的 EDTA 用 11.74 mL 0.025 68 $mol\cdot L^{-1}$ $MgCl_2$ 标准溶液滴定至终点。计算试样中 $Al_2(SO_4)_3$ 的质量分数。（23.17%）

参考答案

1.12 思维导图和电子课件

1.13 拓 展 知 识

第2章 定量分析的误差与数据处理

学习导航

知识目标

1. 掌握误差分析的基本概念及意义，掌握误差的基本性质、来源及减免系统误差和偶然误差的方法。

2. 掌握分析测量结果的统计规律、数字修约规则和有效数字的运算规则，准确地报出实验结果。

3. 掌握可疑值取舍的意义与方法，Q检验法与格鲁布斯法。

能力目标

1. 要使学生具有独立进行测量结果误差分析的能力，用学到的知识处理自己实验中的数据和分析结果。

2. 要让学生正确运用有效数字的运算规则，能在实际实验和毕业设计中科学计数，获得合理正确的结果。

3. 让学生会正确使用可疑值取舍、标准曲线的回归分析和多个测量数据的统计规律，在实际工作中找到合适的分析方法、手段和数据处理方式，提高自己认识世界、改造世界的能力。

思政目标

1. 让学生正确对待生活中遇到的挫折和所犯错误的客观性，剖析其根源并改正错误，引导学生要有远大抱负，服务国家和社会，成为担当民族复兴大任的优秀人才。

案例

2. 通过惰性气体被发现的案例，让学生不要忽略数据的微小差别，也不能将看上去不太合理的数据直接剔除，要仔细分析实验条件和原理，培养科学精神。

3. 让学生分析以前毕业生的毕业论文，分析其实验结果的准确性，提出自己的提高准确性、精密度的解决方案，培养其学以致用和解决实际问题的能力。

案例导入

度量单位引发的航空航天事故

在定量分析的误差与数据处理中，一个极具教育意义的案例是火星探测器失误的分析。这个案例涉及了1999年美国航空航天局（NASA）的火星探测器因为单位转换错误（英制单位与公制单位的混淆）而导致任务失败。这个事故不仅造成了3.27亿美元的损失，而且也为科学界提供了一个深刻的教训：在数据处理和传递过程中，细节和精确性至关重要。另一个更贴近现实生活的例子是2003年加拿大安大略省发生的大规模电力故障。这次事件是由于软件错误和数据处理失误引起的，导致在美国和加拿大超过5 000万人无电可用，持续时间长达两天。这个事例展示了在现代社会中，对数据的精确处理和监控系统的正确配置对于维护基础设施的稳定运行的重要性。

在生活中产生的误差，有的是人为的，有的是偶然因素引起的，因此应该了解分析过程中误差产生的原因及其出现的规律，以便采取相应措施，尽可能减小误差。同时也需要对测试数据进行正确的统计处理，以获得最可靠的数据信息。

案例　　案例

2.1 定量分析中的误差

在定量分析中，分析工作者不仅要对试样中的待测组分进行测定，而且要学会运用科学的方法来表述分析结果，并正确评价分析结果的可靠程度，探讨误差产生的原因和误差出现的规律，并采取相应措施减少误差对分析结果的影响，使测定结果尽可能地接近试样中待测组分的真实含量。

案例

在测定过程中，即使采用最可靠的分析方法，使用最精密的仪器，由技术很熟练的人员进行操作，也不可能得到绝对准确的结果。因为在任何测量过程中，误差都是客观存在的。

2.1.1　误差

误差是指测量值 x 与真实值 μ 之间的差值。误差有两种表示方法：绝对误差和相对误差。绝对误差用 E 来表示：

$$E=x-\mu \tag{2-1}$$

当测量值的个数大于等于 2 时，可求出测量值的平均值，它与真实值之间的差值就是绝对误差。绝对误差有大小、正负之分，分别表示测量结果偏大或者偏小。

相对误差是指绝对误差相当于真实值的百分率，表示为

$$E_r=\frac{x-\mu}{\mu}\times 100\% \tag{2-2}$$

相对误差也有大小、正负之分。误差通常用来表示测量结果的准确度。

无论是绝对误差还是相对误差，都涉及真实值。所谓真实值就是指某一物理量本身具有的客观存在的真实数值。严格地说，任何物质中各组分的真实值含量是不知道的，用测量的方法是得不到真实值的。在分析化学中，通常将下面的值当作真实值来处理：

（1）理论真值，如某种化合物的理论组成等。

（2）计量学约定的真值，比如国际计量大会上约定的长度、质量、物质的量等单位。

（3）相对真值，如人们设法采用各种可靠的分析方法，使用最精密的仪器，经过不同实验室、不同分析人员进行平行分析，用数理统计方法对分析结果进行处理，确定出各组分相对精确的含量，此值称为标准值，一般用标准值代表该物质中各组分的真实含量，这种真值是相对的。

2.1.2　偏差

偏差是指个别测量结果与几次测量结果平均值之间的差值。偏差也包括绝对偏差和相对偏差。偏差通常用来表示测量结果的精密度。

测量结果的平均值：

$$\bar{x}=\frac{x_1+x_2+\cdots+x_n}{n}=\frac{1}{n}\sum_{i=1}^{n}x_i \tag{2-3}$$

偏差通常有以下几类表示方式：

1. 单次测量的绝对偏差

$$d_i=x_i-\bar{x},\quad \sum d_i=0 \tag{2-4}$$

单次测量的偏差也有大小、正负之分，还有一些偏差可能为 0。如果将各个单次测量

的偏差相加，其和应为 0 或者接近于 0。

2. 平均偏差

在定量分析的实际测量中，测量次数一般较小（<20 次）时，将各个单次测量偏差的绝对值平均，称为单次测量结果的平均偏差：

$$\bar{d}=\frac{\sum|x-\bar{x}|}{n} \qquad (2\text{–}5)$$

3. 相对平均偏差

$$\bar{d}_r=\frac{\bar{d}}{\bar{x}}\times100\% \qquad (2\text{–}6)$$

4. 标准偏差

标准偏差又叫均方根偏差。当测量次数 n 趋于无限多次时，称为总体标准偏差，用 σ 表示如下：

$$\sigma=\sqrt{\frac{\sum_{i=1}^{n}(x-\mu)^2}{n}} \qquad (2\text{–}7)$$

在实际测量中，测量次数 $n<30$ 时，称为样本的标准偏差，其表达式为

$$S=\sqrt{\frac{\sum_{i=1}^{n}(x-\bar{x})^2}{n-1}}=\sqrt{\frac{\sum_{i=1}^{n}d_i^2}{n-1}} \qquad (2\text{–}8)$$

式中，$n-1$ 表示 n 个测量值中具有独立偏差的数目，又称为自由度（常用 f 表示）。

样本平均值的标准偏差用下面算式计算：

$$S_{\bar{x}}=\frac{S}{\sqrt{n}} \qquad (2\text{–}9)$$

5. 相对标准偏差

相对标准偏差也称为变异系数 S_r（也用 CV 表示），其表达式为

$$S_r=\frac{S}{\bar{x}}\times100\% \qquad (2\text{–}10)$$

在一般的实际工作中，当测量次数不多时，常用平均偏差来表示分析结果的精密度。当测量次数较多时，一般用标准偏差来表示一组平行测量值的精密度。因为标准偏差通过平方运算，能将较大的偏差更显著地表现出来，因此，标准偏差能更好地反映测量值的精密度。

6. 极差（R）

极差也叫全距，它表示一组测量数据中最大值与最小值之差。

$$R=x_{max}-x_{min} \qquad (2\text{–}11)$$

该方法表示偏差，简单直观，便于运算，但缺点是没有充分利用全部的测量数据。

例 2–1 分析铁矿中铁含量，得如下数据：37.45%，37.20%，37.50%，37.30%，37.25%。计算此结果的平均值、平均偏差、标准偏差、变异系数。

解：

$$\bar{x}=\frac{37.45\%+37.20\%+37.50\%+37.30\%+37.25\%}{5}=37.34\%$$

$$\bar{d}=\frac{\sum_{i=1}^{n}|d_i|}{n}=\left(\frac{0.11+0.14+0.16+0.04+0.09}{5}\right)\%=0.11\%$$

$$S=\sqrt{\frac{\sum_{i=1}^{n}d_i^2}{n-1}}=\sqrt{\frac{(0.11\%)^2+(0.14\%)^2+(0.16\%)^2+(0.04\%)^2+(0.09\%)^2}{5-1}}=0.13\%$$

$$S_{\mathrm{r}}=\frac{S}{\bar{x}}=\frac{0.13\%}{37.34\%}=0.35\%$$

2.1.3 准确度与精密度

对一种分析方法的评价首先要看准确度，其表示测量值与真实值的接近程度，因此应该用误差来衡量。误差越小，分析结果准确度越高；反之，误差越大，准确度越低。

精密度是指在相同的测量条件下，对同一试样进行多次重复测量时，各平行测量结果之间相互接近的程度。各测量值越接近，精密度越高；反之，则精密度越低。精密度一般可以用平均偏差、标准偏差和极差等不同的方式来表示。

准确度与精密度的关系可以通过下面的例子具体说明。例如，图 2–1 表示甲、乙、丙、丁四人测量同一试样中铁含量时所得的结果。由图可见：甲所得结果的准确度和精密度均好；乙的结果精密度虽然好，但准确度稍差；丙的精密度和准确度都很差；丁的精密度很差，虽然平均值接近真实值，但带有偶然性，是大的正、负误差抵消的结果，其结果也是不可靠的。由此可知，实验结果首先要求精密度高，才能保证有准确的结果，但高的精密度也不一定能保证有高的准确度（如无系统误差存在，则精密度高，准确度也高）。

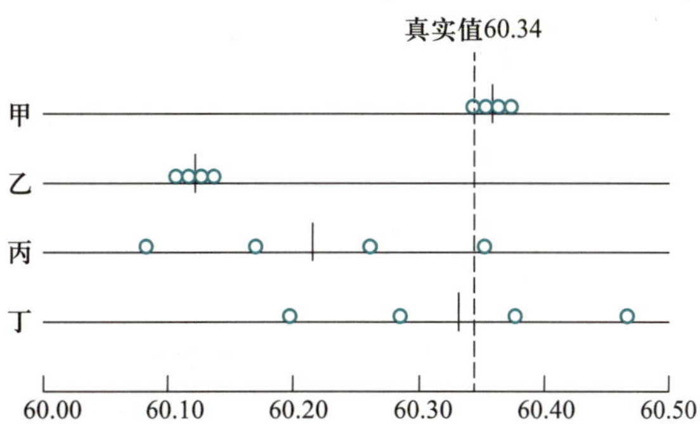

图 2–1 某铁矿试样中铁含量（%）测量结果示意图

另一个例子，有甲、乙、丙 3 人打靶，每人连发 4 枪，其结果如图 2-2 所示。

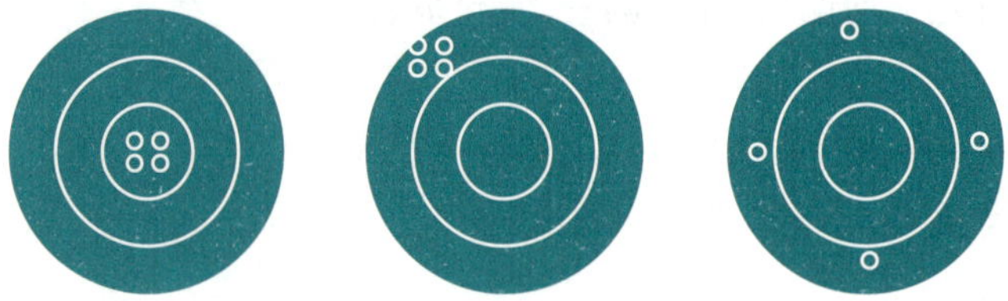

	甲	乙	丙
准确度	高	差	差
精密度	高	好	差

图 2-2 打靶结果

从中可以得到以下结论：

测量的精密度高，准确度不一定高。比如乙，就是有系统误差存在，所以准确度不高。

准确度高，一定要精密度高，精密度是保证准确度的先决条件。

在做化学实验时，首先要求达到一定的精密度，才能保证一定的准确度。

2.1.4 系统误差与随机误差

在定量分析中，根据误差的来源和性质的不同，可以将误差分为系统误差（又称可测误差）和随机误差（又称偶然误差）两大类。

1. 系统误差

（1）系统误差的定义 系统误差是指某种固定原因造成的误差，具有重复性和单向性，且对测量结果造成的影响比较恒定。理论上，系统误差的大小、正负均可测定，因此又称为可测误差。

（2）系统误差的性质

① 单向性：它对分析结果的影响比较固定，可以使测量结果系统偏高或系统偏低，其大小也有一定规律。

② 重复性：如果系统误差没有消除，当重复测量时，它就会重复出现。

③ 可测性：一般来说产生系统误差的具体原因是可以找到的，因此也就能够设法加以测量，从而消除它对测量结果的影响。

（3）系统误差产生的原因

① 方法误差。方法误差是由于某种分析方法本身不够完善或者实验设计有缺陷而造成的。例如，滴定分析中所选用的指示剂的变色点与化学计量点不相符合，沉淀重量法的洗涤过程中产生一定的损失等，都系统地影响测量结果偏高或偏低。

② 仪器与试剂误差。仪器误差是由于所用仪器本身不够准确而造成的。例如，滴定管刻度、天平砝码质量、容量器皿刻度和仪表刻度等不准确，都会带来误差。试剂误差是由

于实验时所使用的试剂或去离子水不纯而造成的。例如，试剂中含有待测组分或干扰物质等，都会系统地导致测量结果偏高或偏低。

③ 操作误差。操作误差是指分析人员所掌握的操作方法与正确的操作规程稍有出入所造成的误差。例如，称量前对试样的预处理不当，对沉淀的洗涤次数不够，灼烧沉淀时温度过高或者过低等。

④ 主观误差。有时是由于操作人员一些主观上或习惯上的原因而造成的。例如，有的人在滴定时读数总是习惯偏高或偏低，判断滴定终点的指示剂颜色时，习惯偏深或偏浅，从而造成误差等。

系统误差主要影响测量结果的准确度。

2. 随机误差

（1）随机误差的定义　随机误差又叫偶然误差，是由某些无法控制和避免的偶然因素造成的。使测量结果在一定范围内波动，大小、正负不确定。

（2）随机误差的性质

① 不确定性：例如，在称量过程中，由于测量条件（环境温度、湿度和气压等）的微小波动，仪器性能的微小变化，造成天平称量读数的不确定性，但具体是环境温度还是气压引起的，很难确定。

② 不可避免性：例如，在上面的称量过程中，很难保证称量环境中的气流不流动，无法确保气压不变化，也就是称量肯定是在一定的环境温度、湿度和气压下进行的，这些因素无法避免。

③ 服从统计规律：随机误差的出现忽大忽小、忽正忽负，表面上看似乎无规律可循，但当增加测量的次数时，它的出现服从统计规律。

（3）随机误差产生的原因　由随机误差的性质可知，一般情况下，是难以找到随机误差产生的真正原因。

2.1.5 提高分析结果准确度的方法

要提高分析结果的准确度，就必须尽量减少在分析过程中带来的各种误差。为此，可采取以下措施。

1. 选择合适的分析方法

（1）根据试样中待测组分的含量选择分析方法。高含量组分可以选用滴定分析或重量分析法；低含量组分可以选用仪器分析法。

选择合适的分析方法

（2）充分考虑试样中共存组分对测量的干扰，采用适当的掩蔽或分离方法。

（3）对于痕量组分，分析方法的灵敏度不能满足分析的要求，可先定量富集后再进行测量。

2. 减小或消除测量中的系统误差和随机误差

（1）减小或消除系统误差的方法 由于系统误差是由某种固定的原因造成的，因而找出这一原因，就可以消除系统误差的来源。主要有下列几种方法：对照试验（contrast test）、空白试验（blank test）、校准仪器（calibration instrument）和分析结果的校正（correction result）等。

减免系统误差的方法

① 对照试验。与标准试样的标准结果进行对照，如标准试样、管理样、合成样、加入回收法。与其他成熟的分析方法进行对照，如国家标准分析方法或公认的经典分析方法。由不同分析人员、不同实验室来进行对照试验。如内检、外检。

② 空白试验。在不加待测组分的情况下，按照试样分析同样的操作手续和条件进行实验，所测量的结果为空白值，从试样测量结果中扣除空白值，来校正分析结果。

消除由试剂、蒸馏水、实验器皿和环境带入的杂质引起的系统误差，但空白值不应该太大。

③ 校准仪器。仪器不准确引起的系统误差，通过校准仪器来减小其影响。例如，砝码、移液管和滴定管等，在精确的分析中，必须进行校准，并在计算结果时采用校正值。

④ 分析结果的校正。校正分析过程的方法误差，如用重量分析法测量试样中高含量的 SiO_2，因硅酸盐沉淀不完全而使测量结果偏低，可用光度法测量滤液中少量的硅，而后将分析结果相加。

（2）减小随机误差的方法 在确定消除了系统误差的前提下，增加平行测量次数，测量结果的平均值就越接近于真实值。所以，可以通过增加平行测量次数来减小测量结果的随机误差，从而提高测量的准确度。在实际的分析工作中，平行测量次数超过 10 次后，对准确度的提高，收效并不大，却需消耗更多的时间和试剂。因此一般分析化学实验平行测量 3~5 次已经足够。

除了系统误差和随机误差外，在分析过程中还会遇到由于过失或差错造成的所谓“误差”，其实是一种错误。例如，由于操作者责任心不强、粗心大意或者违反操作规程等原因造成的，如加错试剂、试液溅失、读错刻度、记录错误等。这种由于过失而造成的错误是应该也是完全可以避免的，因此不在误差的讨论范围之内。

3. 控制测量的相对误差

具体方法

（1）称量。分析天平的称量误差为 ±0.000 2 g，为了使测量时的相对误差在 0.1% 以下，试样质量必须在 0.2 g 以上。

（2）滴定管读数常有 ±0.01 mL 的误差，在一次滴定中，读数两次，可能造成 ±0.02 mL 的误差。为使测量时的相对误差小于 0.1%，消耗滴定剂的体积必须在 20 mL 以上，最好使滴定体积在 25 mL 左右，一般为 20~30 mL。

（3）微量组分的光度测定中，可将称量的准确度提高约一个数量级。

4. 随着技术进步而不断更新分析方法

（1）使用更高精度的仪器设备：采用高分辨率和高精度的分析仪器，如质谱仪、原子吸收光谱仪等，可以显著提高分析结果的准确性。

（2）标准物质和标准方法的使用：采用国际或国家认可的标准物质和标准分析方法，确保结果具有可比性和可靠性。

（3）严格的试样处理和保存程序：优化试样的采集、处理、保存步骤，减少试样变质或污染，保持试样的真实状态。

（4）质量控制和质量保证措施：实施质量控制程序，如使用空白对照、标准物质加入回收实验，以及参与环比对测试，以确保分析数据的准确性和可靠性。

（5）数据处理和统计分析的先进方法：应用统计学原理和计算机辅助分析软件，对数据进行更深入的处理和分析，提高数据解读的准确度。

（6）人员培训和教育：定期对实验室人员进行专业培训，提高他们的操作技能和理论知识，以减少人为错误。

结合这些现代措施，可以大大提高定量分析的准确度，进而提升分析结果的可靠性和科研的质量。

2.1.6 误差的传递

2.2 有效数字及其修约、运算规则

2.2.1 有效数字

在分析工作中，为了得到可靠的分析结果，不仅要准确地进行测量，而且还要正确地记录或表示测量结果，以使测量数据能够正确地反映所使用仪器的精确程度。即所记录的数据不但要正确表示出测量结果的数值，而且要如实地反映出测量的精确程度。因此测量结果必须用有效数字来表示。有效数字是指在分析工作中实际能够测量到的数字，它是测量结果的大小及精度的真实记录。有效数字的位数，直接影响到测量的相对误差。在测量精度的范围内，有效数字的位数越多越好，测量也越准确，但是若超过了测量准确度的范围，则过多的数字是没有意义的，而且是错误的。确定有效数字的位数时一般应遵循以下原则：

1. 有效数字的位数包括全部的可靠数字和 1 位估计值（不确定）的数字

用有效数字表示的测量结果，除最后一位数字是可疑的以外，其余各位数字都是确定无疑的。例如，用万分之一分析天平准确称取了 1.5 g 物质，应记为 1.500 0 g，因为分析天平的精度为 ±0.000 1 g，数据 1.500 0 中除了最后一位的“0”是可疑的以外，其余 4 个数字都是确定无疑的。只有这样，才能从所记录的数据中体现或表现出实际的测量精度乃至所使用的测量仪器。对于有效数字的最后一位可疑数字，通常理解为它可能有正、负 1 个单位的绝对误差。

2. 关于“0”是否为有效数字的判断

在一个数据中，数字“0”是否为有效数字取决于它在整个数据中所起的作用和所处的位置。如 0.264 0，小数点前面的“0”只起定位作用，仅与所采用的单位有关，而与测量的精度无关，因此就不是有效数字。而最后一位的“0”则表示测量精度所能达到的位数，因而是有效数字，不可随意略去。所以 0.264 0 有 4 位有效数字，而 0.002 5，只有 2 位有效数字。由此可见，有效数字的位数不能也不会因为单位的改变而增减。因为不管单位如何改变，测量的精度是一定的。

3. 自然数、常数、倍数关系或者分数关系有效数字的位数为无限多位

在分析化学计算中，常遇到自然数、常数、倍数关系或者分数关系，可以看成其有效数字的位数是无限多位，不应成为计算时判断有效数字位数的制约因素。如 1 000，e，π，3/4，5 等。

4. 单位的变换不影响有效数字的位数

例如，0.034 5 g 是 3 位有效数字，用毫克（mg）表示时应为 34.5 mg，用微克（μg）表示时则应该写成 3.45×10^{4} μg。又例如，当把 10.00 mL 转成以 L 为单位的有效数字时，应写成 0.010 00 L，均为 4 位有效数字。

5. 对数或指数的有效数字按照尾数来计数

分析化学中经常用到 pH，pK，pM，lg$K$ 等对数值，它们的有效数字位数应该仅取决于其小数点后数字的位数，而其整数部分因实际上只起定位作用，故不能作为有效数字。例如，pH=12.00，有效数字是 2 位而不是 4 位，因为它实际反映的是 $[H^+]=1.0\times10^{-12}\ mol\cdot L^{-1}$，pH 整数部分的 12 只表示 $[H^+]$ 的幂次是 10 的 −12 次方，只是起到定位作用。

6. 标准溶液浓度的有效数字位数的表示

在分析化学中，标准溶液的浓度，一般用 4 位有效数字来表示，误差只需保留 1~2 位有效数字。例如，配制的 HCl 标准溶液的浓度为 $0.100\,0\ mol\cdot L^{-1}$，配位滴定的终点误差是 0.2%。

2.2.2 有效数字的修约规则

样例

测量数据的计算结果要按照有效数字的计算规则保留适当位数的数字，因此必须舍弃多余的数字，这一过程称为数字的修约。数字的修约目前多遵循“四舍六入五成双”的原则。即拟被修约的那部分数字中，其左边第 1 个数字小于或等于 4 时则舍弃，大于或等于 6 时则进位。左边第 1 个数字是 5 时，则要看 5 后面的是什么数字。如果 5 后面没有其他数字或后面的数字恰好都为 0，则 5 前面的数字是偶数时则舍弃，5 前面的数字是奇数时则进位，使舍弃或进位后的数字都成为偶数，这就是所谓“五成双”。但如果 5 后面还有不为 0 的任何数字时，则不论 5 前面是奇数还是偶数都要进位。

例 **2–2** 将下面数据修约为 4 位有效数字。

$$0.245\,74,\ 0.245\,76,\ 0.245\,75,\ 0.245\,85,\ 0.245\,851$$

解：$0.245\,74 \rightarrow 0.245\,7$；$0.245\,76 \rightarrow 0.245\,8$；$0.245\,75 \rightarrow 0.245\,8$；$0.245\,85 \rightarrow 0.245\,8$；$0.245\,851 \rightarrow 0.245\,9$

需要注意的是，在数字修约时，只能对原始数据一次修约到所需的位数，而不能对该数据进行连续修约。例如，将 6.549 修约到 2 位有效数字，必须将其一次修约到 6.5，而不能连续修约为 $6.549 \rightarrow 6.55 \rightarrow 6.6$。

2.2.3 有效数字的运算规则

不同位数的几个有效数字在进行运算时，所得结果应保留几位有效数字与运算的类型有关。

1. 加减法

几个数据相加减时，以绝对误差最大的数据为准（即以小数点后位数最少的数据为准），修约其他数据，使各数据的绝对误差一致后再进行加减运算。例如：

$$0.012\,1+25.64+1.044\,51=?$$

由于每个数据中最后一位数有 ±1 的绝对误差，即 $0.012\,1 \pm 0.000\,1$，25.64 ± 0.01，$1.044\,51 \pm 0.000\,01$，其中以小数点后位数最少的 25.64 的绝对误差最大，其小数点后位数最少，只有 2 位，故结果的小数点后位数也应为 2 位，即其和为 26.69。具体过程是先修约，再计算：

$$0.01+25.64+1.04=26.69$$

2. 乘除法

几个数据相乘或相除时，其积或商的有效数字位数应以参加运算的数据中相对误差最大的那个数据为准（即以有效数字位数最少的为准）进行修约后再运算。

例如：

$$\frac{0.031\,5 \times 5.014 \times 52.087}{130.25}$$

式中，0.031 5 的相对误差最大，为 $\frac{\pm 0.000\,1}{0.031\,5} \approx \pm 0.3\%$，因此最后计算结果应保留 3 位有效数字。

在大量数据运算时，为防止误差迅速累加，对参加运算的数据可先多保留一位有效数字（多保留的数字称为安全数字），运算后再将结果修约成与最大误差数据相当的位数。这是目前最常用的计算方法。

在上例乘除法计算中，按照安全数字的保留方法，各数最多可取 4 位有效数字，最后再将计算结果修约到 3 位有效数字，即

$$\frac{0.031\ 5\times5.014\times52.09}{130.2}=0.063\ 19\text{，修约为 }0.063\ 2$$

修约标准偏差时，修约的结果应使准确度变得更差些。多数情况下取 1 位有效数字，最多 2 位。

2.3 定量分析中的数据处理

在定量分析中，通常是将多次平行测定的数据的平均值作为结果加以报告。但实际上这是不准确的，还应运用数理统计的方法，对有限次测量的数据及分析结果的可靠性做出判断，并给予正确、科学的评价，再做出关于分析结果的报告。本节介绍分析数据的统计处理基本知识。

虽然随机误差的大小和正负都不固定，但实际上，当测定次数比较多、系统误差已经排除时，随机误差是符合统计规律的，其分布规律为数据的处理提供了理论基础。

2.3.1 频数分布

在相同条件下，对某试样中钡的质量分数［$w(BaCl_2\cdot2H_2O)$，%］进行重复测量，得到 173 个有效测量值，其处于 98.9%~100.2% 范围，按 0.1% 组距分 14 组，作频率密度 – 测量值（%）图，如图 2–3 所示，其步骤如下：

（1）数据从小到大排列。

（2）分组，确定组距。

（3）统计频数和相对频数。

（4）作频数分布直方图。

由图 2–3 可以看出，测量数据的分布并非杂乱无章，而是呈现出某些规律性。在全部数据中，平均值 99.65% 所在的组（频率分布的直方图第五组）具有最大的频率值，处于它两侧的数据组，其频率值仅次之。统计结果表明，测量值出现在平均值附近的频率相当高，具有明显的集中趋势，而与平均值相差越大的数据出现的频率越小。

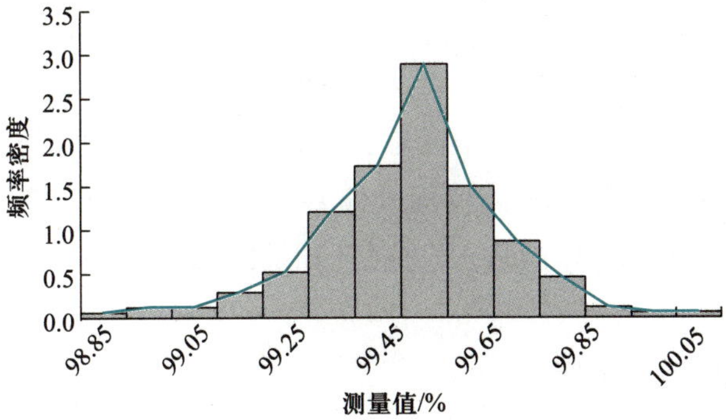

图 2–3 钡含量测量频率密度 – 测量值直方图

2.3.2 正态分布

如果以 $x-\mu$（随机误差）为横坐标，曲线最高点横坐标为 0，这时表示的是随机误差的正态分布曲线。$y=f(x)=\dfrac{1}{\sigma\sqrt{2\pi}}e^{-\frac{(x-\mu)^2}{2\sigma^2}}$，记为：$N(\mu,\sigma^2)$，如图 2–4 所示。

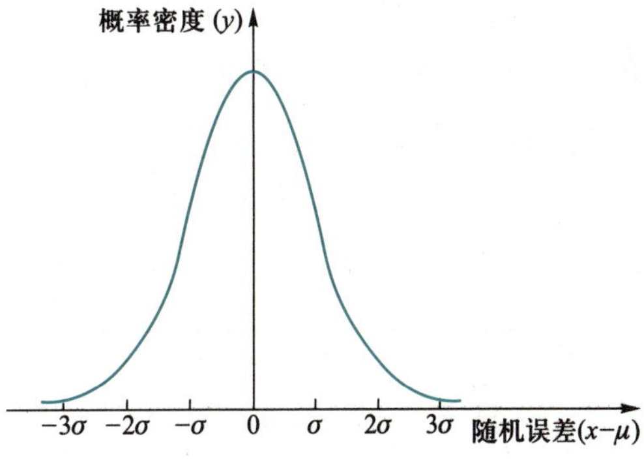

图 2–4 正态分布图

从图 2–4 可以看出，μ 值决定曲线在 x 轴的位置。σ 值决定曲线的形状，σ 值越小，曲线越高、越陡峭，精密度越好；σ 值越大，曲线越低、越平坦，精密度越差。随机误差符合正态分布。

1. 对称性

绝对值相同的正、负误差出现的概率相等。

2. 单峰性

小误差出现的概率大，大误差出现的概率小。很大的误差出现的概率近于零。

3. 有界性

随机误差的分布具有有限的范围，其值大小是有界的，并具有向 μ 集中的趋势。

2.3.3 标准正态分布

如果将正态分布曲线的横坐标改用 u 来表示（以 σ 为单位表示随机误差），令 $u=\dfrac{x-\mu}{\sigma}$，则正态分布曲线变为

$$y=\phi(u)=\frac{1}{\sqrt{2\pi}}e^{-\frac{1}{2}u^2} \tag{2-12}$$

此曲线为标准正态分布曲线，横坐标是以 σ 为单位，所以，对于不同的测量值 μ 及 σ，都是适用的。即总体平均值为 μ、总体标准偏差为 σ，得任一个正态分布均可化为 $\mu=0$，$\sigma^2=1$ 的标准正态分布，以 $N(0,1)$ 表示。曲线的形状与 μ 和 σ 的大小无关。

2.3.4 随机误差的区间概率

正态分布曲线与横坐标之间所夹的总面积，就等于概率密度函数从 $-\infty$ 至 $+\infty$ 的积分值。它表示来自同一总体的全部测量值或随机误差在上述区间出现概率的总和为 100%，即为 1。

$$\int_{-\infty}^{+\infty}\phi(u)\mathrm{d}u=\frac{1}{\sqrt{2\pi}}\int_{-\infty}^{+\infty}e^{-\frac{u^2}{2}}\mathrm{d}u=1 \tag{2-13}$$

欲求测量值或随机误差在某区间出现的概率 P，可取不同的 u 值对上式积分求面积（图 2-5）而得到，从而可得到概率积分表（表 2-1）供直接查用。

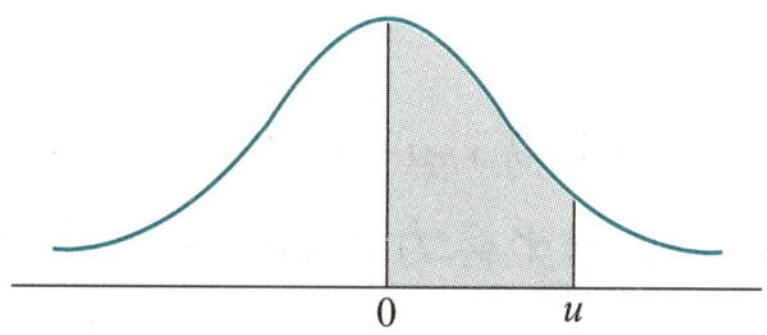

图 2-5 正态分布概率积分值（单侧）

表 2-1 正态分布概率积分表（单侧）

$\|u\|$	面积	$\|u\|$	面积	$\|u\|$	面积
0.0	0.000 0	1.0	0.341 3	2.0	0.477 3
0.1	0.039 8	1.1	0.364 3	2.1	0.482 1
0.2	0.079 3	1.2	0.384 9	2.2	0.486 1
0.3	0.117 9	1.3	0.403 2	2.3	0.489 3
0.4	0.155 4	1.4	0.419 2	2.4	0.491 8
0.5	0.191 5	1.5	0.433 2	2.5	0.493 8
0.6	0.225 8	1.6	0.445 2	2.6	0.495 3
0.7	0.258 0	1.7	0.455 4	2.7	0.496 5
0.8	0.288 1	1.8	0.464 1	2.8	0.497 4
0.9	0.315 9	1.9	0.471 3	3.0	0.498 7

所有测量值出现的概率总和应为 1，即

$$P(-\infty,+\infty)=\frac{1}{\sqrt{2\pi}}\int_{-\infty}^{+\infty}e^{-\frac{u^2}{2\sigma^2}}\mathrm{d}x=1 \tag{2-14}$$

求变量在某区间出现的概率：

$$P(a,b)=\frac{1}{\sqrt{2\pi}}\int_{a}^{b}e^{-\frac{u^2}{2\sigma^2}}\mathrm{d}x \tag{2-15}$$

概率积分表，如表 2–1 所示。注意：表中列出的是单侧概率，求 $\pm u$ 间的概率，需乘以 2，如表 2–2 所示。

从中不难得出结论：

（1）随机误差超过 3σ 的测量值出现的概率仅占 0.3%。

（2）当实际工作中，如果重复测量中，个别数据误差的绝对值大于 3σ，则这些测量值可舍去。

表 2–2　正态分布区间概率

随机误差出现的区间	测量值出现的区间	概率
$u=\pm 1$	$x=\mu \pm 1\sigma$	0.341 3 × 2=68.26%
$u=\pm 2$	$x=\mu \pm 2\sigma$	0.477 3 × 2=95.46%
$u=\pm 3$	$x=\mu \pm 3\sigma$	0.498 7 × 2=99.74%

例 2–3　已知某试样中 Fe 的标准值为 3.78%，σ=0.10，又已知测量时没有系统误差，求：

（1）分析结果落在（3.78 ± 0.20）% 范围内的概率。

（2）分析结果大于 4.0% 的概率。

解：（1）$|u|=\dfrac{|x-u|}{\sigma}=\dfrac{0.20}{0.10}=2.0$，查表 2–1，求得概率为

$$2\times 0.477\ 3=0.954\ 6=95.46\%$$

（2）分析结果大于 4.0% 的概率为

$$|u|=\frac{|x-u|}{\sigma}=\frac{4.00-3.78}{0.10}=2.2$$

查表 2–1 求得分析结果落在 3.78%~4.00% 的概率为 0.486 1，那么分析结果大于 4.00% 的概率为 0.500 0–0.486 1=1.39%。

2.3.5　少量数据的统计处理

在实际测量中，测定次数都是有限的，通常情况下只有几次。很明显，测定次数有限的数据分布与无限多次测量的分布规律是不完全相同的。但是人们又希望能够用有限次的测定数据的平均值与真值的接近程度，来评价测量结果的可靠性。于是科学家在正态分布的基础上提出了一个新的分布规律——t 分布曲线。

t 分布曲线（实际测定中，用 $\bar{x}$、S 代替 μ、σ）

有限次测定的随机误差并不服从正态分布，而是服从类似于正态分布的 t 分布，曲线与标准正态分布曲线相似，纵坐标仍为概率密度，横坐标则用新的统计量 t 表示。由 $t=\dfrac{x-\mu}{S}$ 可衍生出：

$$t=\frac{\bar{x}-\mu}{S}\sqrt{n} \tag{2-16}$$

t 分布曲线随自由度 f（$f=n-1$）而变，当 $f>20$ 时，与正态分布曲线很近似，当 $f\to\infty$ 时，二者一致。t 分布在分析化学中应用很多。

不同的 f 值及概率所对应的 t 值，已有统计学家计算出来，可由表 2-3 中查出。

表 2-3 t 值分布

实验次数 n	自由度 f（$n-1$）	置信概率 P				
		50%	90%	95%	99%	99.5%
2	1	1.00	6.31	12.71	63.66	127.3
3	2	0.82	2.92	4.30	9.93	14.09
4	3	0.76	2.35	3.18	5.84	7.45
5	4	0.74	2.13	2.78	4.60	5.60
6	5	0.73	2.02	2.57	4.03	4.77
7	6	0.72	1.94	2.45	3.71	4.32
8	7	0.71	1.90	2.37	3.50	4.03
9	8	0.71	1.86	2.31	3.36	3.83
10	9	0.70	1.83	2.26	3.25	3.69
11	10	0.70	1.81	2.23	3.17	3.58
16	15	0.69	1.75	2.13	2.95	3.25
21	20	0.69	1.73	2.09	2.85	3.15
26	25	0.68	1.71	2.06	2.79	3.08
∞	∞	0.65	1.65	1.96	2.58	2.81

2.3.6 平均值的置信区间

1. 置信度（P）

表示的是测定值落在 $\mu\pm tS_{\bar{x}}$ 范围内的概率，当 $f\to\infty$，t 即为 u。置信度表明了人们对所作的判断有把握的程度。在对真值进行区间估计时，置信度的高低要定得恰当。在定量分析中，一般将置信度定为 0.95 或 0.90。

2. 显著性水平（α）$=1-P$

表示测定值落在 $\mu\pm tS_{\bar{x}}$ 范围之外的概率。t 值与置信度及自由度有关，一般表示为 $t_{\alpha,f}$。

3. 置信区间

表示在一定的置信度下，以平均值为中心，包括总体平均值 μ 的范围。则 $\mu=\bar{x}\pm t\dfrac{S}{\sqrt{n}}$。

置信区间的大小取决于测定的精密度和对置信度的选择，对于平均值来说还与测定的次数有关。置信度定得越大，置信区间也越大，过大的置信区间没有实际意义。若将置信度固定，当测定的精密度越高和测定次数越多时，置信区间越小，表明测定值 x 或 x 的平均值越接近真值，即测定的准确度越高。

例 2-4 分析某固体废物中铁含量，得以下结果：$\bar{x}$=15.78%，S=0.03%，n=4，求：(1) 置信度为 95% 时平均值的置信区间；(2) 置信度为 99% 时平均值的置信区间。

解： 置信度为 95%，查表得 $t_{\alpha,f}=t_{0.05,3}=3.18$，则

$$\mu=\bar{x}\pm t\frac{S}{\sqrt{n}}=15.78\%\pm3.18\times\frac{0.03\%}{\sqrt{4}}=15.78\%\pm0.05\%$$

置信度为 99%，查表得 $t_{\alpha,f}=t_{0.01,3}=5.84$，则

$$\mu=\bar{x}\pm t\frac{S}{\sqrt{n}}=15.78\%\pm5.84\times\frac{0.03\%}{\sqrt{4}}=15.78\%\pm0.09\%$$

2.3.7 显著性检验

用统计的方法检验测定值之间是否存在显著性差异，以此推测它们之间是否存在系统误差，从而判断测定结果或分析方法的可靠性，这一过程称为显著性检验。

当标准值 μ 已知时，可采用 t 检验法。

1. 平均值($\bar{x}$)与标准值(μ)之间的显著性检验→检查方法的准确度

$$t_{计}=\frac{|\bar{x}-\mu|}{S}\sqrt{n} \tag{2-17}$$

若 $t_{计}\geqslant t_{\alpha,f}$，则 $\bar{x}$ 与 μ 有显著性差异（方法不可靠）；若 $t_{计}<t_{\alpha,f}$，则 $\bar{x}$ 与 μ 无显著性差异（方法可靠）。

当标准值 μ 未知，两组数据的平均值之间进行比较时，应采用 f 和 t 检验法。

2. 两组平均值的比较

(1) 先用 F 检验法检验两组数据精密度 S_1（小）、S_2（大）有无显著性差异（方法之间）：

$$F_{计}=\frac{S_2^2}{S_1^2} \tag{2-18}$$

若此 $F_{计}$值小于表 2-4 中的 F 值，则说明两组数据精密度 S_1、S_2 无显著性差异；若 $F_{计}$值大于等于表中的 F 值，则说明两组数据精密度 S_1、S_2 有显著性差异。

(2) 再用 t 检验法检验两组平均值之间有无显著性差异：

$$t_{计}=\frac{|\bar{x}_1-\bar{x}_2|}{S(小)}\sqrt{\frac{n_1n_2}{n_1+n_2}} \tag{2-19}$$

查 $t_{0.95}(f=n_1+n_2)$，若 $t_{计}\geqslant t_{\alpha,f}$，则说明两平均值有显著性差异；若 $t_{计}<t_{\alpha,f}$，则说明两平

均值无显著性差异。

表 2-4 *F* 值表(单边,置信度 0.95)

$f_{S小}$	$f_{S大}$									
	2	3	4	5	6	7	8	9	10	∞
2	19.00	19.16	19.25	19.30	19.33	19.36	19.37	19.38	19.39	19.50
3	9.55	9.28	9.12	9.01	8.94	8.88	8.84	8.81	8.78	8.53
4	6.94	6.59	6.39	6.26	6.16	6.09	6.04	6.00	5.96	5.63
5	5.79	5.41	5.19	5.05	4.95	4.88	4.82	4.78	4.74	4.36
6	5.14	4.76	4.53	4.39	4.28	4.21	4.15	4.10	4.05	3.67
7	4.74	4.35	4.12	3.97	3.87	3.79	3.73	3.68	3.63	3.23
8	4.46	4.07	3.84	3.69	3.58	3.50	3.44	3.39	3.34	2.93
9	4.26	3.86	3.63	3.43	3.37	3.29	3.23	3.18	3.13	2.71
10	4.10	3.71	3.48	3.33	3.22	3.14	3.07	3.02	2.97	2.54
∞	3.00	2.60	2.37	2.21	2.10	2.01	1.94	1.88	1.83	1.00

例 2-5 甲乙两人分别对同一钢样中铬的质量分数进行了测定,结果如下。

甲:9.56%,9.49%,9.62%,9.51%,9.58%,9.63%。

乙:9.33%,9.51%,9.49%,9.51%,9.56%,9.40%。

试判断两人测定的结果之间有无显著性差异(P=0.95)。

解:

$$甲\quad \bar{x}_1=9.565\%,\ S_1=0.056\,8\%,\ n_1=6$$

$$乙\quad \bar{x}_2=9.467\%,\ S_2=0.085\,0\%,\ n_2=6$$

乙的标准偏差较大,故$F_{计}=\dfrac{S_2^2}{S_1^2}=2.24$,因为$P$=0.95,因此,可查表 2-4 得$F_{表}$=5.05,$F_{计}<F_{表}$,故在$P$=0.95 的置信度下,两人测定数据的精密度之间不存在显著性差异。

2.3.8 可疑值的取舍

在实验中,当对同一试样进行多次平行测定时,经常会出现个别数据与其他数据相差较大的情况,这一数据称为可疑值(又称离群值、极端值)。如果检测人员能确定此数据是过失造成的,就可以舍弃,否则不能随意丢弃或保留,应依靠统计检验的方法,确定该可疑值与其他数据是否来源于同一总体。

1. $4\bar{d}$ 法

根据正态分布的规律,随机误差超过 3σ 的测量值出现的概率是很小的,仅占 0.3%,总

体平均偏差 $\delta=0.80\sigma$，即 $3\sigma\approx4\delta$，因此可以认为偏差超过 $\pm4\delta$ 的个别测量值可以舍弃。此方法比较简单，在手边没有分析化学手册等工具时，可以做一个粗略的估算。

步骤：

（1）求出 $\bar{x}$ 与平均偏差 $\bar{d}$。

（2）比较，当 $|x-\bar{x}|>4\bar{d}$，则可疑值 x 可以舍弃；反之，则可疑值 x 应保留。

2. 格鲁布斯（Grubbs）法

设有 n 个数据，从小到大为 $x_1, x_2, x_3, \cdots, x_n$；其中 x_1 或 x_n 为可疑数据，其步骤如下：

（1）计算 $\bar{x}$（包括可疑值 x_1、x_n 在内）、$|x_{可疑}-\bar{x}|$ 及 S。

（2）计算 G 值：

$$G_{计}=\frac{|x_i-\bar{x}|}{S} \tag{2-20}$$

（3）查 G 值表（如表 2-5 所示），得 $G_{表}$；

（4）比较 $G_{计}$ 与 $G_{表}$：若 $G_{计}\geqslant G_{表}$，则舍弃可疑值；若 $G_{计}<G_{表}$，则保留可疑值。

由于格鲁布斯检验法引入了标准偏差，故准确性较高。需要注意的是：其置信度通常取 0.90 或 0.95。

表 2-5　G 值表

n	显著性水平 α		
	0.05	0.025	0.01
3	1.15	1.15	1.15
4	1.46	1.48	1.49
5	1.67	1.71	1.75
6	1.82	1.89	1.94
7	1.94	2.02	2.10
8	2.03	2.13	2.22
9	2.11	2.21	2.32
10	2.18	2.29	2.41
11	2.23	2.36	2.48
12	2.29	2.41	2.55
13	2.33	2.46	2.61
14	2.37	2.51	2.66
15	2.41	2.55	2.71
20	2.56	2.71	2.88

3. Q 检验法（3~10 次测定适用）

Q 检验法的步骤如下：

（1）将一组数据从小到大按顺序排列：$x_1, x_2, \cdots, x_{n-1}, x_n$，可疑值往往是 x_1 或 x_n。

（2）求出可疑值与其邻近值差值的绝对值，再除以极差得到计算的 Q 值，计作 $Q_{计}$。

$$Q_{计}=\frac{|x_{疑}-x_{邻}|}{R} \tag{2-21}$$

若 x_1 是可疑值，则 $Q_{计}=\frac{|x_2-x_1|}{x_n-x_1}$；若 x_n 是可疑值，则 $Q_{计}=\frac{|x_n-x_{n-1}|}{x_n-x_1}$。

（3）判断数据应该保留还是舍弃。统计学家已计算出不同置信度时的 $Q_{表}$值（表 2-6），如果 $Q_{计}$值大于表中的 $Q_{表}$值，可疑值应舍弃，否则就应保留。

表 2-6 Q 值表

测定次数		3	4	5	6	7	8	9	10
置信度	90%（Q0.90）	0.94	0.76	0.64	0.56	0.51	0.47	0.44	0.41
	95%（Q0.95）	0.98	0.85	0.73	0.64	0.59	0.54	0.51	0.48
	99%（Q0.99）	0.99	0.93	0.82	0.74	0.68	0.63	0.60	0.57

例 2-6 测定某药物中钼的含量（$\mu g \cdot g^{-1}$），测定 4 次的结果分别为 1.25，1.27，1.31，1.40。分别用 4$\bar{d}$ 法、格鲁布斯法和 Q 检验法，判断 1.40 是否应该保留（P=0.90 或 0.95）。

解：（1）采用 4$\bar{d}$ 法时，先求出除 1.40 以外的其余数据的平均值 $\bar{x}$ 与平均偏差 $\bar{d}$。

$$\bar{x}=1.28, \quad \bar{d}=0.023$$

可疑值与平均值之差的绝对值为

$$|1.40-1.28|=0.12>4\bar{d}=0.092$$

故 1.40 应该舍弃。

（2）采用格鲁布斯法时，$\bar{x}$=1.31，S=0.066，则

$$G_{计}=\frac{x_n-\bar{x}}{S}=\frac{1.40-1.31}{0.066}=1.36$$

查表 2-5，得 $G_{\alpha,n}=G_{0.05,4}=1.46$，$G_{计}<G_{表}$，1.40 应当保留。

（3）采用 Q 检验法时，$Q_{计}=\frac{1.40-1.31}{1.40-1.25}=0.60$，已知 n=4，查表 2-6 得 $Q_{表}$=0.76，$Q_{计}<Q_{表}$，1.40 应当保留。

2.4 标准曲线的回归分析

在分析化学中，常利用浓度（或含量）与某一可测物理量间的线性关系来测定组分含

量。例如，在分光光度法中，先配制浓度已知且不同的一系列标准溶液，在直角坐标上绘制出吸光度与浓度的关系曲线，即为标准曲线（如图 2-6 所示）；使用与绘制标准曲线相同条件和方法来测定未知试样的吸光度，根据测定值可在标准曲线上直接查出待测组分的浓度。分析化学中的标准曲线是一条直线，但由于实验误差等因素存在，各个数据点会对该直线有一定程度偏离，这就需要通过数理统计的方法，找到对各数据点误差最小的直线，较好的方法是对数据进行回归分析（一般采用线性方程的最小二乘法），求得回归方程。在分析测定中两个变量的一元线性回归方程用得最普遍。

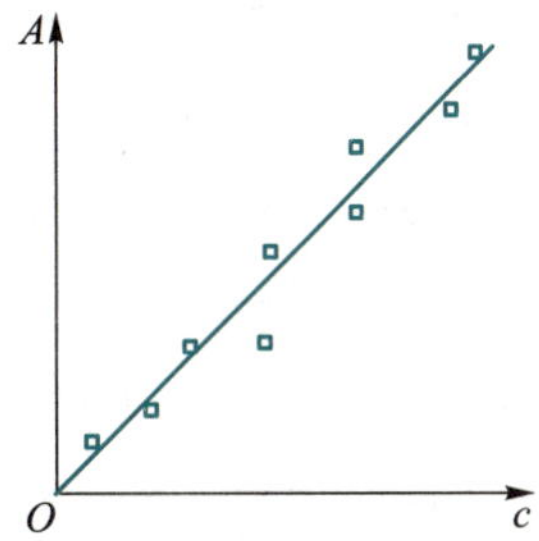

图 2-6 分光光度法中，吸光度与浓度的标准曲线

标准曲线的回归分析

标准曲线回归分析实例

2.5 课程思政任务单

2.6 学习要求、重点和难点

2.7 思考题和习题

思考题

1. 准确度和精确度有何区别和联系？
2. 下列情况各引起什么误差？如果是系统误差，则应如何消除？

a. 砝码腐蚀

b. 称量时，试样吸收了空气中的水分

c. 天平零点稍有变动

d. 读取滴定管读数时，最后一位数字估测不准

e. 以含量为 98% 的金属锌作为基准物质标定 EDTA 溶液的浓度

f. 试剂中含有微量待测组分

g. 重量分析法测定 SiO_2 时，试液中硅酸沉淀不完全

h. 天平两臂长度不等

3. 试比较标准正态分布与 t 分布之间的区别。

4. 甲、乙两人同时分析一种矿物中的含硫量。每次取样 4.5 g，分析结果分别报告为甲：0.043%，0.046%；乙：0.041 93%，0.042 41%。哪一份报告是合理的？为什么？

5. 铅是一种有害的环境污染物，即使是极低的浓度也可能对人体健康造成严重影响，尤其是对儿童的智力发展。环境监测中铅含量的测定是保护公共健康的重要环节。通过查阅文献你能给出一个环境水中铅含量测定的合理的实验方案吗？

6. 电化学分析法因其灵敏度高、选择性好、操作简便和成本较低等优点，在环境监测领域尤其是对重金属污染物的检测中得到了广泛应用。这些方法包括伏安法、循环伏安法、差分脉冲伏安法等。通过查阅文献你能提供“使用电化学方法监测水体中的重金属污染”的合理的实验方案吗？

7. 在分析化学实验室中，确保分析结果的准确性和可靠性是至关重要的。实施有效的质量控制（QC）和质量保证（QA）措施，如制定内部质量控制标准、使用质量控制图和进行方法验证，是实现这一目标的关键。通过查阅文献你能提供“建立和应用实验室内部质量控制体系”的合理的实验方案吗？

8. 在食品安全分析领域，经常需要处理和分析包含多种变量的复杂数据，如不同食品添加剂、残留农药、营养成分等的测量数据。主成分分析（PCA）是一种强大的化学计量学工具，能够简化数据、减少数据维度，同时保留最重要的变量信息。通过查阅文献你能提供一个合理的实验方案，应用主成分分析（PCA）方法来进行食品安全分析吗？

9. 城市湖泊作为自然与城市环境的重要连接点，其水质状况直接关系到城市生态安全和居民生活质量。近年来，由于工业排放、生活污水直排等因素，城市湖泊面临严重的水质污染问题。为了科学评估水质状况，需要对湖泊水样进行综合分析，监测其主要污染指标。通过查阅文献你能提供“城市湖泊水质综合评估”的合理的实验方案吗？

习 题

1. 下列数值各有几位有效数字?

0.72, 36.080, 4.4×10^{-3}, 6.022×10^{23}, 100, 998, 1 000.00, 1.0×10^{3}, pH=5.2 时的 $[H^+]$。

2. 根据有效数字的运算规则,计算下列算式。

a. 19.468+1.536−0.038 6+2.54

b. 20.1+6.13+0.312

c. $3.1\times1.098\div5.76$

d. $2.18\times0.22\times14.6$

e. $51.38/(8.709\times0.094\ 60)$

f. $\dfrac{9.827\times50.62}{0.005\ 164\times136.6}$

g. $2.187\times0.854+9.6\times10^{-5}-0.032\ 6\times0.008\ 14$

h. $\sqrt{\dfrac{6.1\times10^{-8}\times1.5\times10^{-8}}{3.3\times10^{-6}}}$

3. 测定黄铁矿中硫的质量分数,6 次测定结果分别为 30.48%, 30.42%, 30.59%, 30.51%, 30.56%, 30.49%,计算置信度为 0.95 时总体平均值的置信区间。

4. 下列两组实验数据的精密度之间有无显著性差异(置信度为 90%)?

a. 9.56, 9.49, 9.62, 9.51, 9.58, 9.63。

b. 9.33, 9.51, 9.49, 9.51, 9.56, 9.40。

5. 用两种不同分析方法对矿石中铁的质量分数进行分析,得到的两组数据如下:

	$\bar{x}$	S	n
方法一	15.34%	0.10%	11
方法二	15.43%	0.12%	11

a. 在置信度为 95% 时,两组数据的标准偏差是否存在显著性差异?

b. 在置信度分别 90%, 95% 和 99% 时,两组数据的平均值是否存在显著性差异?

6. 某含铁试样平行测定 4 次后的结果为 25.61%, 25.53%, 25.54% 和 25.82%,分别用 Q 检验法和 G 检验法判定是否有可疑值应该舍弃(P=0.95)?

7. 测定 SiO_2 的质量分数,得到下列数据: 28.62%, 28.59%, 28.51%, 28.48%, 28.52%, 28.63%,求平均值、标准偏差、置信度分别为 90% 和 95% 时平均值的置信区间。

8. 测定钢中含铬量时,先测定两次,测得的质量分数为 1.12% 和 1.15%; 再测定三次,测得的数据为 1.11%, 1.16% 和 1.12%。计算两次测定和五次测定平均值的置信区间(95% 置信度)。

9. 甲、乙两人对同一试样用不同方法进行测定,得两组测定值:

甲: 1.26, 1.25, 1.22

乙: 1.35, 1.31, 1.33, 1.34

问两种方法间有无显著性差异?

参考答案

10. 测定某药物中 Co 的含量，得到结果如下：1.25，1.27，1.31，1.40 用格鲁布斯法和 Q 检验法判断 1.40 是否应保留。

2.8 思维导图和电子课件

2.9 拓 展 知 识

第3章 酸碱滴定法

学习导航

知识目标

1. 了解近代酸碱理论，掌握酸碱质子理论的基本概念。

2. 掌握酸碱溶液 pH 的计算；知道各种 pH 的计算的使用条件。

3. 掌握酸碱滴定法的基本原理及其在日常生活中应用的原理。

能力目标

1. 能熟悉和了解近代酸碱理论的基本原理。

2. 能熟悉计算酸碱溶液的 pH。

3. 能应用酸碱滴定法的原理来解决生活中会用到的酸碱滴定的问题，如用双指示剂法来测定混合碱和铵盐中氮含量。

思政目标

1. 通过滴定曲线的学习，深刻体会“差之毫厘，谬以千里”的精髓，培养学生严谨细致的工作作风；通过学习酸碱滴定法的应用，能够培养学生灵活运用所学的无机及分析化学的基本概念、基本理论，根据具体分析检测案例对分析方法选择、应用等问题进行有效分析和评价，培养学生实际分析问题、解决问题、确定解决方案的能力。

2. 通过分组讨论如何建立、完善、改进分析方法，增强学生遵纪守法的法律意识，培养学生的科学精神、科学思维和团队协作意识，培养学生辩证的哲学思维和系统的科学思维。

3. 要精益求精，让学生知道学以致用，用学到的知识服务社会，理论与实际相结合。培养学生忧国忧民的家国情怀，培养学生从全局思考问题、解决问题的意识，使学生具有新时代需要的工匠精神、探索精神、科学精神、协助意识等精神品质。

案例导入

“人经常生病、身体处于亚健康状态，可能是酸性体质惹的祸！”你听过这样的说法吗？“酸碱体质理论”，是科学还是谣言？

案例

2018年11月2日，“酸碱体质理论”的创始人罗伯特·欧·杨被美国圣地亚哥法庭判决赔偿一名癌症患者1.05亿美元。原因是他告诉该名患者只靠调理酸碱体质，不用手术、不用放化疗，就能治好她的乳腺癌，但在该名患者在所谓的“奇迹康复中心”接受了多种“治疗”之后，却发现乳腺癌已骨转移。于是该名患者将罗伯特·欧·杨告上法庭，罗伯特·欧·杨被法庭判决赔偿患者1.05亿美元，并当庭承认“酸碱体质理论”是没有科学根据的。

其实，在掌握了缓冲溶液的相关知识后，就可以轻而易举地识破这一伪科学。以血液为例，在健康的状况下，人体血液的pH恒定维持于7.35~7.45。这是由于血液是一种缓冲溶液，其中含有H_2CO_3–HCO_3^-，$H_2PO_4^-$–HPO_4^{2-}，$HHbO_2$（带氧血红蛋白）–HbO_2^-，HHb（血红蛋白）–Hb^-等多种缓冲对，少量酸性或碱性物质的摄入不会对其pH产生影响。

所以，大家平时要精于学习、勤于思考，培养自己的科学素养，用科学知识武装自己，以弘扬科学精神、普及科学知识为己任，不给伪科学钻空子的机会。

酸碱平衡是基础的化学平衡之一。在水溶液中，酸度是影响化学反应的最重要的因素。建立于化学反应基础上的化学分析方法仍是目前应用十分广泛的分析方法，环境介质如大气、海洋和土壤中都存在着一定的酸碱平衡，在工业生产过程中，使用大量的酸碱反应物和催化剂，生物体的几乎每一个生化过程也都涉及酸碱平衡，因而溶液中的酸碱平衡所涉及的主要问题是每一位分析工作者必须全面掌握的。

酸碱滴定法，又称为中和滴定法，是学习化学定量分析首先要学习的一种滴定分析方法，是化学定量分析中“四大滴定法”之一。它是以酸碱反应为基础的一种滴定分析方法，具有操作简单、反应速率快、副反应少、滴定终点容易判断等优点，被广泛应用于生产实际中。在工业生产中，酸碱滴定法可用于测定许多工业产品如纯碱、烧碱、铵盐等成分的含量；在农业生产中，常用酸碱滴定法测定土壤和肥料中氮、磷含量；在环境监测、药物分析等领域中酸碱滴定法也具有不可替代的作用。酸碱滴定法在生产实践和科学研究中具有非常广泛的应用，掌握好这一部分内容也是进一步学习后面章节（包括配位滴定法、氧化还原滴定法和重量分析法）的前提，可以毫不夸张地说，这一部分内容是滴定分析乃至整个化学分析的奠基石。

本章中将基于酸碱质子理论来讨论酸碱滴定中的有关问题，如酸碱体系的质子理论，酸碱体系中各种型体的分布问题，滴定过程中指示剂的选择问题以及酸碱滴定的一般应用。

3.1 酸碱理论

1887 年,“酸和碱”早期的概念是由瑞典科学家阿仑尼乌斯(S. A. Arrhenius)基于他的酸碱电离理论而提出的。他认为凡在水溶液中电离出的正离子全部都是 H^+ 的物质叫“酸”,电离出的负离子全部都是 OH^- 的物质叫“碱”。该理论是人们对酸碱认识的一次飞跃,但在解释有机物的酸碱性时,遇到了困难。1923 年,丹麦物理化学家布朗斯特(J. N. Brönsted)和英国化学家劳里(T. M. Lowry)各自独立提出了“酸碱质子理论”,认为凡是能给出质子(H^+)的物质都是酸,凡是能接受质子的物质都是碱。该理论扩大了酸碱的范畴,加深了人们对酸碱的认识,但是该理论也不能解释无质子参加的反应。1923 年,美国化学家路易斯(G. N. Lewis)指出,没有任何理由认为“酸”必须限定在含氢的化合物上,他认为“碱”是具有孤对电子的物质,这对电子可以用来使别的原子形成稳定的电子层结构;“酸”则是能接受电子对的物质,它利用碱所具有的孤对电子使其本身的原子达到稳定的电子层结构。“酸碱电子理论”通过电子的给出和接受来定义酸、碱,更能体现物质的本质属性,比较全面和广泛。缺点是酸碱的含义过于广泛,不方便使用。可见酸碱理论的发展经过了一代又一代的科学家不断改进、创新和完善。人们对酸、碱的认识到目前为止也是存在缺陷的,但是人们对于科学的探索是永不止步的,随着科学的不断进步,酸碱理论也将逐步发展进步,更好地为人们的生产、生活服务。

科学家简介

由于酸碱质子理论同时适用于水溶液和非水溶液体系,且可以进行定量处理,因此本章将重点讨论酸碱质子理论。

3.1.1 酸碱质子理论

1. 酸碱的概念

根据酸碱质子理论,凡是能给出质子(H^+)的物质都是酸,如 HCl, H_2SO_4, NH_4^+, HCO_3^-, H_2O 等。凡是能接受质子的物质都是碱,如 NaOH, Cl^-, SO_4^{2-}, HS^-, H_2O 等。

酸(HA)给出质子后生成的 A^- 就是碱,碱(A^-)接受质子后就转变为酸(HA),可表示如下:

$$HA \rightleftharpoons A^- + H^+$$

酸(HA)和碱(A^-)之间这种相互依存的关系称为共轭关系,HA 是 A^- 的共轭酸,A^- 是 HA 的共轭碱,HA 和 A^- 是一对共轭酸碱对(conjugated pair of acid-base)(注意:共轭酸碱对之间只相差一个质子)。酸失去质子生成其共轭碱(或碱得到质子生成其共轭酸)的

反应称为酸碱半反应。例如:

$$HAc \rightleftharpoons Ac^- + H^+$$

$$NH_4^+ \rightleftharpoons NH_3 + H^+$$

$$H_2CO_3 \rightleftharpoons HCO_3^- + H^+$$

$$HCO_3^- \rightleftharpoons CO_3^{2-} + H^+$$

根据酸碱质子理论,酸和碱既可以是分子,也可以是正离子或负离子。有的物质既能给出质子作为酸,也能接受质子作为碱,这类物质称为两性物质,如 HCO_3^-, $H_2PO_4^-$, H_2O 等。在酸碱质子理论中没有盐的概念。

2. 酸碱反应

从酸碱质子理论来看,酸碱反应的实质是两对共轭酸碱对之间传递质子的过程,因此一个酸碱反应包含两个酸碱半反应。例如,NH_3 与 HCl 之间的酸碱反应:

$$HCl(酸_1) + NH_3(碱_2) \rightleftharpoons Cl^-(碱_1) + NH_4^+(酸_2)$$

酸(或碱)在水中的解离反应实质上也是酸(或碱)与水分子之间的质子转移反应。例如:

$$HAc + H_2O \rightleftharpoons Ac^- + H_3O^+$$

$$NH_3 + H_2O \rightleftharpoons NH_4^+ + OH^-$$

3.1.2 酸碱电子理论

酸碱质子理论以质子来定义酸碱,与阿伦尼乌斯的酸碱电离理论相比扩大了酸碱的范围,但对于不涉及质子转移而具有类似酸碱反应特征的一些反应尚不能做出满意的解释。美国化学家路易斯在 1923 年根据大量酸碱反应的化学键变化,从原子的电子结构观点出发概括了酸碱反应的共同特征,提出了酸碱电子理论。酸碱电子理论以电子对的授受来判断酸碱属性。认为凡能接受电子对的物质称为路易斯酸,凡能给出电子对的物质称为路易斯碱。路易斯酸碱反应的本质是配位键的形成过程,即酸的价电子层空轨道来接受碱的孤对电子。

酸碱电子理论从原子结构的角度考虑酸碱反应的实质,在配位化学及有机反应的研究中有很好的应用,但它使酸碱的范围过于广泛,存在无法定量表达等不足,在水溶液体系中的应用有一定的困难。1963 年,美国化学家皮尔森(Pearson)根据路易斯酸碱之间授受电子对的难易程度提出了软硬酸碱理论。

在分析化学中,普遍以酸碱质子理论作为理论依据,尤其是关于酸碱平衡和酸碱滴定分析,用酸碱质子理论能很好地解释和处理所涉及的问题。

3.1.3 离子的活度和活度系数

溶液中的反应与反应物和产物的活度（activity）有关。离子的活度是指其在化学反应中表现出来的有效浓度。由于溶液中离子间存在静电作用，它们的自由运动和反应活性因此受到影响，这样它们在反应中表现出的浓度与其实际浓度间存在一定差别。如果以 c_i 表示第 i 种离子的平衡浓度（equilibrium concentration），以 a_i 表示活度，则它们之间的关系可表示为

$$a_i=\gamma_i c_i$$

比例系数 γ_i 称为 i 离子的活度系数（activity coefficent），它反映实际溶液与理想溶液之间的偏差的大小。对于强电解质溶液，当溶液的浓度极稀时，离子之间的距离变得相当大，以致它们相互间的作用力小至可以忽略不计。这时可将其视为理想溶液，离子的活度系数可视为 1，即 $a_i=c_i$。

目前，对于高浓度电解质溶液中离子的活度系数，由于情况比较复杂，还没有较好的定量计算方法。但对于稀溶液（$<0.1\ \text{mol}\cdot\text{L}^{-1}$）中离子的活度系数，可以采用德拜 – 休克尔（Debye-Hückel）公式来计算，即

$$-\lg\gamma_i=0.512z_i^2\left[\frac{\sqrt{I}}{1+B\dot{a}\sqrt{I}}\right]$$

式中，z_i 为 i 离子的电荷数；B 是常数，25℃时为 0.003 28；$\dot{a}$ 为离子体积参数，约等于水化离子的有效半径，以 pm（10^{-12} m）计，一些常见离子的 $\dot{a}$ 值列于附录表 3 中，I 为溶液的离子强度（ionic strength）。当离子强度较小时，可不考虑水化离子的大小，活度系数可按德拜 – 休克尔极限式计算，即

$$-\lg\gamma_i=0.512z_i^2\sqrt{I}$$

在进行近似计算时也可采用此公式。

离子强度与溶液中各种离子的浓度及所带电荷有关，稀溶液中的计算式为

$$I=\frac{1}{2}\sum_{i=1}^{n}c_i z_i^2$$

对于溶液中的中性分子，由于它们的电荷数为零，因此，若用德拜 – 休克尔公式来计算，其活度系数将恒为 1。但实际情况并不完全如此，其活度系数随溶液中离子强度的变化也会有所改变，只是这种变化一般很小，所以通常可认为它们的活度系数近似等于 1。

3.1.4 酸碱解离常数

1. 水的解离常数

水是一种两性物质，既有接受质子又有提供质子的能力，因此，在水溶液中存在水分子

间的质子转移反应,即水的解离反应,也叫做水的质子自递反应:

$$H_2O+H_2O \rightleftharpoons OH^-+H_3O^+$$

简写为

$$H_2O \rightleftharpoons OH^-+H^+$$

其平衡常数表达式为

$$K_w = c_{H^+} \cdot c_{OH^-}$$

称为水的解离常数,也叫做水的离子积常数,简称为水的离子积。表示在一定温度下,水溶液中 H^+ 和 OH^- 浓度的乘积是一个常数。由于水的解离是吸热反应,所以 K_w 随温度的升高而增大。298.15K 时,$K_w=1.0\times10^{-14}$。

2. 一元弱酸(碱)的解离常数

一元弱酸(HA)在水溶液中的解离反应为

$$HA+H_2O \rightleftharpoons A^-+H_3O^+$$

简写为

$$HA \rightleftharpoons A^-+H^+$$

平衡常数表达式为

$$K_a = \frac{c_{A^-} \cdot c_{H^+}}{c_{HA}}$$

称为弱酸的标准解离平衡常数,简称弱酸的解离常数。K_a 越大,弱酸 HA 给出质子的能力越强,则酸的强度越大。

一元弱碱(A^-)在水溶液中的解离反应为

$$A^-+H_2O \rightleftharpoons HA+OH^-$$

平衡常数表达式为

$$K_b = \frac{c_{HA} \cdot c_{OH^-}}{c_{A^-}}$$

称为弱碱的标准解离平衡常数,简称弱碱的解离常数。K_b 越大,弱碱接受质子的能力越强,则碱的强度越大。

对于共轭酸碱对 $HA-A^-$:

$$K_a \cdot K_b = c_{H^+} \cdot c_{OH^-} = K_w \tag{3-1}$$

由式(3-1)可知:① 一种酸的酸性越强,其共轭碱的碱性越弱;② 根据某弱酸(碱)的 K_a(K_b),就可以求出其共轭碱(酸)的 K_b(K_a)。

例 **3-1** 已知 NH_3 的 $K_b=1.8\times10^{-5}$,求 NH_4^+ 的 K_a 值。

解:NH_3 和 NH_4^+ 是共轭酸碱对,则

$$K_{a(NH_4^+)} \cdot K_{b(NH_3)} = K_w$$

$$K_{a(NH_4^+)} = \frac{K_w}{K_{b(NH_3)}} = \frac{1.0\times10^{-14}}{1.8\times10^{-5}} = 5.6\times10^{-10}$$

3. 多元弱酸(碱)的解离常数

多元弱酸(碱)的解离是分步进行的,每一步解离反应均有一个解离常数,如二元弱酸(H_2A)的解离

第一步解离:

$$H_2A \rightleftharpoons HA^- + H^+$$

$$K_{a_1(H_2A)} = \frac{c_{HA^-} \cdot c_{H^+}}{c_{H_2A}}$$

第二步解离:

$$HA^- \rightleftharpoons A^{2-} + H^+$$

$$K_{a_2(H_2A)} = \frac{c_{A^{2-}} \cdot c_{H^+}}{c_{HA^-}}$$

A^{2-} 是一种二元弱碱,同样分两步解离,共轭酸碱对的解离常数间存在如下关系:

$$K_{a_1} \cdot K_{b_2} = K_{a_2} \cdot K_{b_1} = K_w$$

3.2 不同 pH 溶液中酸碱存在形式的分布曲线

对于如下酸碱平衡体系:

$$HA \rightleftharpoons H^+ + A^-$$

当改变溶液的 pH 时,平衡将发生移动,HA 和 A^- 两种存在形式的平衡浓度也会随之发生变化,但各存在形式的平衡浓度之和(即总浓度)不变。定义某一种存在形式的平衡浓度占总浓度的分数为分布系数 δ。以 pH 为横坐标,δ 为纵坐标,绘制的曲线称为分布曲线。分布曲线对于酸碱滴定分析中掌握和控制分析条件具有重要的指导意义。

3.2.1 一元弱酸(碱)溶液的分布曲线

一元弱酸(HA)在溶液中以 HA 和 A^- 两种形式存在,用 c 表示总浓度,也称分析浓度,则

$$c = c_{HA} + c_{A^-}$$

分别用 δ_1 和 δ_0 表示 HA 和 A^- 两种存在形式的分布系数,则

$$\delta_{HA} = \frac{c_{HA}}{c} = \frac{c_{HA}}{c_{HA} + c_{A^-}} = \frac{1}{1 + \frac{c_{A^-}}{c_{HA}}} = \frac{1}{1 + \frac{K_a}{c_{H^+}}} = \frac{c_{H^+}}{c_{H^+} + K_a}$$

$$\delta_{A^-} = \frac{c_{A^-}}{c} = \frac{K_a}{c_{H^+} + K_a}$$

显然:

$$\delta_{HA} + \delta_{A^-} = 1$$

根据上式可以计算不同 pH 时弱酸各存在形式的分布系数，如图 3–1 所示为 HAc 和 Ac^- 的分布曲线。

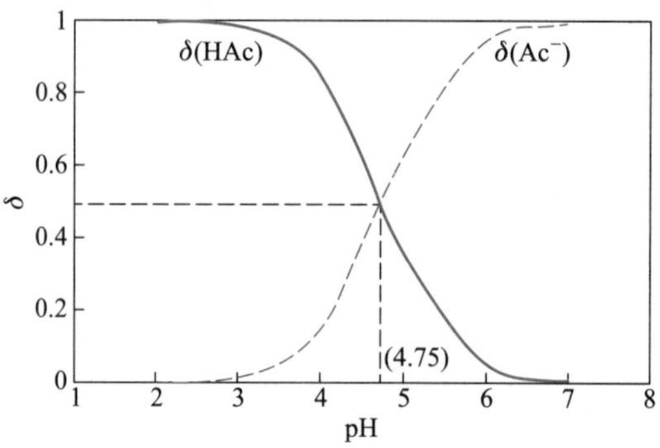

图 3–1 HAc 溶液中各存在形式的分布曲线

从图 3–1 中可以看出，在 pH=pK_a=4.75 时，δ_1=δ_0=0.5，即 HA 和 A^- 两种存在形式的浓度相等。当 pH<pK_a 时，δ_1>δ_0，溶液中的主要存在形式是 HA；反之，当 pH>pK_a 时，δ_0>δ_1，溶液中的主要存在形式是 A^-。

3.2.2 二元、多元弱酸（碱）溶液的分布曲线

以 $H_2C_2O_4$ 为例，在水溶液中，$H_2C_2O_4$ 经过两级解离，在溶液中有 $H_2C_2O_4$、$HC_2O_4^-$ 和 $C_2O_4^{2-}$ 三种存在形式，分别用 δ_2、δ_1 和 δ_0 表示三种存在形式的分布系数，通过一元弱酸（碱）类似的方法计算可得其分布曲线（图 3–2）。

当 pH=pK_{a_1}=1.23 时，δ_2=δ_1=0.5，$H_2C_2O_4$ 和 $HC_2O_4^-$ 浓度相等；当 pH=pK_{a_2}=4.19 时，δ_1=δ_0=0.5，$HC_2O_4^-$ 和 $C_2O_4^{2-}$ 浓度相等。

用同样的方法可以得到 H_3PO_4 溶液中各存在形式的分布曲线，如图 3–3 所示。

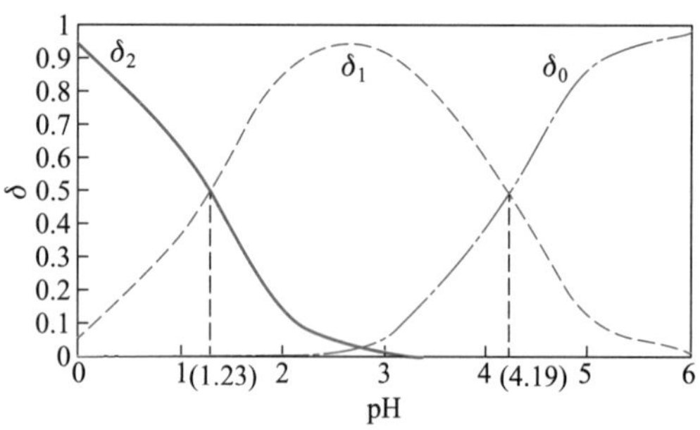

图 3–2 $H_2C_2O_4$ 溶液中各存在形式的分布曲线

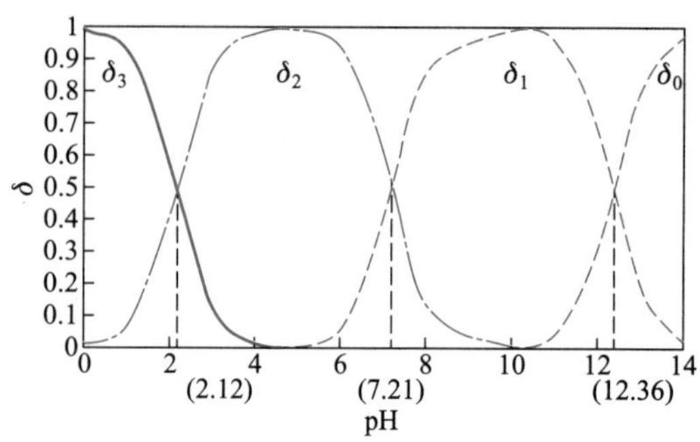

图 3–3 H_3PO_4 溶液中各存在形式的分布曲线

由以上分析可以得出以下结论：弱酸（碱）中各存在形式的分布系数 δ 仅与酸（碱）的 K_a（K_b）及溶液的 pH 有关，与其分析浓度无关。

3.3 酸碱平衡的有关计算

本节将从化学平衡出发，建立酸碱溶液中的质子条件式，再通过质子条件式计算酸碱溶液中的氢离子浓度。处理水溶液中酸碱平衡时，常用到分析浓度和平衡浓度。分析浓度是指：溶液体系达到平衡后，各组分型体的平衡浓度之和，包括已解离和未解离两部分，也称总浓度，用 c 表示。平衡浓度是指：溶液体系达到平衡后某一型体的浓度，以[ ]表示。

3.3.1 质子条件式

根据酸碱质子理论，酸碱反应的实质是物质间质子转移的结果。当酸碱溶液体系达到平衡时，质子转移过程也停止，体系随之达到一个动态平衡。此时，酸碱溶液体系中各物质型体之间存在一个确定的定量关系，称为质子条件式（proton balance equation，PBE）。列出质子条件式的步骤是：先选择溶液中大量存在并且参加质子转移的物质作为参考水平，然后判断溶液中哪些物质得到了质子，哪些物质失去了质子；总的得失质子的物质的量应该相等，列出的等式即为质子条件式。由质子条件式即可求得溶液中的$[H^+]$。

建立酸碱溶液体系中的质子条件式通常有两种方法：

（1）由酸碱溶液中的物料平衡和电荷平衡得出质子条件式。

（2）由酸碱溶液中的得失质子关系得出质子条件式。采用物料平衡和电荷平衡的方法来列出质子条件式比较常用。

1. 物料平衡

在一个化学平衡体系中，某给定物质的总浓度等于各有关型体平衡浓度之和。此关系称物料平衡，其数学表达式称物料平衡方程（MBE）。

例如，浓度为 $c\,(mol \cdot L^{-1})$ 的 Na_2CO_3 溶液的物料平衡方程推导如下。

因为$[HCO_3^-]+[H_2CO_3]+[CO_3^{2-}]=c$；同时，$[Na^+]=2c$，则

$$[HCO_3^-]+[H_2CO_3]+[CO_3^{2-}]=[Na^+]/2$$

例 3-2 写出浓度为 c 的 Na_2HPO_4 溶液的物料平衡方程。

因为$[Na^+]=2c$，同时还有$[H_3PO_4]+[H_2PO_4^-]+[HPO_4^{2-}]+[PO_4^{3-}]=c$，则

$$[Na^+]/2=[H_3PO_4]+[H_2PO_4^-]+[HPO_4^{2-}]+[PO_4^{3-}]$$

2. 电荷平衡

根据电中性原则，溶液中正离子所带总电荷数与负离子所带总电荷数恰好相等，此电中性原则称为电荷平衡。其数学表达式称为电荷平衡方程（CBE）。

例如，浓度为 $c\,(mol \cdot L^{-1})$ 的 NaCN 溶液的电荷平衡方程为

$$[H^+]+[Na^+]=[CN^-]+[OH^-] \quad 或 \quad [H^+]+c=[CN^-]+[OH^-]$$

浓度为 $c(mol \cdot L^{-1})$的 Na_2CO_3 溶液的电荷平衡方程为

$$[Na^+]+[H^+]=[OH^-]+[HCO_3^-]+2[CO_3^{2-}]$$

例 3–3 写出浓度为 c 的 Na_2HPO_4 溶液的电荷平衡方程。

解: $[Na^+]+[H^+]=[H_2PO_4^-]+2[HPO_4^{2-}]+3[PO_4^{3-}]+[OH^-]$

3. 得失质子关系

根据酸碱质子理论,酸碱反应达到平衡时,所有酸失去的质子数等于所有碱得到的质子数。书写酸碱溶液的质子条件式(PBE)一般经过以下步骤:

(1)选取参考水准(零水准)。通常选溶液中大量存在的参与质子转换的起始酸碱组分和溶剂分子作为基准态物质。

(2)以基准态物质作参照,与溶液中其他组分比较质子得失关系和得失数目。

(3)根据得失质子等衡原理,写出 PBE。

以一元弱酸(HAc)为例,参考水准应选择 HAc 和 H_2O,它们得失质子的情况如表 3–1 所示。

表 3–1 参考水准及得失质子情况

得质子后型体	参考水准	失质子后型体
—	HAc	Ac^-
H^+	H_2O	OH^-

从表 3–1 中的得失质子情况,可以写出质子条件式(PBE):

$$[H^+]=[Ac^-]+[OH^-]$$

质子条件式书写原则和实例

归纳 PBE 特点如下:

(1)零水准不出现在 PBE 中。

(2)只有参与质子转移的型体才包含在 PBE 中。

(3)等式左边的物质比参考水准的质子多,而且多几个质子,相应的物质浓度前的系数就是几;相反地,等式右边的物质比参考水准的质子少,同样少几个质子,相应的物质浓度前的系数为几。

(4)当溶液中同时存在一对共轭酸碱对时,只能其中某一型体作基准态物质。

例如,a $mol \cdot L^{-1}$ $NH_3 \cdot H_2O$ 和 b $mol \cdot L^{-1}$ NH_4Cl 混合液的 PBE。

当选 $NH_3 \cdot H_2O$ 和 H_2O 为基准态物质时,有

$$[H^+]+[NH_4^+]-b=[OH^-]$$

同理,选 NH_4^+ 和 H_2O 为基准态物质时,有

$$[H^+]=[NH_3]-a+[OH^-]$$

例 3–4 写出 $c(mol \cdot L^{-1})NaNH_4HPO_4$ 溶液的 PBE。

解：这里以 NH_4^+、HPO_4^{2-}、H_2O 为参考水准，则 PBE 为

$$[H^+]+[H_2PO_4^-]+2[H_3PO_4]=[NH_3]+[PO_4^{3-}]+[OH^-]$$

3.3.2 水溶液的 pH

一般情况下，水溶液中 H^+ 和 OH^- 的浓度都比较小，为方便起见，常用 pH 来表示 H^+ 的浓度，用 pOH 来表示 OH^- 的浓度：

$$pH=-\lg c_{H^+}$$

$$pOH=-\lg c_{OH^-}$$

298.15 K 时，$c_{H^+}\cdot c_{OH^-}=1.0\times10^{-14}$，则

$$pH+pOH=14$$

溶液的酸碱性取决于溶液中 H^+ 和 OH^- 浓度的相对大小，298.15 K 时：

$c_{H^+}=c_{OH^-}=1.0\times10^{-7}$	pH=7	中性溶液
$c_{H^+}>c_{OH^-}$ 或 $c_{H^+}>1.0\times10^{-7}$	pH<7	酸性溶液
$c_{H^+}<c_{OH^-}$ 或 $c_{H^+}<1.0\times10^{-7}$	pH>7	碱性溶液

在实际工作中，常用酸碱指示剂和 pH 试纸测定溶液的大致 pH，如需准确测定溶液的 pH，则可以用酸度计。

3.3.3 解离度

不同的酸（碱）在水溶液中的解离程度不同，常用解离度 α 来描述。解离度 α 就是酸（碱）在水溶液中达到解离平衡时解离的百分率：

$$\alpha=\frac{\text{已解离的分子数}}{\text{解离前的分子总数}}\times100\%$$

解离度 α 的大小与酸（碱）的浓度及解离常数有关。例如，起始浓度为 $c(\text{mol}\cdot\text{L}^{-1})$ 的弱酸 HA 的解离平衡：

	HA $\rightleftharpoons$	A^- +	H^+
起始浓度 /$(\text{mol}\cdot\text{L}^{-1})$	c	0	0
平衡浓度 /$(\text{mol}\cdot\text{L}^{-1})$	$c(1-\alpha)$	$c\alpha$	$c\alpha$

则有

$$K_a=\frac{c_{H^+}\cdot c_{A^-}}{c_{HA}}=\frac{(c\alpha)^2}{c(1-\alpha)}$$

由于弱酸的 α 通常很小，所以 $1-\alpha\approx1$，则

$$K_a=c\alpha^2,\quad \alpha=\sqrt{\frac{K_a}{c}} \tag{3-2}$$

同理,对于弱碱:

$$K_b=c\alpha^2,\quad \alpha=\sqrt{\frac{K_b}{c}} \tag{3-3}$$

式(3-2)、式(3-3)称为稀释定律,表明在一定温度下,弱酸(碱)的解离度与其浓度的平方根成反比,溶液越稀,解离度越大。

3.3.4 酸碱溶液 pH 的计算

1. 一元强酸(碱)溶液

强酸在水中会发生完全解离,此时溶液中的氢离子浓度为强酸提供的氢离子浓度和水提供的氢离子浓度的总和。以 HCl 溶液为例,设其初始浓度为 c,其质子条件式为

$$[H^+]=c_{HCl}+[OH^-]$$

对上式进行整理,利用 $K_w=[H^+]\cdot[OH^-]$ 的关系,可得

$$[H^+]^2-c_{HCl}[H^+]-K_w=0$$

所以

$$[H^+]=\frac{c_{HCl}+\sqrt{c_{HCl}^2+4K_w}}{2}$$

该式是计算强酸溶液中氢离子浓度的精确式。在强酸溶液中,强酸提供的氢离子往往占主要部分,而水提供的氢离子相对较少,因此,得到最简式:

$$[H^+]\approx c_{HCl}$$

当然,这样的近似处理会产生一些误差。但当 $c_{HCl}\geqslant 20[OH^-]$ 时,忽略 $[OH^-]$ 这项产生的误差不大于 5%,属于计算溶液中氢离子浓度时所允许的误差范围。$c_{HCl}\geqslant\sqrt{20K_w}$ 是强酸溶液中计算氢离子浓度能否采用最简式的判据。实际上,只要 $c_{HCl}\geqslant 10^{-6}\ mol\cdot L^{-1}$,氢离子浓度就能采用最简式进行计算。这样也为我们提供一个启示,当主要成分的浓度大于次要成分浓度的 20 倍以上时,次要成分可以忽略,此时产生的误差不会超过 5%;当处理其他体系简化问题时,也可以参照这种情况进行类似简化计算。

2. 一元弱酸溶液

以一元弱酸(HA)溶液为例,设其初始浓度为 c,有以下的质子转移反应:

$$HA \rightleftharpoons H^+ + A^-$$

$$H_2O \rightleftharpoons H^+ + OH^-$$

其质子条件式为

$$[H^+]=[A^-]+[OH^-]$$

以$[A^-]=K_a\dfrac{[HA]}{[H^+]}$和$[OH^-]=\dfrac{K_w}{[H^+]}$代入质子条件式，即可得到计算一元弱酸中 H^+ 的精确式：

$$[H^+]=K_a\frac{[HA]}{[H^+]}+\frac{K_w}{[H^+]}$$

整理后可得

$$[H^+]=\sqrt{K_a[HA]+K_w}$$

在实际应用中，同样会根据计算允许误差、弱酸的浓度及解离常数的大小采取近似计算的方法。从上式中可以看到，[HA]是一个非常关键的量，直接涉及计算的简化过程。若计算结果的允许误差为 5%，酸的强度不是太弱，可以忽略；若酸解离常数不是太大，可以用 c 代替[HA]，具体判别条件为 $c/K_a \geqslant 105$，$c \cdot K_a \geqslant 10K_w$。在此，分三种情况进行讨论。

（1）当酸强度极弱但浓度不是太低时，水的解离不能忽略，但 HA 的平衡浓度[HA]可以认为近似等于总浓度 c，在满足 $c \cdot K_a \leqslant 10K_w$、$c/K_a \geqslant 105$ 时，精确式可以简化为近似式：

$$[H^+]=\sqrt{c \cdot K_a+K_w}$$

（2）当弱酸的 K_a 不是很小且浓度较小时，可以忽略水的解离产生的 H^+，在满足 $c \cdot K_a \geqslant 10K_w$、$c/K_a \geqslant 105$ 时，精确式中 K_w 可以忽略，计算过程简化为

$$[H^+]=\frac{1}{2}\left(-K_a+\sqrt{4c \cdot K_a+K_a^2}\right)$$

（3）当 c、K_a 不是很小，且 $c \gg K_a$，水的解离可以忽略，弱酸解离的影响也可以忽略，因此，同时满足了 $c/K_a \geqslant 105$，$c \cdot K_a \geqslant 10K_w$ 两个条件，由此可得出计算一元弱酸溶液 H^+ 浓度的最简式：

$$c_{H^+}=\sqrt{c \cdot K_a} \tag{3-4}$$

3. 一元弱碱溶液

根据计算一元弱酸溶液 H^+ 浓度同样的方法，可以导出计算一元弱碱溶液中 OH^- 浓度的计算公式。

当 $c \cdot K_b \geqslant 10K_w$，$c/K_b \geqslant 105$ 时：

$$c_{OH^-}=\sqrt{c \cdot K_b} \tag{3-5}$$

例 3-5 计算下列溶液的 pH，已知 $K_{a(HAc)}=1.76 \times 10^{-5}$。

（1）0.3 $mol \cdot L^{-1}$ HAc 溶液；（2）0.1 $mol \cdot L^{-1}$ NaAc 溶液。

解：（1）HAc 溶液为一元弱酸溶液，有

$$c \cdot K_a=0.30 \times 1.76 \times 10^{-5} \gg 10K_w$$

$$c/K_a=0.30/(1.76 \times 10^{-5}) \gg 105$$

符合两个简化的条件，可采用最简式计算：

$$c_{H^+}=\sqrt{c \cdot K_a}=\sqrt{0.3 \times 1.76 \times 10^{-5}}=2.3 \times 10^{-3}\ (mol \cdot L^{-1})$$

$$pH=2.64$$

（2）同上，NaAc 溶液为一元弱碱溶液，有

$$K_{b(Ac^-)}=\frac{K_w}{K_{a(HAc)}}=\frac{10^{-14}}{1.76\times10^{-5}}=5.68\times10^{-10}$$

$$c_{OH^-}=\sqrt{c\cdot K_b}=\sqrt{0.1\times5.68\times10^{-10}}=7.54\times10^{-6}(\text{mol}\cdot\text{L}^{-1})$$

$$c_{H^+}=\frac{K_w}{c_{OH^-}}=\frac{10^{-14}}{7.54\times10^{-6}}=1.33\times10^{-9}$$

$$pH=8.88$$

4. 多元弱酸、多元弱碱溶液

以二元弱酸（H_2A）为例来说明多元弱酸水溶液 pH 的计算。H_2A 的解离分两步进行，每一步解离都有相应的解离常数。

第一步解离： $H_2A \rightleftharpoons HA^-+H^+ \quad K_{a_1}$

第二步解离： $HA^- \rightleftharpoons A^{2-}+H^+ \quad K_{a_2}$

H_2A 溶液的质子条件式为

$$[H^+]=[HA^-]+2[A^{2-}]+[OH^-]$$

考虑到溶液为酸性，OH^- 浓度可忽略不计，同时二元弱酸的 $K_{a_1}\gg K_{a_2}$，第二步解离给出的质子远比第一步解离给出的质子少，因此，二元弱酸的氢离子计算为

$$[H^+]=\frac{1}{2}(-K_{a_1}+\sqrt{4c\cdot K_{a_1}+K_{a_1}^2})$$

在实际计算过程中，当 $c/K_{a_1}\geqslant105$，$c\cdot K_{a_1}\geqslant10K_w$ 时，可以将多元弱酸按一元弱酸处理，做近似计算，即

$$c_{H^+}=\sqrt{c\cdot K_{a_1}} \tag{3-6}$$

5. 两性物质溶液

两性物质溶液既能给出质子，又能接受质子，酸碱平衡较为复杂。以 NaHA 为例，NaHA 水溶液的原始组成为 Na^+、HA^- 和 H_2O，Na^+ 与质子得失没有关系，选择 HA^- 和 H_2O 为参考水准，质子条件式为

$$[H^+]+[H_2A]=[OH^-]+[A^{2-}]$$

将平衡常数代入后，氢离子浓度精确式为

$$[H^+]=\sqrt{K_{a_1}(K_{a_2}[HA^-]+K_w)/(K_{a_1}+[HA^-])}$$

当 HA^- 给出质子与接受质子能力都比较弱时，可以用 c 代替［HA］；计算误差为 5%，$c\cdot K_{a_2}\geqslant10K_w$ 时，水的解离可以忽略，得到近似计算式：

$$[H^+]=\sqrt{cK_{a_1}\cdot K_{a_2}/(K_{a_1}+c)}$$

如果 $c/K_{a_1}\geqslant10$，则上式中分母的 K_{a_1} 可忽略，经推导其氢离子浓度计算最简式为

$$c_{H^+}=\sqrt{K_{a_1}\cdot K_{a_2}} \tag{3-7}$$

例 3-6 计算溶液 0.05 mol·L^{-1} KH_2PO_4 的 pH。

解：查表得 H_3PO_4 的 pK_{a_1}=2.12，pK_{a_2}=7.20，pK_{a_3}=12.36。

KH_2PO_4 属于两性物质，但它的酸性和碱性都比较弱，可以认为平衡浓度等于总浓度，因此可以根据题目条件，采用适当的计算式进行计算。

对于 0.05 mol·L^{-1} KH_2PO_4 溶液，有

$$c\cdot K_{a_2}=0.05\times10^{-7.20}\geqslant10K_w$$

$$c/K_{a_1}=0.05/10^{-2.12}=6.59<10$$

$$c_{H^+}=\sqrt{\frac{cK_{a_1}\times K_{a_2}}{K_{a_1}+c}}=\sqrt{0.05\times10^{-2.12}\times10^{-7.20}/(10^{-2.12}+0.05)}=2.0\times10^{-5}(\mathrm{mol\cdot L^{-1}})$$

$$pH=4.70$$

从质子条件式出发可推导不同体系中[H^+]的计算公式，表 3-2 为几种酸溶液和两性物质溶液的[H^+]的计算公式（包括精确式、近似计算式、最简式），以及在允许误差为 5% 范围内的使用条件。

当需要计算一元弱碱等碱性物质溶液的 pH 时，只需将计算式及使用条件中的[H^+]和 K_a 相应地换成[OH^-]和 K_b 即可。

表 3-2 不同体系中氢离子的计算公式

溶液	计算公式	适用条件(允许误差为 5%)
一元强酸	$[H^+]=c$	$c<10^{-6}$ mol·L^{-1}
一元弱酸	$[H^+]=\sqrt{K_a[HA]+K_w}$ $[H^+]=\sqrt{c\cdot K_a+K_w}$ $[H^+]=\frac{1}{2}(-K_a+\sqrt{4c\cdot K_a+K_a^2})$ $[H^+]=\sqrt{c\cdot K_a}$	$c/K_a\geqslant105$ $c\cdot K_a\geqslant10K_w$ $c/K_a\geqslant105$，且 $c\cdot K_a\geqslant10K_w$
二元弱酸	$[H^+]=\sqrt{K_{a_1}[H_2A]}$ $[H^+]=\sqrt{c\cdot K_{a_1}}$	$c\cdot K_{a_1}\geqslant10K_w$ 且 $2K_{a_2}/[H^+]\ll1$ $c\cdot K_{a_1}\geqslant10K_w$，$\frac{c}{K_{a_1}}\geqslant105$ $2K_{a_2}/[H^+]\ll1$
两性物质	$[H^+]=\sqrt{K_{a_1}(K_{a_2}[HA^-]+K_w)/(K_{a_1}+[HA^-])}$ $[H^+]=\sqrt{cK_{a_1}\cdot K_{a_2}/(K_{a_1}+c)}$ $[H^+]=\sqrt{K_{a_1}\cdot K_{a_2}}$	$c\cdot K_{a_2}\geqslant10K_w$ $c\cdot K_{a_2}\geqslant10K_w$ $c/K_{a_1}\geqslant10$

3.4 缓冲溶液

许多化学反应和生物化学反应都需要在一定的 pH 范围内才能顺利进行，这时就需要

加入缓冲溶液。缓冲溶液能够维持溶液的 pH 稳定，在生物、医药、化学及工农业等领域具有非常重要的意义。人体血浆的 pH 为 7.35~7.45，海水 pH 的变化范围通常在 7.5~8.6，这些都是缓冲溶液作用的结果。

3.4.1　缓冲溶液的定义和组成

1. 定义

通过以下小实验来了解缓冲溶液的概念：向 1 L 稀盐酸（1.8×10^{-5} mol·L^{-1}）中加入少量（0.01 mol）HCl 或 NaOH，溶液 pH 有明显的变化。但是向 1 L 浓度均为 0.1 mol·L^{-1} 的 HAc 和 NaAc 混合溶液中加入等量的 HCl 或 NaOH，溶液 pH 的变化极小（图 3-4）。

把这种能够抵抗外加少量酸、碱或适量的稀释而保持 pH 基本不变的溶液称为缓冲溶液。

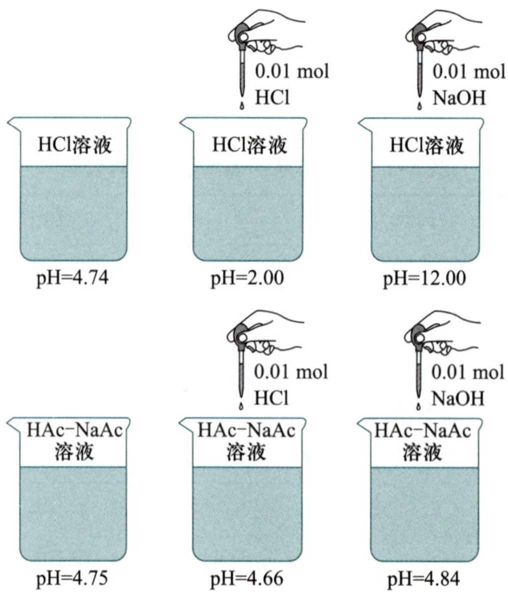

图 3-4　缓冲溶液与非缓冲溶液的对比实验

2. 组成

最常用的缓冲溶液由弱酸及其共轭碱（如 HAc–NaAc 等）、弱碱及其共轭酸（如 $NH_3\cdot H_2O$–NH_4Cl 等）组成，组成缓冲溶液的共轭酸碱对称为缓冲对。

3.4.2　缓冲原理

以 HAc–NaAc 溶液为例说明缓冲溶液的缓冲原理。该体系在溶液中存在以下平衡：

$$HAc \rightleftharpoons H^+ + Ac^-$$

其中，HAc 是弱电解质，且 NaAc 的存在抑制了 HAc 的解离，因此，HAc 解离极少；而 NaAc 是强电解质，可以完全解离出 Ac^-，即 HAc 和 Ac^- 是这一平衡体系中大量存在的组分。

Ac^- 可以和外加的 H^+ 结合生成 HAc，HAc 可以和外加的 OH^- 结合生成 Ac^-，加水稀释时平衡向右移动，从而保持溶液的 pH 基本不变（表 3–3）。

表 3–3 缓冲溶液的缓冲原理

条件	发生的反应	c_{HAc}	c_{Ac^-}	c_{H^+}	总结
加 H^+	$Ac^- + H^+ \rightleftharpoons HAc$	增大	减小	基本不变	Ac^- 是抗酸组分
加 OH^-	$HAc + OH^- \rightleftharpoons Ac^- + H_2O$	减小	增大	基本不变	HAc 是抗碱组分
稀释	$HAc \longrightarrow H^+ + Ac^-$	减小	减小	基本不变	—

3.4.3 缓冲溶液 pH 的计算

缓冲溶液的缓冲容量及 pH 的计算

对于弱酸及其共轭碱 HA – NaA 组成的缓冲溶液中，存在如下解离平衡：

$$HA \rightleftharpoons H^+ + A^- \qquad K_a = \frac{c_{H^+} \cdot c_{A^-}}{c_{HA}}$$

由于 HA 是弱酸，且其共轭碱 NaA 抑制了 HA 的解离，因此 HA 的解离度很小，近似认为平衡时 HA 的浓度等于其初始浓度，用 $c_{酸}$表示；NaA 是强电解质，平衡时 A^- 浓度近似等于 NaA 的起始浓度，用 $c_{碱}$表示。则

$$c_{H^+} = K_a \cdot \frac{c_{酸}}{c_{碱}} \tag{3–8}$$

$$pH = pK_a + \lg\frac{c_{碱}}{c_{酸}} \tag{3–9}$$

此公式同样适用于弱碱及其共轭酸组成的缓冲溶液。

例 3–7 向 1 L 浓度均为 0.1 $mol \cdot L^{-1}$ 的 HAc 和 NaAc 的混合溶液中分别加入：（1）0.01 mol HCl；（2）0.01 mol NaOH；（3）4 L 水。假设加入 HCl 或 NaOH 后溶液体积不变，试比较加入前后溶液 pH 的变化。

已知 $K_{a(HAc)} = 1.76 \times 10^{-5}$。

解：加入前

$$pH = pK_a + \lg\frac{c_{Ac^-}}{c_{HAc}} = -\lg(1.76\times10^{-5}) + \lg\frac{0.1}{0.1} = 4.75$$

（1）加入 HCl 后，由于发生如下反应，c_{Ac^-} 减小，c_{HAc} 增大

$$HCl + NaAc = HAc + NaCl$$

$$c_{Ac^-} = 0.1 - 0.01 = 0.09\ (mol \cdot L^{-1})$$

$$c_{HAc}=0.1+0.01=0.11(mol \cdot L^{-1})$$

$$pH=pK_a+\lg\frac{c_{碱}}{c_{酸}}=4.75+\lg\frac{0.09}{0.11}=4.66$$

（2）加入 NaOH 后，由于发生如下反应，c_{Ac^-} 增大，c_{HAc} 减小

$$NaOH+HAc = NaAc+H_2O$$

$$c_{Ac^-}=0.1+0.01=0.11(mol \cdot L^{-1})$$

$$c_{HAc}=0.1-0.01=0.09(mol \cdot L^{-1})$$

$$pH=pK_a+\lg\frac{c_{碱}}{c_{酸}}=4.75+\lg\frac{0.11}{0.09}=4.84$$

（3）加水后，c_{Ac^-} 和 c_{HAc} 减小比例相同，即

$$c_{Ac^-}=c_{HAc}=0.1\times\frac{1}{1+4}=0.02(mol \cdot L^{-1})$$

$$pH=pK_a+\lg\frac{c_{碱}}{c_{酸}}=4.75+\lg\frac{0.02}{0.02}=4.75$$

由式（3–9）和例 3–7 可以得出如下结论：

（1）外加少量强酸、强碱或适当稀释后，缓冲溶液的 pH 基本不变。

（2）缓冲溶液的 pH 取决于 K_a 和 $c_{碱}/c_{酸}$。对于某一确定的缓冲溶液，其 K_a 为常数，可以在一定范围内改变 $c_{碱}/c_{酸}$的值来配制不同 pH 的缓冲溶液。

3.4.4 缓冲能力和缓冲范围

缓冲溶液的缓冲能力是有限的。缓冲能力受以下两个因素影响：

1. 缓冲对的总浓度

总浓度越大，缓冲能力越强。实际应用中缓冲对的总浓度通常为 0.05~0.5 $mol \cdot L^{-1}$，浓度过大不仅浪费试剂，还可能与反应体系产生其他副反应。

2. 缓冲对的浓度比

缓冲对的总浓度一定时，缓冲对的浓度比 $c_{碱}/c_{酸}$越接近于 1，缓冲能力越强。$c_{碱}/c_{酸}=1$ 时，$pH=pK_a$，因此在选择缓冲对时，应尽量使缓冲对的 pK_a 接近所需溶液的 pH。

通常当缓冲对浓度比 $c_{碱}/c_{酸}$在 1/10~10/1 时，认为缓冲溶液具有缓冲能力。超出此范围，溶液缓冲能力较弱，不适宜作为缓冲溶液。

$c_{碱}/c_{酸}=1/10$ 时，$pH=pK_a-1$；$c_{碱}/c_{酸}=10/1$ 时，$pH=pK_a+1$。因此，缓冲溶液有效的缓冲范围为

$$pH=pK_a\pm 1 \tag{3-10}$$

3.4.5 缓冲溶液的选择和配制

在实际工作中，经常需要配制一定浓度的缓冲溶液。配制缓冲溶液可以遵循以下步骤：

（1）选择合适的缓冲体系，选择的原则是使缓冲对中弱酸的 pK_a 尽量接近所需溶液的 pH。比如配制 pH=5.0 的缓冲溶液可以选择 HAc-NaAc 体系；配制 pH=9.0 的缓冲溶液，可以选择 NH_3-NH_4Cl 体系。

（2）根据缓冲容量的要求确定缓冲溶液的浓度。确定的原则是在缓冲能力允许的情况下，尽量选择稀溶液，这样可以减少浪费及避免副反应。

（3）根据缓冲溶液 pH 的计算公式计算各缓冲组分的用量。也可以查阅相关的化学手册等资料进行配制。

例 3-8 如何配制 1 L、pH=9.0、具有中等缓冲能力的缓冲溶液？

解：（1）因为 NH_4^+ 的 pK_a=9.25，所以可以选择 NH_3-NH_4Cl 缓冲体系。

（2）根据缓冲能力要求，也为了便于计算，选择 0.1 $mol \cdot L^{-1}$ $NH_3 \cdot H_2O$ 和 0.1 $mol \cdot L^{-1}$ NH_4Cl 进行配制，即混合前 $c_{NH_3 \cdot H_2O}=c_{NH_4Cl}=0.1\ mol \cdot L^{-1}$。

（3）根据式（3-9）得出：

$$9.0=9.25+\lg\frac{c_{NH_3 \cdot H_2O}}{c_{NH_4Cl}}$$

$$\frac{c_{NH_3 \cdot H_2O}}{c_{NH_4Cl}}=0.56$$

由于混合前 $c_{NH_3 \cdot H_2O}=c_{NH_4Cl}=0.1\ mol \cdot L^{-1}$，所以

$$V_{NH_4Cl}=0.56V_{NH_3 \cdot H_2O}$$

欲配制 1L 溶液，即

$$V_{NH_3 \cdot H_2O}+V_{NH_4Cl}=1\,000\ mL$$

$$V_{NH_3 \cdot H_2O}=641\ mL,\quad V_{NH_4Cl}=359\ mL$$

所以，将 641 mL 0.1 $mol \cdot L^{-1}$ $NH_3 \cdot H_2O$ 和 359 mL 0.1 $mol \cdot L^{-1}$ NH_4Cl 混合即可制得 pH=9.0 的缓冲溶液。

3.5 酸碱滴定法的基本原理

3.5.1 酸碱指示剂

1. 酸碱指示剂的作用原理

用于酸碱滴定的指示剂，称为酸碱指示剂。一般为结构复杂的有机弱酸（HIn）或有机

弱碱（In^-），其结构中通常包含双键结构和苯环结构，使整个分子构成一个大的 π 电子共轭体系，因此常常显示一定的颜色。在溶液中存在如下平衡：

$$HIn（酸式）\rightleftharpoons H^++In^-（碱式）$$

共轭酸碱对 $HIn-In^-$ 因两者具有不同的结构而呈现不同的颜色。当溶液的 pH 改变时，平衡发生移动，溶液的颜色也随之改变。

例如，甲基橙在水溶液中存在如下平衡：

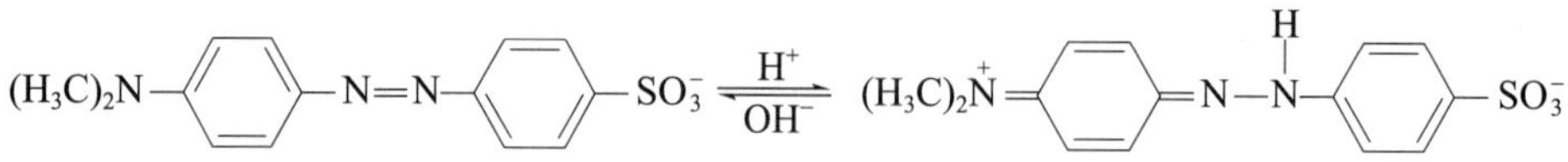

黄色(偶氮式)　　　　**红色(醌式)**

当溶液中 H^+ 浓度增大时，平衡向右移动，甲基橙主要以醌式存在，溶液呈红色；反之，当溶液中 OH^- 浓度增大时，平衡向左移动，甲基橙主要以偶氮式存在，溶液呈黄色。

又如，酚酞的解离平衡：

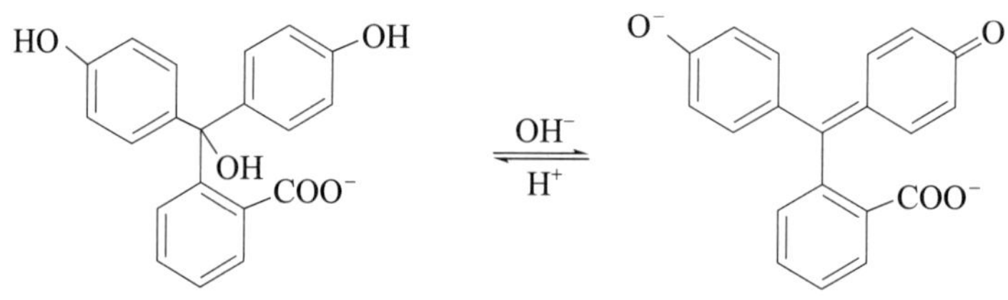

无色(羟式)　　　　**粉红色(醌式)**

当溶液中 H^+ 浓度增大时，平衡向左移动，酚酞主要以“羟式”存在，溶液呈无色；反之，当溶液中 OH^- 浓度增大时，平衡向右移动，酚酞主要以“醌式”存在，溶液呈粉红色。

2. 酸碱指示剂的变色范围

根据指示剂的解离平衡：

$$HIn（酸式）\rightleftharpoons H^++In^-（碱式）$$

指示剂 HIn 的解离常数为

$$K_{a(HIn)}=\frac{c_{H^+}c_{In^-}}{c_{HIn}}$$

$$\frac{c_{In^-}}{c_{HIn}}=\frac{K_{a(HIn)}}{c_{H^+}}$$

溶液呈现的颜色由 c_{In^-}/c_{HIn} 的值决定。在一定温度下，$K_{a(HIn)}$ 为常数，因此 c_{In^-}/c_{HIn} 只取决于 H^+ 的浓度：

$$pH=pK_{a(HIn)}+\lg\frac{c_{In^-}}{c_{HIn}}$$

当溶液 pH 改变时，c_{In^-}/c_{HIn} 发生改变，溶液颜色也随之逐渐改变。由于肉眼对颜色的辨别能力有限，当 $c_{In^-}/c_{HIn}<1/10$ 时，只能看到指示剂的酸式颜色；当 $c_{In^-}/c_{HIn}>10$ 时，只能看到指示剂的碱式颜色；当 $1/10<c_{In^-}/c_{HIn}<10$ 时，看到的是“酸式”和“碱式”的混合色。

因此,指示剂的理论变色范围为

$$pH=pK_{a(HIn)} \pm 1$$

当 $c_{In^-}/c_{HIn}=1$ 时,$pH=pK_{a(HIn)}$,此 pH 称为指示剂的理论变色点。

由于人眼对颜色的敏感程度不同,加上指示剂的两种颜色相互掩盖,因此指示剂的实际变色范围与理论变色范围有所不同。表 3–4 为常用酸碱指示剂及其变色范围。

从表 3–4 中发现,指示剂的变色范围受以下因素影响:

(1)指示剂用量。指示剂用量过多会影响变色范围。另外本身是有机弱酸或弱碱,过量加入指示剂会消耗滴定剂,引起滴定误差。

(2)温度。温度会改变指示剂和水的解离常数,因而改变指示剂的变色范围。例如,甲基橙的变色范围在常温下是 3.1~4.4,而在 100℃时是 2.5~3.7。

(3)离子强度。离子强度的改变同样会改变指示剂的解离常数,从而导致变色范围发生变化。

因此,在使用酸碱指示剂时要注意以上因素的影响。

表 3–4 常用酸碱指示剂及其变色范围

指示剂	颜色变化	pK_{HIn}	变色范围 pH
百里酚蓝	红→黄	1.65	1.2~2.8
百里酚酞	无→蓝	10.0	9.4~10.6
酚酞	无→粉红	9.1	8.0~10.0
甲基橙	红→黄	3.45	3.1~4.4
甲基红	红→黄	5.0	4.4~6.2
溴百里酚蓝	黄→蓝	7.3	6.2~7.6
溴甲酚绿	黄→蓝	4.9	4.0~5.6
中性红	红→黄橙	7.4	6.8~8.0

3.5.2 酸碱滴定曲线和指示剂的选择

酸碱滴定过程中,待测溶液的 pH 随滴定剂的逐渐加入而不断发生变化。如果以滴定剂的加入量为横坐标,待测溶液的 pH 为纵坐标,绘制得到的曲线称为滴定曲线。根据酸碱滴定曲线,可以了解滴定过程中溶液 pH 的变化情况,并可以正确选择滴定所需要的指示剂。

1. 强碱(酸)滴定强酸(碱)

以 0.100 0 $mol \cdot L^{-1}$ NaOH 标准溶液滴定 20.00 mL 0.100 0 $mol \cdot L^{-1}$ HCl 溶液为例,讨论强碱滴定强酸滴定曲线的特征和指示剂的选择。强酸、强碱在水溶液中几乎完全解离为 H^+、OH^-,滴定反应为

$$H^+ + OH^- = H_2O$$

滴定可以分为以下四个阶段：

（1）滴定前 溶液为 0.100 0 mol·L^{-1} HCl，H^+ 浓度等于 HCl 溶液浓度：

$$c_{H^+}=0.100\,0(\text{mol}\cdot\text{L}^{-1}),\quad \text{pH}=1.00$$

（2）滴定开始至化学计量点前 溶液由剩余的 HCl 和反应产物 NaCl 组成，H^+ 浓度由剩余的 HCl 决定。

当加入 18.00 mL NaOH 时，有

$$c_{H^+}=\frac{c_{HCl}\cdot V_{HCl,剩}}{V_{总}}=\frac{0.100\,0\times2.00}{20.00+18.00}=5.3\times10^{-3}(\text{mol}\cdot\text{L}^{-1})$$

$$\text{pH}=2.28$$

当加入 19.98 mL NaOH 时，有

$$c_{H^+}=\frac{c_{HCl}\cdot V_{HCl,剩}}{V_{总}}=\frac{0.100\,0\times0.02}{20.00+19.98}=5.0\times10^{-5}(\text{mol}\cdot\text{L}^{-1})$$

$$\text{pH}=4.30$$

（3）化学计量点时 HCl 和 NaOH 恰好完全反应，溶液组成为 NaCl，H^+ 来自 H_2O 的质子自递反应：

$$c_{H^+}=c_{OH^-}=\sqrt{1.0\times10^{-14}}=1.0\times10^{-7}(\text{mol}\cdot\text{L}^{-1})$$

$$\text{pH}=7.00$$

（4）化学计量点后 NaOH 过量，溶液组成为 NaCl 和过量的 NaOH，溶液的 OH^- 由过量的 NaOH 决定。

当加入 20.02 mL NaOH 时，有

$$c_{OH^-}=\frac{c_{NaOH}\cdot V_{NaOH,过量}}{V_{总}}=\frac{0.100\,0\times0.02}{20.00+20.02}=5.0\times10^{-5}(\text{mol}\cdot\text{L}^{-1})$$

$$\text{pOH}=4.30,\quad \text{pH}=9.70$$

通过上述方法可以逐一计算出滴定过程中加入任意体积 NaOH 时溶液的 pH，部分数据见表 3–5。以 NaOH 加入量为横坐标，以 pH 为纵坐标绘制滴定曲线如图 3–5 所示。

表 3–5 0.100 0 mol·L^{-1} NaOH 溶液滴定 20.00 mL 0.100 0 mol·L^{-1} HCl 溶液时 pH 随 NaOH 体积的变化

NaOH 加入量 /mL	HCl 被滴定分数 /%	剩余 HCl 体积 /mL	过量 NaOH 体积 /mL	pH
0.00	0.00	20.00		1.00
18.00	90.00	2 000		2.28
19.80	99.00	0.20		3.30
19.98	99.90	0.02		4.30
20.00	100.0	0.00		7.00

续表

NaOH 加入量 /mL	HCl 被滴定分数 /%	剩余 HCl 体积 /mL	过量 NaOH 体积 /mL	pH
20.02	100.1		0.02	9.70
20.20	101.0		0.20	10.70
22.00	110.0		2.00	11.68
40.00	200.0		20.00	12.50

从表 3–5 和图 3–5 可以看出，滴定开始时，溶液的 pH 缓慢增加。当 NaOH 加入量从 0 mL 到 19.80 mL 时，pH 改变了 2.3 个单位；再加入 0.18 mL NaOH（即加入量为 19.98 mL 时），pH 又改变了 1 个单位，变化速度加快；继续加入 0.02 mL 溶液（即加入量为 20.00 mL 时），达到化学计量点，pH 又变化了 2.7 个单位；化学计量点后再加入 0.02 mL NaOH（即加入量为 20.02 mL 时），pH 再次变化了 2.7 个单位；此后，随着 NaOH 的逐渐加入，pH 变化逐渐趋缓。

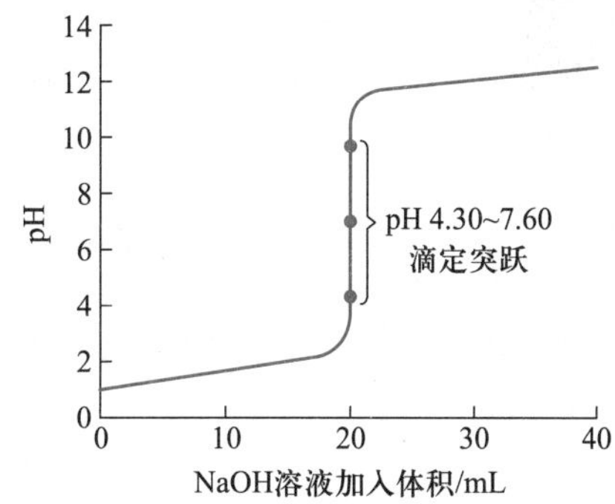

图 3–5 0.100 0 mol · L^{-1} NaOH 溶液滴定 20.00 mL 0.100 0 mol · L^{-1} HCl 溶液的滴定曲线

NaOH 加入量从 19.98 mL（化学计量点前 0.1%）到 20.02 mL（化学计量点后 0.1%）时，仅仅 0.04 mL NaOH（约 1 滴）使溶液的 pH 由 4.30 迅速上升到 9.70，变化了 5.40 个 pH 单位，使溶液由酸性变为碱性。在滴定过程中，在化学计量点前后 ±0.1% 之间 pH 的突变称为滴定突跃。在此区间内溶液 pH 的变化范围称为滴定突跃范围。如上例中滴定突跃范围即为 4.30~9.70。

在酸碱滴定中，可以根据滴定突跃范围选择合适的指示剂指示滴定终点。选择的原则是使指示剂的变色范围全部或部分落在滴定突跃范围之内。据此 0.100 0 mol · L^{-1} NaOH 标准溶液滴定 20.00 mL 0.100 0 mol · L^{-1} HCl 溶液这一滴定过程可以选择酚酞、甲基红、甲基橙、百里酚蓝等作为指示剂。

溶液浓度是影响滴定突跃范围大小的因素之一。溶液浓度越大，滴定突跃范围越大，可选择的指示剂就越多；溶液浓度越小，滴定突跃范围越小，可选择的指示剂就越少，如图 3–6 所示。

若用 0.100 0 mol · L^{-1} HCl 标准溶液滴定 20.00 mL 0.100 0 mol · L^{-1} NaOH 溶液，则滴定曲线的形状相同，方向相反，与 NaOH 溶液滴定 HCl 溶液的滴定曲线相对称，滴定突跃范围为 9.70~4.30。

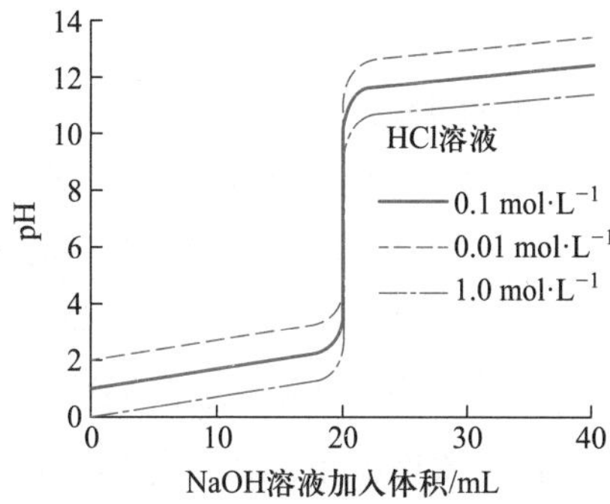

图 3–6 强碱滴定不同浓度强酸的滴定曲线

2. 强碱（酸）滴定一元弱酸（碱）

以 0.100 0 mol·L^{-1} NaOH 标准溶液滴定 20.00 mL 0.100 0 mol·L^{-1} HAc 溶液为例讨论。滴定反应为

$$OH^- + HAc \rightleftharpoons Ac^- + H_2O$$

滴定视频

（1）滴定前　溶液为 0.100 0 mol·L^{-1} HAc，H^+ 浓度按式（3-4）计算，则

$$c_{H^+} = \sqrt{c \cdot K_a} = \sqrt{0.100\,0 \times 1.76 \times 10^{-5}} = 1.33 \times 10^{-3}\,(\text{mol} \cdot \text{L}^{-1})$$

$$\text{pH} = 2.88$$

（2）滴定开始至化学计量点前　由剩余的 HAc 和反应产物 NaAc 组成缓冲溶液，溶液 pH 根据式（3-9）计算。

电子课件

当加入 19.98 mL NaOH 溶液时，有

$$c_{HAc} = \frac{0.02 \times 0.100\,0}{20.00 + 19.98} = 5.0 \times 10^{-5}\,(\text{mol} \cdot \text{L}^{-1})$$

$$c_{Ac^-} = \frac{19.98 \times 0.100\,0}{20.00 + 19.98} = 5.0 \times 10^{-2}\,(\text{mol} \cdot \text{L}^{-1})$$

$$\text{pH} = \text{p}K_a + \lg \frac{c_{Ac^-}}{c_{HAc}} = 4.75 + \lg \frac{5.0 \times 10^{-2}}{5.0 \times 10^{-5}} = 7.75$$

（3）化学计量点时　HAc 和 NaOH 恰好完全反应，溶液组成为 NaAc，OH^- 浓度根据式（3-5）计算。

$$c_{OH^-} = \sqrt{c \cdot K_b} = \sqrt{c \cdot \frac{K_w}{K_a}} = \sqrt{\frac{0.100\,0}{2} \times \frac{10^{-14}}{1.76 \times 10^{-5}}} = 5.33 \times 10^{-6}$$

$$\text{pOH} = 5.27\ ,\quad \text{pH} = 8.73$$

（4）化学计量点后　NaOH 过量，溶液组成为 NaAc 和过量的 NaOH，由于 NaAc 是弱碱，且 NaOH 抑制了 Ac^- 的解离，溶液的 OH^- 浓度由过量的 NaOH 决定。

当加入 20.02 mL NaOH 溶液时，有

$$c_{OH^-} = \frac{c_{NaOH} \cdot V_{NaOH,过量}}{V_{总}} = \frac{0.100\,0 \times 0.02}{20.00 + 20.02} = 5.0 \times 10^{-5}\,(\text{mol} \cdot \text{L}^{-1})$$

$$\text{pOH} = 4.30\ ,\quad \text{pH} = 9.70$$

通过上述方法逐一计算出滴定过程中加入任意体积 NaOH 时溶液的 pH，部分数据列于表 3-6。绘制滴定曲线如图 3-7 所示。图中虚线为 0.100 0 mol·L^{-1} NaOH 溶液滴定 20.00 mL 0.100 0 mol·L^{-1} HCl 溶液的滴定曲线。

从图 3-7 可以看出，滴定前，由于 HAc 是弱酸，因而溶液的 pH 比同浓度的 HCl 溶液的 pH 大。滴定开始后，反应产生的 Ac^- 和剩余的 HAc 形成缓冲溶液，且随着 Ac^- 浓度增加，HAc 浓度减小，pH 变化逐渐趋缓，当 50% 的 HAc 被滴定时，溶液缓冲能力最强，曲线较为平坦。接近化学计量点时，溶液中 HAc 浓度很低，溶液缓冲能力显著减弱，NaOH 的滴入使溶液 pH 发生突变。由于化学计量点时溶液组成为 NaAc，呈碱性，因而 pH 不是 7.00，

表 3–6 0.100 0 mol · L^{-1} NaOH 溶液滴定 20.00 mL 0.100 0 mol · L^{-1} HCl 溶液时，pH 随 NaOH 溶液体积的变化

NaOH 加入量 /mL	HAc 被滴定分数 /%	剩余 HAc 体积 /mL	过量 NaOH 体积 /mL	pH
0.00	0.00	20.00		2.88
10.00	50.00	10.00		4.76
18.00	90.00	2 000		5.71
19.80	99.00	0.20		6.76
19.98	99.90	0.02		7.75
20.00	100.0	0.00		8.73
20.02	100.1		0.02	9.70
20.20	101.0		0.20	10.70
22.00	110.0		2.00	11.68
40.00	200.0		20.00	12.50

而是 8.73。化学计量点后为 NaAc–NaOH 混合溶液，由于 Ac^- 碱性较弱，可以忽略它的解离，所以曲线与 NaOH 滴定 HCl 的曲线基本重合。

可见，强碱滴定弱酸的突跃范围比滴定同浓度强酸的突跃范围小，且变色范围位于碱性区域（pH 7.75~9.70），因而可选择酚酞、百里酚蓝等在碱性区域变色的指示剂指示滴定终点，而不能选择甲基橙、甲基红等酸性范围内变色的指示剂。

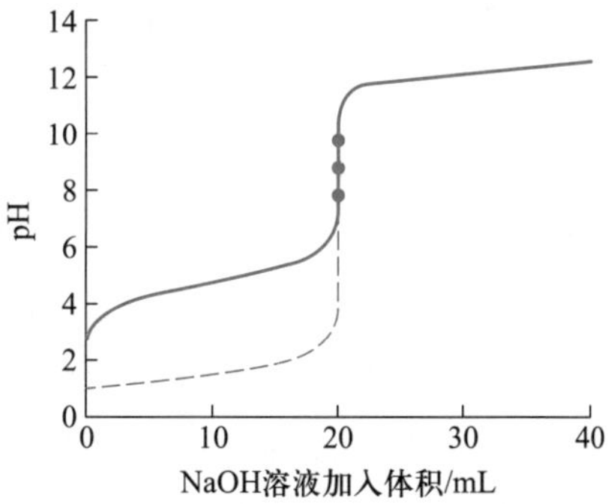

图 3–7 0.100 0 mol · L^{-1} NaOH 溶液滴定 20.00 mL 0.100 0 mol · L^{-1} HAc 溶液的滴定曲线

除浓度外，酸的强弱是影响酸碱滴定突跃范围大小的另一个重要因素。同浓度下，用强碱滴定不同强度的弱酸，滴定曲线如图 3–8 所示。

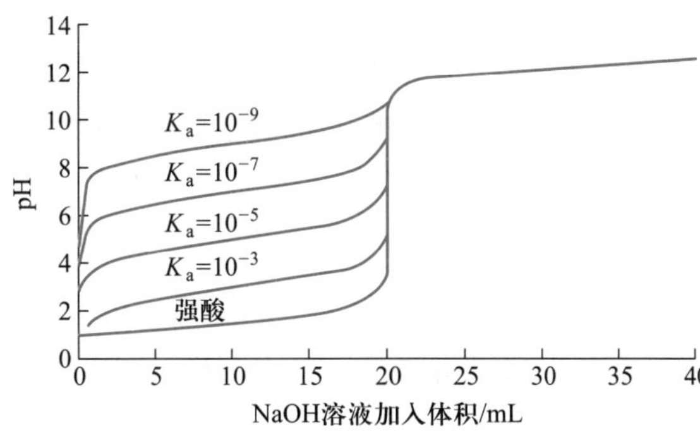

图 3–8 NaOH 溶液滴定不同强度酸溶液的滴定曲线

从图 3-8 可见，浓度一定时，弱酸的 K_a 越小，突跃范围越小。当 $K_a<10^{-9}$ 时已经没有明显的滴定突跃。若滴定突跃过小，则在滴定过程中指示剂的颜色将不能产生突变，因而无法用酸碱指示剂准确地判断滴定终点。当用指示剂确定终点时，滴定突跃至少要 0.6 个 pH 单位才可以准确滴定。经推导，弱酸能被强碱准确滴定的条件为

$$c \cdot K_a \geqslant 10^{-8}$$

若用强酸滴定弱碱，则弱碱能被准确滴定的条件为

$$c \cdot K_b \geqslant 10^{-8}$$

对于不满足这一条件的滴定，可以采用其他方法确定滴定终点，或进行间接滴定。

3. 多元弱酸（碱）和混合酸（碱）的滴定

多元弱酸（碱）在水溶液中分步解离。如二元弱酸 H_2A 的两步解离常数分别为 K_{a_1} 和 K_{a_2}，判断其能否被准确滴定的条件与一元弱酸相同，若 $c \cdot K_a \geqslant 10^{-8}$，可准确滴定。但是若 K_{a_1} 和 K_{a_2} 数量级相差较小，则不能分步滴定，即第一步滴定反应未进行完全时，第二步滴定反应又开始了，在第一化学计量点附近没有明显的滴定突跃，只能滴定到第二化学计量点。一般来说，判断二元弱酸能否分步滴定的条件如下：

$$K_{a_1}/K_{a_2} \geqslant 10^4$$

因此，对于二元弱酸 H_2A：

（1）若 $c \cdot K_{a_1} \geqslant 10^{-8}$，$c \cdot K_{a_2}<10^{-8}$，且 $K_{a_1}/K_{a_2} \geqslant 10^4$，只能分步滴定至第一化学计量点；

（2）若 $c \cdot K_{a_2} \geqslant 10^{-8}$，且 $K_{a_1}/K_{a_2} \geqslant 10^4$，可以分步滴定第一、第二两个化学计量点；

（3）$c \cdot K_{a_2} \geqslant 10^{-8}$，且 $K_{a_1}/K_{a_2}<10^4$，只能滴定至第二化学计量点。

对于三元、四元弱酸的滴定，可以依据二元弱酸的判据进行判断。

多元弱碱的滴定与多元弱酸的滴定类似。

4. 混合弱酸（碱）的滴定

混合弱酸（碱）的滴定与多元弱酸（碱）的滴定类似。例如，滴定 HA+HB 混合弱酸体系 $\{K_{a(HA)}>K_{a(HB)}\}$：

（1）$c_{HA} \cdot K_{a(HA)} \geqslant 10^{-8}$，$c_{HB} \cdot K_{a(HB)}<10^{-8}$，且 $K_{a(HA)}/K_{a(HB)} \geqslant 10^4$，可能分步滴定 HA，化学计量点时溶液组成为 A^- 和 HB 的混合溶液；

（2）$c_{HB} \cdot K_{a(HB)} \geqslant 10^{-8}$，且 $K_{a(HA)}/K_{a(HB)} \geqslant 10^4$，可以分别滴定 HA 和 HB；

（3）$c_{HB} \cdot K_{a(HB)} \geqslant 10^{-8}$，$K_{a(HA)}/K_{a(HB)}<10^4$，只能滴定 HA 和 HB 的总量。

3.5.3 终点误差

终点误差又称滴定误差（titration error，E_t），是由于指示剂变色点（滴定终点，ep）与化学计量点（sp）不一致引起的误差。

1. 强碱(酸)滴定强酸(碱)

这里仍以浓度为 c(mol·L^{-1})的 NaOH 标准溶液滴定体积为 V_0(mL)、浓度为 c_0(mol·L^{-1})的 HCl 溶液为例,滴定终点时消耗 NaOH 溶液体积为 V(mL),则终点误差可以定义为

$$E_t=\frac{\text{滴定剂不足或过量的物质的量}}{\text{被滴定物质的物质的量}}\times100\%$$

即

$$E_t=\frac{cV-c_0V_0}{c_0V_0}\times100\%$$

利用物料平衡与电荷平衡可以最终得到

$$E_t=\frac{[OH^-]_{ep}-[H^+]_{ep}}{c_{HCl}^{ep}}\times100\%$$

这里: $$c_{HCl}^{ep}\approx c_{HCl}^{sp}=c_0/2$$

$[OH^-]_{ep}>[H^+]_{ep}$ 为正误差,反之为负误差

同理,强酸滴定强碱时,终点误差为

$$E_t=\frac{[H^+]_{ep}-[OH^-]_{ep}}{c_b^{ep}}\times100\%$$

2. 强碱(酸)滴定一元弱酸

用浓度为 c(mol·L^{-1})的 NaOH 标准溶液滴定浓度 c_0(mol·L^{-1})、体积为 V_0(mL)的 HA 溶液,滴定终点时消耗 NaOH 标准溶液体积为 V(mL),根据终点时的物料平衡和电荷平衡可以导出终点误差为

$$E_t=\frac{cV-c_0V_0}{c_0V_0}\times100\%=\frac{[OH^-]_{ep}-[H^+]_{ep}-[HA]_{ep}}{c_{HA}^{ep}}\times100\%$$

根据一元弱酸分布分数定义式,最终整理而得到

$$\delta_{HA}=\frac{[H^+]_{ep}}{[H^+]_{ep}+K_a}$$

$$E_t=\left(\frac{[OH^-]_{ep}-[H^+]_{ep}}{c_{HA}^{sp}}-\delta_{HA}\right)\times100\%$$

例 3-9 用 0.100 0 mol·L^{-1} NaOH 溶液滴定等浓度 HAc 溶液,以酚酞作指示剂(pK_a=9.10),计算终点误差。

解: 因为是等浓度滴定,$c_{HAc,sp}$=0.05 mol·L^{-1},终点时 pH=9.10。

$$\delta_{HAc}=\frac{7.9\times10^{-10}}{7.9\times10^{-10}+1.76\times10^{-5}}=4.5\times10^{-5}$$

$$E_t=\left(\frac{1.3\times10^{-5}}{0.05}-4.5\times10^{-5}\right)\times100\%=0.02\%$$

同理,可以导出强酸滴定一元弱碱的终点误差公式:

$$E_t=\left(\frac{[H^+]_{ep}}{c_B^{sp}}-\delta_{B,ep}\right)\times100\%$$

其实，强碱（酸）滴定一元弱酸（碱）的终点误差也可用林邦公式表示：

$$E_t=\frac{10^{\Delta pH}-10^{-\Delta pH}}{\sqrt{K_t c_{HA}^{sp}}}\times100\%$$

林邦公式

其中，

$$\Delta pH=pH_{ep}-pH_{sp}，\quad K_t=1/K_w$$

3.5.4　酸碱标准溶液的配制和标定

酸碱滴定中最常用的标准溶液是 HCl 溶液和 NaOH 溶液，有时也用 H_2SO_4 溶液和 KOH 溶液，但 HNO_3 溶液因具有氧化性，应用较少。酸碱滴定法中，标准溶液浓度大多数情况下都配制成 0.1 $mol\cdot L^{-1}$。溶液过浓会造成试剂浪费和环境污染，溶液过稀会导致滴定突跃小，不能准确滴定，应根据实际情况配制合适浓度的标准溶液。

1. 酸标准溶液

HCl 易挥发，应采取间接法配制标准溶液，即先配制大致所需浓度，再用基准物质标定其准确浓度。标定盐酸最常用的基准物质有无水碳酸钠和硼砂。

（1）无水碳酸钠　无水碳酸钠的优点是易制得纯品，价格低廉；缺点是具有吸湿性，使用前须在 180~200 ℃下干燥 2~3 h 后保存于干燥器中冷却，备用。标定反应为

$$Na_2CO_3+2HCl = 2NaCl+H_2O+CO_2\uparrow$$

化学计量点 pH 为 3.9，选用甲基橙作指示剂。

（2）硼砂（$Na_2B_4O_7\cdot10H_2O$）　硼砂的优点是摩尔质量较大，称量误差小；缺点是在空气中容易风化而失去部分结晶水，须保存在相对湿度为 60% 的恒湿器中。标定反应为

$$Na_2B_4O_7+2HCl+5H_2O = 4H_3BO_3+2NaCl$$

化学计量点时 pH 为 5.1，可选用甲基红作为指示剂。

2. 碱标准溶液

NaOH 易吸收空气中的水分和 CO_2，其标准溶液同样采用间接法配制与标定。NaOH 常用的基准物质有邻苯二甲酸氢钾和草酸等。

（1）邻苯二甲酸氢钾（$KHC_8H_4O_4$）　邻苯二甲酸氢钾易制得纯品、性质稳定、容易保存、摩尔质量大，是标定氢氧化钠最常用的基准物质。标定反应为

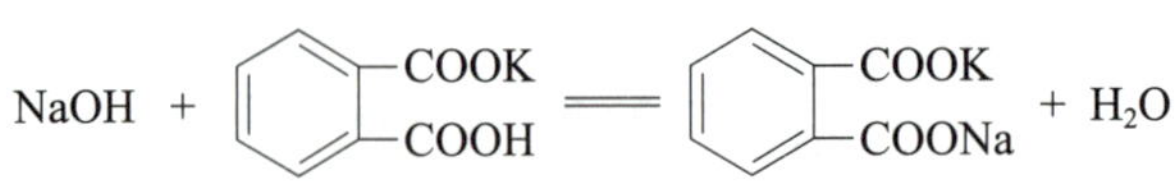

化学计量点时 pH 为 9.1，可选用酚酞作为指示剂。

（2）草酸（$H_2C_2O_4\cdot2H_2O$）　草酸常温下性质比较稳定，可以保存于密闭容器中备用。

标定反应为

$$H_2C_2O_4+2NaOH \xlongequal{} Na_2C_2O_4+2H_2O$$

化学计量点时 pH 为 8.4,可选用酚酞作为指示剂。

3.6 酸碱滴定法的应用

酸碱滴定法在工农业生产过程中具有广泛的应用。许多工业产品(如烧碱、纯碱等)主要成分含量的测定,一般都采用酸碱滴定法。在农业方面,土壤和肥料中氮、磷的含量及农产品的品质等也经常用酸碱滴定法来测定。

3.6.1 直接滴定法——混合碱的分析

可以直接滴定的物质包括:强酸、强碱、$c \cdot K_a \geq 10^{-8}$ 的弱酸及 $c \cdot K_b \geq 10^{-8}$ 的弱碱。

Na_2CO_3 俗名纯碱,因其容易吸收空气中的 H_2O 和 CO_2,因而纯碱中常混有部分 $NaHCO_3$;同样 NaOH(俗称烧碱)中也常在生产和储存过程中由于吸收空气中的 CO_2 而生成少量 Na_2CO_3;这种碱的混合物称为混合碱。在分析烧碱或纯碱含量时,往往需要测定其中 Na_2CO_3 或 $NaHCO_3$ 的含量。常用的分析方法有双指示剂法和氯化钡法。

1. 双指示剂法

对这类混合碱中的两种成分进行分别滴定,两个滴定终点需用到两种不同的指示剂,故称为双指示剂法。

测定过程:准确称取质量为 m_s 的混合碱试样,溶于一定体积的水中,先加入酚酞指示剂,用 HCl 标准溶液滴定至终点(粉红色变为无色),记录所用 HCl 标准溶液体积 V_1(由于酚酞在弱碱性条件下变色,此时 Na_2CO_3 仅被滴定至 $NaHCO_3$);加入第二种指示剂甲基橙,继续用 HCl 标准溶液滴定至第二终点(黄色变为橙色),记录消耗 HCl 标准溶液体积 V_2。根据两次滴定消耗的 HCl 标准溶液体积 V_1 和 V_2 即可判断混合碱的组成及各组分的含量。

(1)NaOH 和 Na_2CO_3 含量的测定　分析的步骤和原理为

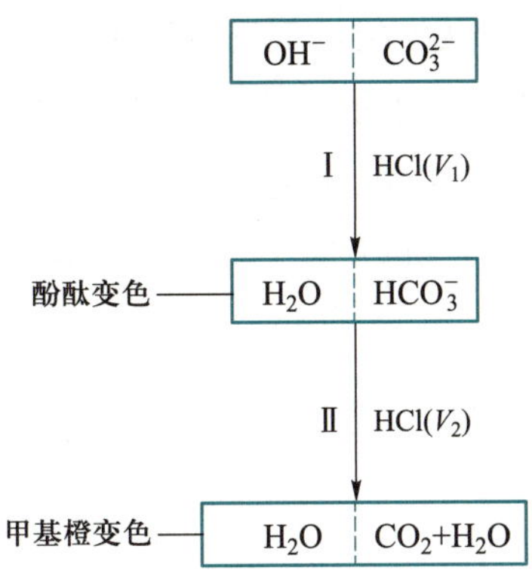

Ⅰ
$$OH^- + H^+ \xlongequal{} H_2O$$
n: $c_{HCl}\cdot(V_1-V_2)$　　$c_{HCl}\cdot(V_1-V_2)$

$$CO_3^{2-} + H^+ \xlongequal{} HCO_3^-$$
n: $c_{HCl}\cdot V_2$　　$c_{HCl}\cdot V_2$　　$c_{HCl}\cdot V_2$

Ⅱ
$$HCO_3^- + H^+ \xlongequal{} CO_2 + H_2O$$
n: $c_{HCl}\cdot V_2$　　$c_{HCl}\cdot V_2$

则 NaOH 和 Na_2CO_3 的质量分数分别为

$$w_{NaOH}=\frac{c_{HCl}\cdot(V_1-V_2)\cdot M_{NaOH}}{m_s}\times100\%$$

$$w_{Na_2CO_3}=\frac{c_{HCl}\cdot V_2\cdot M_{Na_2CO_3}}{m_s}\times100\%$$

（2）Na_2CO_3 和 $NaHCO_3$ 含量的测定　分析的步骤和原理为

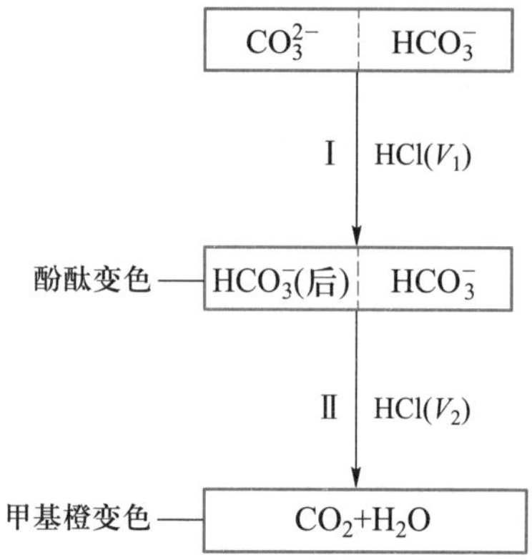

Ⅰ　$CO_3^{2-} + H^+ = HCO_3^-$ (后)

n：$c_{HCl}\cdot V_1$　　$c_{HCl}\cdot V_1$　　$c_{HCl}\cdot V_1$

Ⅱ　HCO_3^-(后) $+ H^+ = CO_2 + H_2O$

n：$c_{HCl}\cdot V_1$　　$c_{HCl}\cdot V_1$

$HCO_3^- + H^+ = CO_2 + H_2O$

n：$c_{HCl}\cdot(V_2-V_1)$　　$c_{HCl}\cdot(V_2-V_1)$

则 Na_2CO_3 和 $NaHCO_3$ 的质量分数分别为：

$$w_{Na_2CO_3}=\frac{c_{HCl}\cdot V_1\cdot M_{Na_2CO_3}}{m_s}\times100\%$$

$$w_{NaHCO_3}=\frac{c_{HCl}\cdot(V_2-V_1)\cdot M_{NaHCO_3}}{m_s}\times100\%$$

注意：NaOH 和 $NaHCO_3$ 不能共存于同一份混合碱样品中！

（3）定性分析　双指示剂法中，根据比较两步滴定所消耗的 HCl 标准溶液体积的大小，可以对混合碱试样进行定性分析。结果如表 3-7 所示。

表 3-7　V_1、V_2 的大小与混合碱的组成

$V_1>V_2>0$	$V_2>V_1>0$	$V_1=V_2>0$	$V_1>0$；$V_2=0$	$V_1=0$；$V_2\neq0$
$OH^-+CO_3^{2-}$	$CO_3^{2-}+HCO_3^-$	CO_3^{2-}	OH^-	HCO_3^-

例 3-10　称取混合碱试样 0.683 9 g，溶于水后以酚酞为指示剂进行滴定，消耗浓度为 0.200 0 mol·L^{-1} 的 HCl 标准溶液 23.10 mL，再加入甲基橙指示剂继续滴定，又消耗同一 HCl 标准溶液 26.81 mL，问试样中含有何种组分？其质量分数各为多少？

解：从题目可知 V_1=23.10 mL，V_2=26.81 mL，$V_2>V_1>0$，所以混合碱中含有 Na_2CO_3 和 $NaHCO_3$ 的，其质量分数分别为

$$w_{Na_2CO_3}=\frac{c_{HCl}\cdot V_1\cdot M_{Na_2CO_3}}{m_s}\times100\%=\frac{0.200\ 0\times23.10\times10^{-3}\times106.0}{0.683\ 9}\times100\%=71.61\%$$

$$w_{NaHCO_3} = \frac{c_{HCl} \cdot (V_2 - V_1) \cdot M_{NaHCO_3}}{m_s} \times 100\%$$
$$= \frac{0.200\,0 \times (26.81 - 23.10) \times 10^{-3} \times 84.01}{0.683\,9} \times 100\% = 9.11\%$$

磷酸盐的混合物同样可用双指示剂法进行分析。

2. 氯化钡法

氯化钡法是根据 Ba^{2+} 和 CO_3^{2-} 形成沉淀而设计的一种分析方法。取两份等体积的试样溶液。一份以溴甲酚绿为指示剂，用 HCl 标准溶液滴定，消耗盐酸体积为 V_1。

$$NaOH + HCl \xlongequal{} NaCl + H_2O$$
$$Na_2CO_3 + 2HCl \xlongequal{} 2NaCl + CO_2 + H_2O$$

另一份加入过量的 $BaCl_2$ 溶液，使 Na_2CO_3 完全转化为 $BaCO_3$，即

$$Na_2CO_3 + BaCl_2 \xlongequal{} BaCO_3 + 2NaCl$$

以酚酞为指示剂，用 HCl 标准溶液滴定，消耗盐酸体积为 V_2。

$$w_{NaOH} = \frac{c_{HCl} V_2 M_{NaOH}}{m_s} \times 100\%$$
$$w_{Na_2CO_3} = \frac{\frac{1}{2} c_{HCl} (V_1 - V_2) M_{Na_2CO_3}}{m_s} \times 100\%$$

3.6.2 极弱酸(碱)的测定

对于一些极弱的酸(碱)，可利用生成稳定的配合物使弱酸(碱)强化；也可以利用氧化还原法，使弱酸(碱)转变为强酸(碱)。此外，还可以在浓盐体系或非水介质中，对极弱酸(碱)进行测定。例如，硼酸为极弱酸，它在水溶液中的解离为

$$B(OH)_3 + 2H_2O \xlongequal{} H_3O^+ + B(OH)_4^- \qquad K_a = 5.8 \times 10^{-10}$$

不能用 NaOH 溶液进行准确滴定。如果于硼酸中加入一些甘露醇，则硼酸将按下式生成配合物：

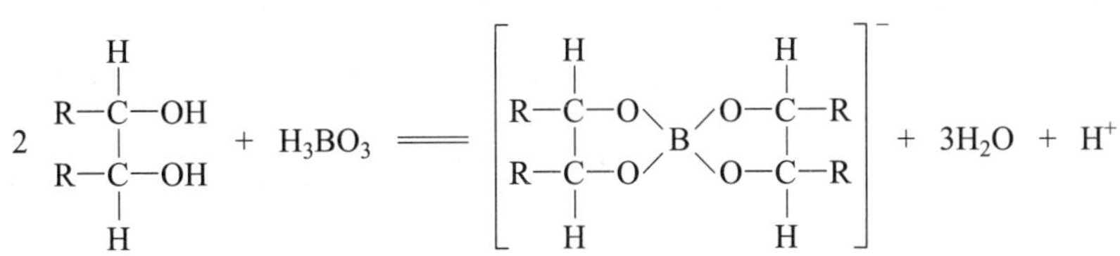

硼酸 $pK_a = 9.24 \rightarrow pK_a = 4.26$，可准确滴定。$H_3PO_4$，$pK_{a_3} = 12.36$，按二元酸被分步滴定。加入钙盐，由于生成 $Ca_3(PO_4)_2$ 沉淀，便可继续对 PO_4^{3-} 准确滴定。

3.6.3 其他滴定法——铵盐和有机物中氮含量的测定

肥料、土壤及某些有机物（如蛋白质等）中氮含量的测定具有重要意义，比如通过测定硫酸铵化肥中的氮含量可以直接反映化肥的质量是否合格。将试样中的氮转化为 NH_4^+ 后利用酸碱滴定法即可进行测定。有机物中的氮需要在 $CuSO_4$ 催化的前提下，用浓硫酸消化分解，使不同的氮化物全部转化为 NH_4^+ 后测定（凯氏定氮法）。

视频

NH_4^+ 是一种弱酸，其 $K_a=5.6\times10^{-10}$，不能直接滴定，需采用间接滴定法进行测定。常用的方法有蒸馏法和甲醛法。

电子课件

1. 蒸馏法

如图 3–9 所示，将铵盐试液置于蒸馏瓶中，加入过量浓 NaOH 溶液进行蒸馏，用定量的过量的 HCl（或 H_2SO_4）标准溶液吸收蒸发出的 NH_3，过量的酸用 NaOH 标准溶液返滴定，用甲基红或甲基橙为指示剂指示滴定终点。反应如下：

$$NH_4^+ + OH^- \xlongequal{} NH_3(g) + H_2O$$

$$NH_3 + H^+ \xlongequal{} NH_4^+$$

$$H^+(\text{剩余}) + OH^- \xlongequal{} H_2O$$

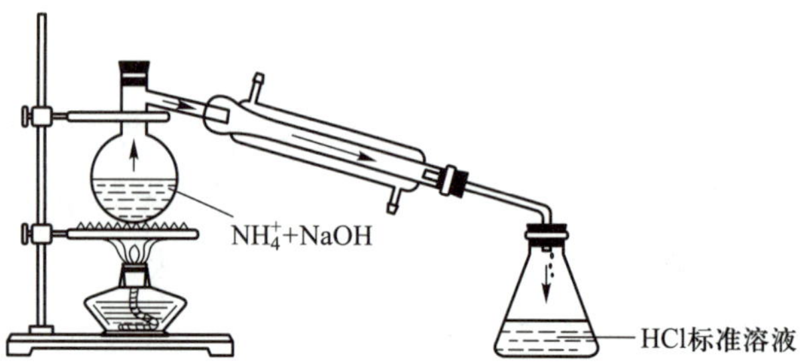

图 3–9 铵盐蒸馏示意图

由于滴定终点时溶液中含有 NH_4^+，不能用酚酞等碱性条件下变色的指示剂，否则会有部分 NH_4^+ 被中和，从而产生滴定误差。根据化学反应的计量关系，氮的质量分数为

$$w_N = \frac{(c_{HCl}\cdot V_{HCl} - c_{NaOH}\cdot V_{NaOH})\cdot M_N}{m_s}\times 100\%$$

蒸馏法中也可用过量（不需定量）的 H_3BO_3 溶液吸收蒸发出的 NH_3，生成的 $H_2BO_3^-$ 碱性较强（$pK_b=4.76$），可用 HCl 标准溶液直接滴定：

$$NH_3 + H_3BO_3 \xlongequal{} NH_4^+ + H_2BO_3^-$$

$$H_2BO_3^- + H^+ \xlongequal{} H_3BO_3$$

滴定终点时溶液的 pH=5，选用甲基红作指示剂。此种方法的优点是只需要一种标准溶液（HCl）。氮的质量分数为

$$w_N=\frac{c_{HCl}\cdot V_{HCl}\cdot M_N}{m_s}\times 100\%$$

2. 甲醛法

蒸馏法测定氮含量的优点是准确，但是耗时较多，操作较复杂。与蒸馏法相比，甲醛法的操作比较简单。向铵盐试样中加入过量的甲醛，发生如下反应：

$$6HCHO+4NH_4^+ = (CH_2)_6N_4H^++3H^++6H_2O$$

然后用 NaOH 标准溶液滴定。由于生成的 $(CH_2)_6N_4H^+$ 酸性不是很弱（$pK_b=4.76$），因此也能够被 NaOH 标准溶液滴定：

$$(CH_2)_6N_4H^++3H^++4OH^- = (CH_2)_6N_4+4H_2O$$

终点产物 $(CH_2)_6N_4$ 是一种极弱的有机碱，应选用酚酞作指示剂，则

$$w_N=\frac{c_{NaOH}\cdot V_{NaOH}\cdot M_N}{m_s}\times 100\%$$

例 3-11 称取 2.056 8 g 某奶粉试样，用凯氏定氮法测定该试样中氮的含量。用过量的 30 mL 0.200 0 $mol\cdot L^{-1}$ HCl 溶液吸收 NH_3，然后以甲基红为指示剂，用 0.102 0 $mol\cdot L^{-1}$ NaOH 标准溶液滴定剩余的 HCl，消耗 NaOH 标准溶液 15.46 mL。计算该奶粉试样中氮的百分含量。

解： 发生的反应为

$$NH_3+H^+ = NH_4^+$$

$$H^+(\text{剩余})+OH^- = H_2O$$

根据反应的化学计量关系：

$$w_N=\frac{(c_{HCl}\cdot V_{HCl}-c_{NaOH}\cdot V_{NaOH})\cdot M_N}{m_s}\times 100\%$$

$$=\frac{(30\times 0.200\,0-15.46\times 0.102\,0)\times 10^{-3}\times 14.01}{2.056\,8}\times 100\%$$

$$=3.01\%$$

3.7 课程思政任务单

3.8 学习要求、重点和难点

3.9 思考题和习题

思考题

1. 可以采用哪些方法确定酸碱滴定的终点？试简要地进行比较。

2. 酸碱滴定中指示剂的选择原则是什么？

3. 为什么 NaOH 标准溶液能直接滴定醋酸，而不能直接滴定硼酸？试加以说明。

4. NaOH 标准溶液如吸收了空气中的 CO_2，当以其测定某一强酸的浓度，分别用甲基橙或酚酞指示终点时，对测定结果的准确度各有何影响？

5. 标定 NaOH 溶液的浓度时，若采用：（1）部分风化的 $H_2C_2O_4 \cdot 2H_2O$，（2）含有少量中性杂质的 $H_2C_2O_4 \cdot 2H_2O$，则标定所得的浓度偏高、偏低，还是准确？为什么？

习　题

1. 等量的酸和碱中和，得到的 pH 应是（　　）。

A. 呈酸性　　B. 呈碱性

C. 呈中性　　D. 视酸碱相对强弱而定

2. 下列能作缓冲溶液的是（　　）。

A. 60 mL 0.1 $mol \cdot L^{-1}$ HAc 和 30 mL 0.1 $mol \cdot L^{-1}$ NaOH 混合液

B. 60 mL 0.1 $mol \cdot L^{-1}$ HAc 和 30 mL 0.2 $mol \cdot L^{-1}$ NaOH 混合液

C. 0 mL 0.1 $mol \cdot L^{-1}$ HAc 和 30 mL 0.1 $mol \cdot L^{-1}$ HCl 混合液

D. 60 mL 0.1 $mol \cdot L^{-1}$ NaCl 和 30 mL 0.1 $mol \cdot L^{-1}$ NH_4Cl 混合液

3. 在氨水中加入 NH_4Cl 后，则 NH_3 的解离度 α 和 pH 变化趋势是（　　）。

A. α 和 pH 都增大　　B. α 减小，pH 增大

C. α 增大，pH 变小　　　　D. α 和 pH 都减小

4. 需配制 pH=5 的缓冲溶液，最合适的缓冲体系是（　　）。

A. HAc–NaAc ［pK_a（HAc）=4.75］

B. $NH_3 \cdot H_2O$–NH_4Cl ［pK_b（NH_3）=4.75］

C. Na_2CO_3–$NaHCO_3$ ［pK_{a_2}（H_2CO_3）=10.25］

D. NaH_2PO_4–Na_2HPO_4 ［pK_{a_2}（H_3PO_4）=7.2］

5. 下列弱酸或弱碱能用酸碱滴定法直接准确滴定的是（　　）。

A. 0.1 $mol \cdot L^{-1}$ 苯酚（$K_a=1.1 \times 10^{-10}$）　　B. 0.1 $mol \cdot L^{-1}$ H_3BO_3（$K_a=7.3 \times 10^{-10}$）

C. 0.1 $mol \cdot L^{-1}$ 羟胺（$K_b=1.07 \times 10^{-8}$）　　D. 0.1 $mol \cdot L^{-1}$ HF（$K_a=3.5 \times 10^{-4}$）

6. 用 HCl 标准溶液连续滴定工业碱，酚酞变色时消耗标准溶液体积 V_1，再加入甲基橙连续滴定，又消耗标准溶液体积 V_2，若 $V_1<V_2$，则这种工业碱的成分是（　　）。

A. Na_2CO_3+NaOH　　B. $Na_2CO_3+NaHCO_3$

C. $NaHCO_3+NaOH$　　D. Na_2CO_3

7. 在酸碱滴定分析过程中，为了直观形象地描述滴定溶液中 H^+ 浓度的变化规律，通常以______为纵坐标，以加入滴定剂的______为横坐标，绘成曲线。此曲线称为______。

8. 用 HCl 标准溶液连续滴定工业碱，酚酞变色时消耗标准溶液体积 V_1，再加入甲基橙继续滴定，又消耗标准溶液体积 V_2，若 $V_1=V_2$，则这种工业碱的成分是______。

9. 已知琥珀酸（CH_2COOH）$_2$（以 H_2A 表示）的 $pK_{a_1}=4.19$，$pK_{b_1}=5.57$。试计算在 pH 4.88 和 5.0 时 H_2A、HA^- 和 A^{2-} 的分布系数 δ_2、δ_1 和 δ_0。若该酸的总浓度为 0.01 $mol \cdot L^{-1}$，求 pH=4.88 时的三种形式的平衡浓度。

10. 已知 HAc 的 $pK_a=4.74$，$NH_3 \cdot H_2O$ 的 $pK_b=4.74$。计算下列各溶液的 pH。

A. 0.10 $mol \cdot L^{-1}$ HAc 溶液　　B. 0.10 $mol \cdot L^{-1}$ $NH_3 \cdot H_2O$ 溶液

C. 0.15 $mo1 \cdot L^{-1}$ NH_4Cl 溶液　　D. 0.15 $mol \cdot L^{-1}$ NaAc 溶液

11. 欲配制 500 mL pH=5.0 的缓冲溶液，用了 6 $mol \cdot L^{-1}$ HAc 溶液 34 mL，需加 $NaAc \cdot 3H_2O$ 多少克？

12. 如以 0.200 0 $mol \cdot L^{-1}$ NaOH 标准溶液滴定 0.200 0 $mol \cdot L^{-1}$ 邻苯二甲酸氢钾溶液，化学计量点时的 pH 为多少？化学计量点附近滴定突跃为多少？应选用何种指示剂指示终点？

13. 标定 HCl 溶液时，以甲基橙为指示剂，用 Na_2CO_3 为基准物质，称取 Na_2CO_3 0.613 5 g，用去 HCl 溶液 24.96 mL，求 HCl 溶液的浓度。

14. 称取粗铵盐 1.075 g，与过量碱共热，蒸出的 NH_3 以过量硼酸吸收，再以 0.386 5 $mol \cdot L^{-1}$ HCl 溶液滴定至甲基红和溴甲酚绿混合指示剂终点，需 33.68 mL HCl

溶液,求试样中 NH_3 的质量分数和以 NH_4Cl 表示的质量分数。

15. 称取混合碱试样 0.947 6 g,加酚酞指示剂,用 0.278 5 mol·L^{-1} HCl 溶液滴定至终点,计耗去酸溶液 34.12 mL,再加甲基橙指示剂,滴定至终点,又耗去酸 23.66 mL。求试样中各组分的质量分数。问混合碱试样含哪些碱性物质,含量各多少。

16. 面粉和小麦中粗蛋白质含量是将氮含量乘以 5.7 而得到的(不同物质有不同系数),2.449 g 面粉经消化后,用 NaOH 处理,蒸出的 NH_3 以 100.0 mL 0.010 86 mol·L^{-1} HCl 溶液吸收,需用 0.012 28 mol·L^{-1} NaOH 溶液 15.30 mL 回滴,计算面粉中粗蛋白质的质量分数。

17. 称取混合碱试样 0.700 0 g,以酚酞为指示剂,用 0.185 0 mol·L^{-1} HCl 标准溶液滴定至终点,用去酸溶液 20.75 mL。再加甲基橙指示剂,滴定至终点,又耗去 HCl 溶液 28.05 mL。问此溶液中含哪些碱性物质,试样中各组分的质量分数为多少。

18. 吸取 10 mL 醋样,置于锥形瓶中,加 2 滴酚酞指示剂,用 0.163 8 mol·L^{-1} NaOH 溶液滴定醋样中的 HOAc,如需要 28.15 mL,则试样中 HOAc 浓度是多少?若吸取的 HOAc 溶液 ρ=1.004 g·mL^{-1},则试样中 HOAc 的质量分数为多少?

19. 一瓶纯 KOH 吸收了 CO_2 和水,称取其混匀试样 1.186 g,溶于水,稀释至 500.0 mL,吸取 50.00 mL,以 25.00 mL 0.087 17 mol·L^{-1} HCl 溶液处理,煮沸去除 CO_2,过量的酸用 0.023 65 mol·L^{-1} NaOH 溶液 10.09 mL 滴至酚酞终点。另取 50.00 mL 试样的稀释液,加入过量的中性 $BaCl_2$,滤去沉淀,滤液以 20.38 mL 上述酸溶液滴至酚酞终点。计算试样中 KOH、K_2CO_3 和 H_2O 的质量分数。

20. 有一 Na_3PO_4 试样,其中含有 Na_2HPO_4。称取 0.997 4 g,以酚酞为指示剂,用 0.264 8 mol·L^{-1} HCl 溶液滴定至终点,用去 16.97 mL,再加入甲基橙指示剂,继续用 0.264 8 mol·L^{-1} HCl 溶液滴定至终点时,又用去 23.36 mL。求试样中 Na_3PO_4、Na_2HPO_4 的质量分数。

21. 称取 25.00 g 土壤试样置于玻璃钟罩的密闭空间内,同时也放入盛有 100.0 mL NaOH 溶液的圆盘以吸收 CO_2,48 h 后吸取 25.00 mL NaOH 溶液,用 13.58 mL 0.115 6 mol·L^{-1} HCl 溶液滴定至酚酞终点。空白试验时 25.00 mL NaOH 溶液需 25.43 mL 上述酸溶液,计算在细菌作用下土壤释放 CO_2 的速度,以 mg CO_2/[g(土壤)·h]表示。

22. 磷酸盐溶液需用 12.25 mL 标准酸溶液滴定至酚酞终点,继续滴定需再加 36.75 mL 酸溶液至甲基橙终点,计算溶液的 pH。

23. 称取硅酸盐试样 0.100 0 g,经熔融分解,沉淀 K_2SiF_6,然后过滤、洗净,水解产生的 HF 用 0.147 7 mol·L^{-1} NaOH 标准溶液滴定。以酚酞作指示剂,耗去标准溶液 24.72 mL。计算试样中 SiO_2 的质量分数。

24. 欲检测贴有“3% H_2O_2”的旧试剂瓶中 H_2O_2 的含量，吸取瓶中溶液 5.00 mL，加入过量 Br_2，发生反应：$H_2O_2+Br_2 = 2HBr+O_2$。作用 10 min 后，分离过量的 Br_2，再以 0.316 2 mol·L^{-1} 溶液滴定上述反应产生的 H^+。需 17.08 mL 达到终点，计算瓶中 H_2O_2 的含量（以 g/100 mL 表示）。

参考答案

3.10 思维导图和电子课件

3.11 拓 展 知 识

第 4 章
配位滴定法

学习导航

知识目标

1. 了解溶液中各级配合物的分布情况及分布系数的计算公式；掌握配位滴定中的副反应及副反应系数的概念和计算公式；掌握配合物条件形成常数的计算公式。

2. 掌握配位滴定曲线各阶段金属离子浓度的计算方法。熟悉配位滴定中金属指示剂的作用原理及配位滴定终点误差公式的推导和应用。

3. 掌握直接准确滴定金属离子的条件判断依据；掌握混合离子分步滴定的可行性判断依据及用控制酸度的方式进行混合离子选择性滴定的方法；了解使用掩蔽剂来提高配位滴定选择性的方法及有关计算。

能力目标

1. 熟悉和了解配位反应的平衡常数，各级配合物的分布情况、副反应并能加以应用。

2. 能选择合适的金属指示剂，绘制配位滴定曲线。

3. 能够掌握混合离子分步滴定的可行性判断依据及用控制酸度的方式进行混合离子选择性滴定的方法；能应用配位滴定法测定水溶液中金属离子的含量。

思政目标

1. 通过重金属污染等问题，让学生通过查找相关资料、文献，探索防治污染的方法，了解我国污染防治技术的发展状况。引导学生理解环境保护的重要性，要求学生从自身做起，节约使用实验试剂，关注废液的处置、回收问题，减少污染物的排放，培养学生的环保意识。

2. 通过对配位反应的特点及应用的介绍，使学生明白配合物及配位化学在前沿科学领域是科技工作者追踪的研究热点，由此衍生出许多新兴学科如催化化学、功能材料化学，推动了科技的进步，让学生了解现代科技前沿热点领域。

3. 通过学习水的总硬度测定，引导学生思考日常用水中总硬度的测定意义和总硬度的表示方法。让学生懂得一个简单的水的硬度测定包含诸多理论知识，只有理论基础学习扎实才能在实际工作中应用自如。这样可以最大限度引导学生对所学内容产生兴趣，提升学习效果，增强学生理论联系实际的能力和学以致用的科学精神。

案例导入

在20世纪初期，日本富山县出现水稻生长不良现象。随后，当地许多妇女出现严重的关节疼痛，患病者全身疼痛不已，该疾病被称为“痛痛病”。经过多年研究发现，这种疾病的罪魁祸首是金属镉导致的慢性中毒。其源头在于神通川上游的一家铅锌矿厂，其废水的排放污染了河流，使得下游稻田土壤和稻米镉含量超标。长期食用“镉米”或饮用含有重金属的水，容易导致慢性镉中毒。

案例

针对稻米中镉含量超标这一事件，我们能否通过配位滴定法测试稻米中的镉离子含量呢？测试过程中应该注意哪些问题？如何提高测试的准确度？

配位滴定法是以配位反应为基础的滴定分析方法，本章主要内容是以EDTA为滴定剂的配位滴定方法。配合物在分析化学中有广泛的应用，在定性分析、光度分析、分离和掩蔽等方面都涉及配合物的形成，因此，需要了解有关的化学平衡问题及其处理方法。配位反应也是路易斯酸碱反应，它与酸碱滴定反应有许多相似之处，但更复杂。这是因为在水溶液中配位反应受到各种因素的影响，如酸度、其他配位剂、共存阳离子等，这些因素直接影响配位反应的完全程度。为了处理上述因素影响配位平衡的复杂关系，并能进行定量的计算，引入了副反应系数及条件稳定常数的计算公式。这样处理问题的方法使复杂配位平衡关系的计算大为简化，计算的结果与实际的反应情况比较接近。这种简便的处理方法也广泛地应用于涉及复杂平衡的其他体系，因此，本章也是分析化学的重要基础之一。

4.1 配合物与配位平衡

4.1.1 配合物

配合物也称为络合物，一般指由过渡金属的原子或离子与含有孤对电子的分子（如 NH_3、H_2O）或离子（如 Cl^-、CN^-、NO_2^- 等）通过配位键结合形成的化合物。配合物由中心原子、配体和外界组成。例如，硫酸四氨合铜（Ⅱ）分子式为 $[Cu(NH_3)_4]SO_4$，中心离子为 Cu^{2+}，配体为 NH_3，外界为 SO_4^{2-}。根据配体可提供的配位原子数目不同，可将其与金属离子形成的配合物分成简单配合物和螯合物。

1. 简单配合物

若一个配体只含有一个可提供电子对的配位原子，则称其为单齿配体，如 CN^-、NH_3、H_2O 等。它们与金属离子配位时，每一个单齿配体与中心离子之间只形成一个配位键，此时形成的配合物称为简单配合物。简单配合物中金属离子的配位数为与配体的个数一致。

简单配合物在溶液中是逐级形成的，大多数简单配合物不稳定。在配位滴定法中，简单配合物常用作掩蔽剂、辅助配位剂和指示剂。

2. 螯合物

若一个配体含有两个或两个以上可提供电子对的配位原子，则称其为多齿配体，如乙二胺、8-羟基喹啉、乙二胺四乙酸等。它们与金属离子配位时，每一个配体与中心离子之间形成多个配位键，所形成的配合物称为螯合物。螯合物中常含有五元环或六元环结构，螯合物稳定性与成环的数目有关，当配位原子相同时，成环越多，螯合物越稳定。多齿配体中含有多个配位原子，它们与金属离子配位时，需要较少的配体，有时仅需一个配体，这样就减少，甚至避免了分级配位的现象。另外，有的螯合剂对金属离子具有一定的选择性，这些特点对于应用螯合反应进行滴定分析是有利的。因此，在配位滴定中，广泛应用的是有机螯合剂。

4.1.2 配位平衡

1. 配合物的稳定常数

一定温度下，金属与配体形成配合物的稳定性可用配位反应的平衡常数，即总稳定常数 $K_{稳}$表示。

$$Ni^{2+}+6NH_3 \rightleftharpoons Ni(NH_3)_6^{2+}$$

$$K_{稳}=\frac{[Ni(NH_3)_6^{2+}]}{[Ni^{2+}][NH_3]^6}$$

$K_{稳}$越大,表明生成的配合物越稳定。

(1)配合物的逐级稳定常数　对于配合物 $Ni(NH_3)_6^{2+}$,其在溶液中的形成是分级进行的,逐级稳定常数 $K_1,K_2,K_3,\cdots,K_6$ 可表示为

$$Ni^{2+}+NH_3 \rightleftharpoons Ni(NH_3)^{2+} \qquad K_1=\frac{[Ni(NH_3)^{2+}]}{[Ni^{2+}][NH_3]}$$

$$Ni(NH_3)^{2+}+NH_3 \rightleftharpoons Ni(NH_3)_2^{2+} \qquad K_2=\frac{[Ni(NH_3)_2^{2+}]}{[Ni(NH_3)^{2+}][NH_3]}$$

$$\vdots \qquad\qquad \vdots$$

$$Ni(NH_3)_5^{2+}+NH_3 \rightleftharpoons Ni(NH_3)_6^{2+} \qquad K_6=\frac{[Ni(NH_3)_6^{2+}]}{[Ni(NH_3)_5^{2+}][NH_3]}$$

配合物在溶液中的解离也是分级进行的,逐级解离常数 $K_1',K_2',K_3',\cdots,K_6'$ 可表示为:

$$Ni(NH_3)_6^{2+} \rightleftharpoons Ni(NH_3)_5^{2+}+NH_3 \qquad K_1'=\frac{[Ni(NH_3)_5^{2+}][NH_3]}{[Ni(NH_3)_6^{2+}]}$$

$$Ni(NH_3)_5^{2+} \rightleftharpoons Ni(NH_3)_4^{2+}+NH_3 \qquad K_2'=\frac{[Ni(NH_3)_4^{2+}][NH_3]}{[Ni(NH_3)_5^{2+}]}$$

$$\vdots \qquad\qquad \vdots$$

$$Ni(NH_3)^{2+} \rightleftharpoons Ni^{2+}+NH_3 \qquad K_6'=\frac{[Ni^{2+}][NH_3]}{[Ni(NH_3)^{2+}]}$$

由此可见,配合物的逐级稳定常数与逐级解离常数的关系为

$$K_1=\frac{1}{K_6'},\quad K_2=\frac{1}{K_5'},\quad \cdots,\quad K_6=\frac{1}{K_1'}$$

(2)配合物的累积稳定常数　配合物逐级稳定常数的乘积,称为配合物的累积稳定常数,用 β 表示。

$$Ni^{2+}+NH_3 \rightleftharpoons Ni(NH_3)^{2+} \qquad \beta_1=\frac{[Ni(NH_3)^{2+}]}{[Ni^{2+}][NH_3]}=K_1$$

$$Ni^{2+}+2NH_3 \rightleftharpoons Ni(NH_3)_2^{2+} \qquad \beta_2=\frac{[Ni(NH_3)_2^{2+}]}{[Ni^{2+}][NH_3]^2}=K_1K_2$$

$$\vdots \qquad\qquad \vdots$$

$$Ni^{2+}+6NH_3 \rightleftharpoons Ni(NH_3)_6^{2+} \qquad \beta_6=\frac{[Ni(NH_3)_6^{2+}]}{[Ni^{2+}][NH_3]^6}=K_1K_2K_3K_4K_5K_6$$

配合物 $Ni(NH_3)_6^{2+}$ 的第六级累积稳定常数即配合物的总稳定常数 $K_{稳}$。常见配合物的累积稳定常数值见附录。

2. 溶液中配合物各种型体的分布

由于配合物在溶液中的形成是分级进行的，因而溶液中可能同时存在多种型体。以 $Ni(NH_3)_6^{2+}$ 为例，在溶液中，$Ni(NH_3)_6^{2+}$ 可以以 Ni^{2+}，$Ni(NH_3)^{2+}$，$Ni(NH_3)_2^{2+}$，$Ni(NH_3)_3^{2+}$，$Ni(NH_3)_4^{2+}$，$Ni(NH_3)_5^{2+}$，$Ni(NH_3)_6^{2+}$ 七种不同的形式存在。配体 NH_3 的浓度对配合物的存在形式有影响。

设溶液中 Ni^{2+} 的总浓度为 c_{Ni}，配体 NH_3 的总浓度为 c_{NH_3}，由上述累积稳定常数的定义式可知：

$$[Ni(NH_3)^{2+}]=\beta_1[Ni^{2+}][NH_3]$$

$$[Ni(NH_3)_2^{2+}]=\beta_2[Ni^{2+}][NH_3]^2$$

$$\vdots$$

$$[Ni(NH_3)_6^{2+}]=\beta_6[Ni^{2+}][NH_3]^6$$

根据物料平衡，可知：

$$\begin{aligned}c_{Ni}&=[Ni^{2+}]+[Ni(NH_3)^{2+}]+[Ni(NH_3)_2^{2+}]+\cdots+[Ni(NH_3)_6^{2+}]\\&=[Ni^{2+}]+\beta_1[Ni^{2+}][NH_3]+\beta_2[Ni^{2+}][NH_3]^2+\cdots+\beta_6[Ni^{2+}][NH_3]^6\\&=[Ni^{2+}](1+\beta_1[NH_3]+\beta_2[NH_3]^2+\cdots+\beta_6[NH_3]^6)\end{aligned}$$

溶液中各种型体的浓度与总浓度的比值称为该型体的分布系数，用 δ 表示。根据各种型体所含配体个数不同，Ni^{2+}，$Ni(NH_3)^{2+}$，$Ni(NH_3)_2^{2+}$，…，$Ni(NH_3)_6^{2+}$ 在溶液中的分布系数分别用 δ_0，δ_1，δ_2，…，δ_6 表示。

$$\delta_0=\frac{[Ni^{2+}]}{c_{Ni}}=\frac{1}{1+\beta_1[NH_3]+\beta_2[NH_3]^2+\cdots+\beta_6[NH_3]^6}$$

$$\delta_1=\frac{[Ni(NH_3)^{2+}]}{c_{Ni}}=\frac{\beta_1[NH_3]}{1+\beta_1[NH_3]+\beta_2[NH_3]^2+\cdots+\beta_6[NH_3]^6}$$

$$\vdots$$

$$\delta_6=\frac{[Ni(NH_3)_6^{2+}]}{c_{Ni}}=\frac{\beta_6[NH_3]^6}{1+\beta_1[NH_3]+\beta_2[NH_3]^2+\cdots+\beta_6[NH_3]^6}$$

由此类推，对于任意 ML_n 型配合物溶液中各种型体的分布系数，可表示为

$$\delta_0=\frac{[M]}{c_M}=\frac{1}{1+\beta_1[L]+\beta_2[L]^2+\cdots+\beta_n[L]^n}$$

$$\delta_1=\frac{[ML]}{c_M}=\frac{\beta_1[L]}{1+\beta_1[L]+\beta_2[L]^2+\cdots+\beta_n[L]^n}$$

$$\vdots$$

$$\delta_n=\frac{[ML_n]}{c_M}=\frac{\beta_n[L]^n}{1+\beta_1[L]+\beta_2[L]^2+\cdots+\beta_n[L]^n}$$

由此看见，ML_n 溶液中，配合物各种型体的分布系数 δ_i，只与配体的浓度有关，与金属

离子的总浓度无关。

例 4-1 在 pH=9 的 NH_3-NH_4Cl 缓冲溶液中含有 Zn^{2+}，游离的 $[NH_3]=0.10\ mol\cdot L^{-1}$，求 δ_{Zn}。

解：查附录可知，$Zn(NH_3)_4^{2+}$ 各级累积稳定常数 $\lg\beta_1\sim\lg\beta_4$ 分别为 2.27，4.61，7.01，9.06。

$$\delta_0=\frac{[Zn]}{c_{Ni}}=\frac{1}{1+\beta_1[NH_3]+\beta_2[NH_3]^2+\beta_3[NH_3]^3+\beta_4[NH_3]^4}$$

$$=\frac{1}{1+0.10\times10^{2.27}+0.10^2\times10^{4.61}+0.10^3\times10^{7.01}+0.10^4\times10^{9.06}}$$

$$=10^{-5.10}$$

4.2 EDTA 与金属离子的配位反应

4.2.1 EDTA

EDTA 是乙二胺四乙酸的简称，通常以 H_4Y 表示，其分子结构式如图 4-1 所示。羧酸上的两个 H^+ 很容易转移到 N 原子上，形成双极离子。当 H_4Y 溶解于强酸性溶液时，两个羧基可再接受两个 H^+ 而形成 H_6Y^{2+}。因此，质子化的 EDTA 就相当于六元酸，有 6 级解离平衡。

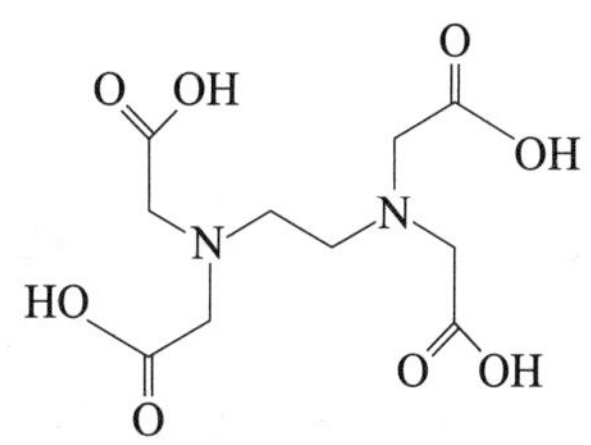

图 4-1 EDTA 的分子结构式

$$H_6Y^{2+}\rightleftharpoons H_5Y^++H^+\qquad K_{a_1}=\frac{[H^+][H_5Y^+]}{[H_6Y^{2+}]}=10^{-0.90}$$

$$H_5Y^+\rightleftharpoons H_4Y+H^+\qquad K_{a_2}=\frac{[H^+][H_4Y]}{[H_5Y^+]}=10^{-1.60}$$

$$H_4Y\rightleftharpoons H_3Y^-+H^+\qquad K_{a_3}=\frac{[H^+][H_3Y^-]}{[H_4Y]}=10^{-2.00}$$

$$H_3Y^-\rightleftharpoons H_2Y^{2-}+H^+\qquad K_{a_4}=\frac{[H^+][H_2Y^{2-}]}{[H_3Y^-]}=10^{-2.67}$$

$$H_2Y^{2-}\rightleftharpoons HY^{3-}+H^+\qquad K_{a_5}=\frac{[H^+][HY^{3-}]}{[H_2Y^{2-}]}=10^{-6.16}$$

$$HY^{3-}\rightleftharpoons Y^{4-}+H^+\qquad K_{a_6}=\frac{[H^+][Y^{4-}]}{[HY^{3-}]}=10^{-10.26}$$

EDTA 溶液中含有 7 种型体，包括 H_6Y^{2+}、H_5Y^+、H_4Y、H_3Y^-、H_2Y^{2-}、HY^{3-}、Y^{4-}。由弱酸

在水溶液中的分布系数可知，EDTA 溶液中各种型体的分布系数与溶液的 pH 有关。由图 4–2 可见，只有在 pH>10.26 时，才主要以 Y^{4-} 形式存在，在 EDTA 与金属离子形成的配合物中，以 Y^{4-} 与金属离子形成的配合物最为稳定。但由于 EDTA 的水溶性较差，通常使用乙二胺四乙酸二钠盐配制滴定剂，以 $Na_2H_2Y \cdot 2H_2O$ 表示。

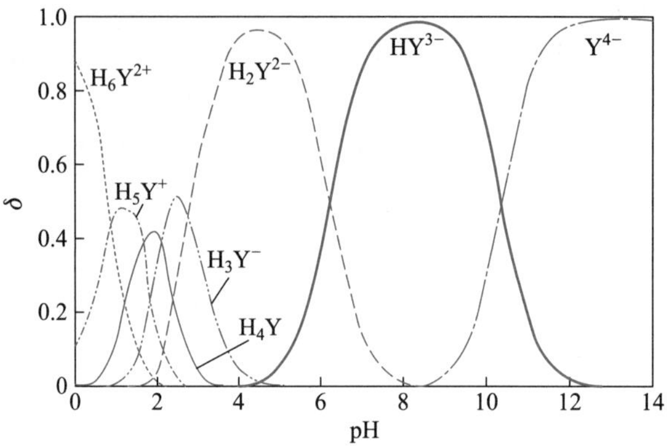

图 4–2　EDTA 各种型体的分布系数图

4.2.2　EDTA 与金属离子的配合物

EDTA 与金属离子形成的配合物具有如下特点：

1. 几乎与所有的金属离子配位

EDTA 具有广泛的配位性能，几乎能与所有的金属离子形成螯合物。这主要是因为 EDTA 分子中含有配位能力很强的氨氮和羧基氧，与金属离子配位形成多个五元环结构。EDTA 与 Ca^{2+} 形成的配合物如图 4–3 所示。

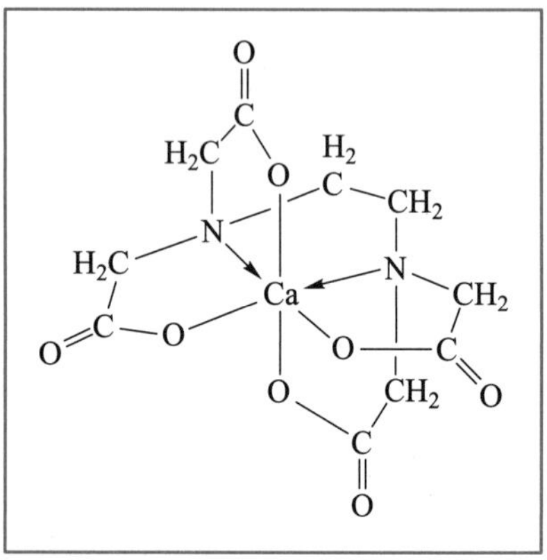

图 4–3　EDTA 与 Ca^{2+} 形成的配合物的结构式

2. 配位比一般为 1∶1

EDTA 分子中含有两个氨基和四个羧基，它具有六个配位原子，大多数金属离子的配位数不超过 6。一般情况下，EDTA 与金属离子均按 1∶1 配位，无分级配位现象，配比简单，有利于配位滴定的计算。只有少数变价金属离子与 EDTA 配位时不是形成 1∶1 配合物。如 Mo^{5+} 与 EDTA 形成 2∶1 配合物。

3. 配合物易溶于水

EDTA 与金属离子形成的配合物大多带电荷，因此能够溶于水中，一般配位反应迅速，使滴定能在水溶液中进行。

4. 形成颜色加深的配合物

EDTA 与无色金属离子配位时，则形成无色的螯合物，与有色金属离子配位时，一般形成颜色更深的螯合物，如表 4-1 所示。

表 4-1　EDTA 与有色金属离子配位形成的螯合物

螯合物	颜色	螯合物	颜色
CoY	紫红	$Fe(OH)Y^{2-}$	褐（pH=6）
CrY^-	深紫	FeY^-	黄
$Cr(OH)Y^{2-}$	蓝（pH>10）	MnY^{2-}	紫红
CuY^{2-}	蓝	NiY^{2-}	蓝绿

4.2.3　EDTA 与金属离子的配位反应的副反应

配位反应应用于滴定分析法中，其主反应为金属离子 M 与配位剂 Y 形成配合物的反应，除了主反应外，溶液的酸度、缓冲剂、辅助配位剂及共存金属离子等，可能与 M 或 Y 发生反应，这必然使主反应受到影响，并导致配位反应的完全程度发生变化。主反应以外发生的其他反应称为副反应，其平衡关系如下：

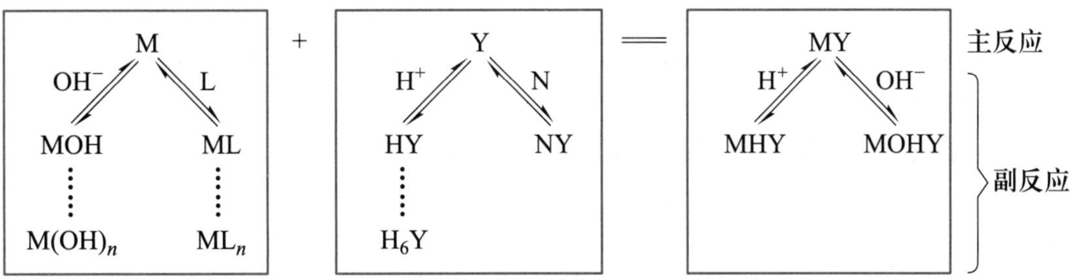

M、Y 及 MY 的各种副反应进行的程度，可由其相应的副反应系数表示。副反应系数的定义为未参加主反应 M 或 Y 的总浓度与平衡浓度［M］或［Y］的比值，用 α 表示。

1. EDTA 的副反应

（1）EDTA 的酸效应　酸效应是指由于 H^+ 存在使 EDTA 参加主反应能力降低的现象，酸效应系数用 $\alpha_{Y(H)}$ 表示。

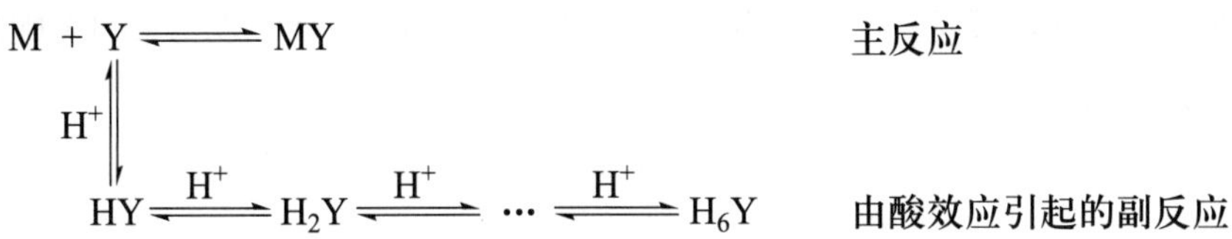

EDTA 是一种弱酸分子，未参加主反应 EDTA 的总浓度［Y］为

$$[Y'] = [Y] + [HY] + [H_2Y] + \cdots + [H_6Y]$$

根据副反应系数的定义：

$$\alpha_{Y(H)}=\frac{[Y']}{[Y]}=\frac{[Y]+[HY]+[H_2Y]+\cdots+[H_6Y]}{[Y]}$$

由多元弱酸各种型体的分布系数计算公式，可以得出：

$$\alpha_{Y(H)}=\frac{1}{\delta_0}=\frac{[H^+]^6+[H^+]^5K_{a_1}+\cdots+K_{a_1}K_{a_2}\cdots K_{a_6}}{K_{a_1}K_{a_2}\cdots K_{a_6}}$$

可见，$\alpha_{Y(H)}$越大，其副反应越严重，若Y没有副反应，即未参加主反应EDTA的总浓度[Y′]等于[Y]，则$\alpha_{Y(H)}=1$。随着溶液H^+浓度的增加，$\alpha_{Y(H)}$增大，副反应更严重。不同pH时，EDTA的副反应系数请扫描侧边二维码。

不同 pH 时 EDTA 的副反应系数

（2）共存离子效应 共存离子效应是指由于溶液中存在干扰离子N与EDTA发生配位反应，使得主反应能力降低的现象，共存离子效应的副反应系数用$\alpha_{Y(N)}$表示。

$$\begin{array}{ll}M + Y \rightleftharpoons MY & \text{主反应}\\ \quad\ \ \downarrow\uparrow N & \\ \quad\ \ NY & \text{干扰离子引起的副反应}\end{array}$$

根据副反应系数的定义：

$$\alpha_{Y(N)}=\frac{[Y']}{[Y]}=\frac{[Y]+[NY]}{[Y]}=1+\frac{[NY]}{[Y]}=1+K_{NY}[N]$$

可见，$\alpha_{Y(N)}$只与K_{NY}及[N]有关，如果K_{NY}越大，N的游离浓度越大，则$\alpha_{Y(N)}$值越大，表示副反应越严重。

如果溶液中同时存在多种共存离子$N_1, N_2, \cdots, N_n$，则

$$\begin{array}{ll}M + Y \rightleftharpoons MY & \text{主反应}\\ \quad\ \ \downarrow\uparrow N_1, N_2, \cdots, N_n & \\ N_1Y+N_2Y+N_3Y+\cdots+N_nY & \text{干扰离子效应引起的副反应}\end{array}$$

$$\begin{aligned}\alpha_{Y(N)}&=\frac{[Y']}{[Y]}=\frac{[Y]+[N_1Y]+[N_2Y]+\cdots+[N_nY]}{[Y]}\\&=1+K_{N_1Y}[N_1]+K_{N_2Y}[N_2]+\cdots+K_{N_nY}[N_n]\\&=\alpha_{Y(N_1)}+\alpha_{Y(N_2)}+\cdots+\alpha_{Y(N_n)}-(n-1)\end{aligned}$$

（3）EDTA的总副反应系数 如果体系中既有酸效应，又有可以与EDTA配位的共存离子N，EDTA的总副反应系数为

$$\begin{aligned}\alpha_Y&=\frac{[Y']}{[Y]}=\frac{[Y]+[NY]+[HY]+[H_2Y]+\cdots+[H_6Y]}{[Y]}\\&=\frac{[Y]+[NY]}{[Y]}+\frac{[Y]+[HY]+[H_2Y]+\cdots+[H_6Y]}{[Y]}-\frac{[Y]}{[Y]}\\&=\alpha_{Y(H)}+\alpha_{Y(N)}-1\end{aligned}$$

2. 金属离子的副反应

（1）配位效应　金属离子的配位效应是指因溶液中存在的另一种配位剂L与金属离子配位，降低了金属离子参加主反应的能力的现象。金属离子的配位效应的副反应系数用$\alpha_{M(L)}$表示。

$$\mathrm{M} + \mathrm{Y} \rightleftharpoons \mathrm{MY} \qquad \text{主反应}$$

$$\Big\Updownarrow \mathrm{L}$$

$$\mathrm{ML} \xrightleftharpoons{\mathrm{L}} \mathrm{ML_2} \xrightleftharpoons{\mathrm{L}} \cdots \xrightleftharpoons{\mathrm{L}} \mathrm{ML}_n \qquad \text{配位效应引起的副反应}$$

根据副反应系数的定义：

$$\alpha_{M(L)}=\frac{[M']}{[M]}=\frac{[M]+[ML]+[ML_2]+\cdots+[ML_n]}{[M]}$$

由累积稳定常数的定义式可以推导出：

$$[ML]=\beta_1[M][L]$$
$$[ML_2]=\beta_2[M][L]^2$$
$$\vdots$$
$$[ML_n]=\beta_n[M][L]^n$$

则

$$\alpha_{M(L)}=\frac{[M]+\beta_1[M][L]+\beta_2[M][L]^2+\cdots+\beta_n[M][L]^n}{[M]}$$
$$=1+\beta_1[L]+\beta_2[L]^2+\cdots+\beta_n[L]^n$$

可见，金属离子的配位效应系数与配位剂L的平衡浓度及M与L形成配合物的累积稳定常数有关。若M没有副反应，即未参加主反应金属离子的总浓度[M′]等于[M]，则$\alpha_{M(L)}=1$。

（2）水解效应　在较高pH溶液中，金属离子可能发生水解，从而降低了金属离子参加主反应的能力，这种现象称为金属离子的水解效应。水解效应的副反应系数用$\alpha_{M(OH)}$表示。金属离子的水解效应相当于与羟基的配位效应，即把羟基当成特殊的配位剂，根据配位效应的计算公式可以推导出：

$$\alpha_{M(OH)}=1+\beta_1[OH]+\beta_2[OH]^2+\cdots+\beta_n[OH]^n$$

其中，$\beta_1,\beta_2,\cdots,\beta_n$分别为金属离子羟基配合物的各级累积稳定常数。

（3）金属离子的总副反应　如果金属离子既有配位效应，又有水解效应，则总副反应系数为

$$\alpha_M=\frac{[M']}{[M]}=\frac{[M]+[ML]+\cdots+[ML_n]+[MOH]+\cdots+[M(OH)_n]}{[M]}$$
$$=\frac{[M]+[ML]+\cdots+[ML_n]}{[M]}+\frac{[M]+[MOH]+\cdots+[M(OH)_n]}{[M]}-\frac{[M]}{[M]}$$
$$=\alpha_{M(L)}+\alpha_{M(OH)}-1$$

如果金属离子只有配位效应，无水解效应，则总副反应系数为

$$\alpha_M=\alpha_{M(L)}$$

如果金属离子只有水解效应，无配位效应，则总副反应系数为

$$\alpha_M = \alpha_{M(OH)}$$

3. 配合物的副反应

当溶液的酸度较高时，H^+ 与 MY 发生副反应，形成酸式配合物 MHY，当溶液的酸度较低时，OH^- 与 MY 发生副反应，形成碱式配合物 MOHY。因为酸式或碱式配合物只有在 pH 很低和 pH 很高的条件下才能生成，而且酸式和碱式配合物大多数不稳定，并且配合物 MY 副反应的发生，使平衡向右移动，对主反应有利。因此，一般条件下忽略配合物的副反应。

4.2.4 条件稳定常数

在溶液中，金属离子 M 与配位剂 Y 反应生成 MY。如果没有副反应发生，则达到平衡时，K_{MY} 是衡量配位反应完全程度的主要标志。如果有副反应发生，则配位反应进行的程度将受到 M、Y 及 MY 的副反应的影响。

设未参加主反应的 M、Y 和 MY 的总浓度分别为 [M′]、[Y′] 和 [MY′]，则当达到平衡时，可用条件稳定常数衡量配位反应进行的程度。

条件稳定常数 K'_{MY} 的表达式为

$$K'_{MY} = \frac{[MY']}{[M'][Y']}$$

根据副反应系数的定义，可得

$$[MY'] = \alpha_{MY}[MY]$$

$$[Y'] = \alpha_Y[Y]$$

$$[M'] = \alpha_M[M]$$

代入条件稳定常数的表达式得

$$K'_{MY} = \frac{\alpha_{MY}[MY]}{\alpha_Y[Y]\alpha_M[M]} = K_{MY}\frac{\alpha_{MY}}{\alpha_Y\alpha_M}$$

一般条件下忽略配合物的副反应，对等式两边取对数，则

$$\lg K'_{MY} = \lg K_{MY} - \lg\alpha_M - \lg\alpha_Y$$

例 4-2 在 pH=11.0 的溶液中，游离 CN^- 浓度为 1.0×10^{-2} mol·L^{-1}，计算 HgY 配合物的 $\lg K'_{HgY}$。

解：查附录可知，$\lg K_{HgY}$=21.8；$Hg(CN)_4^{2-}$ 的 $\lg\beta_1$~$\lg\beta_4$ 为 18.0，34.7，38.5，41.4；pH=11.0，$\lg\alpha_{Y(H)}$=0.07，$\lg\alpha_{Hg(OH)}$=15.9。

$$\begin{aligned}\alpha_{Hg(CN)} &= 1+\beta_1[CN]+\beta_2[CN]^2+\cdots+\beta_4[CN]^4 \\ &= 1+0.01\times10^{18.0}+0.01^2\times10^{34.7}+0.01^3\times10^{38.5}+0.01^4\times10^{41.4} \\ &= 10^{33.5}\end{aligned}$$

$$\alpha_{Hg}=\alpha_{Hg(CN)}+\alpha_{Hg(OH)}-1$$
$$=10^{33.5}+10^{15.9}-1$$
$$=10^{33.5}$$
$$\alpha_{Y}=\alpha_{Y(H)}=10^{0.07}$$
$$\lg K'_{HgY}=\lg K_{HgY}-\lg\alpha_{Hg}-\lg\alpha_{Y}$$
$$=21.8-33.5-0.07$$
$$=-11.77$$

例 4-3 在 pH=10 的氨性缓冲溶液中，$[NH_3]$为 0.10 mol·L^{-1}，以 0.02 mol·L^{-1} EDTA 溶液滴定 0.02 mol·L^{-1} Cu^{2+}，计算条件稳定常数$\lg K'_{CuY}$。

解：查附录可知，$Cu(NH_3)_5^{2+}$ 的 $\lg\beta_1$~$\lg\beta_5$ 为 4.31，7.98，11.02，13.32，12.86；pH=10 时，$\alpha_{Cu(OH)}=10^{1.7}$，$\lg\alpha_{Y(H)}$=0.45。

$$\alpha_{Cu(NH_3)}=1+\beta_1[NH_3]+\beta_2[NH_3]^2+\beta_3[NH_3]^3+\beta_4[NH_3]^4+\beta_5[NH_3]^5$$
$$=1+10^{4.31}\times0.10+10^{7.98}\times(0.10)^2+10^{11.02}\times(0.10)^3+10^{13.32}\times(0.10)^4+10^{12.86}\times(0.10)^5$$
$$=10^{9.36}$$
$$\alpha_{Cu}=\alpha_{Cu(NH_3)}+\alpha_{Cu(OH)}-1=10^{9.36}+10^{1.7}-1=10^{9.36}$$
$$\alpha_{Y}=\alpha_{Y(H)}=10^{0.45}$$
$$\lg K'_{CuY}=\lg K_{CuY}-\lg\alpha_{Y}-\lg\alpha_{Cu}=18.80-0.45-9.36=8.99$$

4.3 金属指示剂

4.3.1 金属指示剂的变色原理

金属指示剂是指配位滴定中，能与金属离子生成有色配合物从而指示滴定过程中金属离子浓度变化的显色剂（多为有机染料、弱酸）。金属指示剂的变色原理如：

终点前	$M+In \rightleftharpoons MIn$	显配合物颜色
滴定过程	$M+Y \rightleftharpoons MY$	
终点	$MIn+Y \rightleftharpoons MY+In$	显游离指示剂颜色

滴定终点前，溶液中含有大量金属离子 M，加入几滴金属指示剂 In 后，金属离子与指示剂形成配合物 MIn，此时溶液显示 MIn 和游离 M 的混合色。滴定过程中，随着滴定剂 Y 的不断加入，溶液中游离的 M 与 Y 形成配合物 MY。滴定终点时，溶液中 M 的浓度降低，新加入的 Y，从 MIn 中置换出 In，使得指示剂由 MIn 变成游离态，溶液显示游离指示剂和 MY 的混合色。简言之，滴定终点时，Y 置换少量与指示剂配位的金属离子释放指示剂，从

而引起溶液颜色的改变。

4.3.2 金属指示剂的理论变色点

以 In 代表指示剂，与金属离子 M 形成 1∶1 配合物，反应过程如下：

$$M+In \rightleftharpoons MIn$$

大多数金属指示剂是有机弱酸，其与金属离子反应过程中存在酸效应，相当于指示剂的副反应，则条件稳定常数为

$$K'_{MIn}=\frac{[MIn]}{[M][In']}$$

即

$$pM=\lg K'_{MIn}-\frac{[MIn]}{[In']}$$

当 [MIn]=[In′] 时，溶液的颜色发生变化，称为指示剂的理论变色点，即为滴定终点。因此，滴定终点时，溶液中金属离子的浓度 pM_{ep} 为

$$pM_{ep}=\lg K'_{MIn}=\lg K_{MIn}-\lg\alpha_{In(H)}$$

可见，金属指示剂的理论变色点受溶液 pH 的影响，因此金属指示剂不可能像酸碱指示剂那样有一个确定的变色点，在选择金属指示剂时，应该考虑体系的酸度，使 pM_{ep} 与 pM_{sp} 尽量一致。常用的金属指示剂见表 4–2。

表 4–2 常用的金属指示剂

指示剂	颜色		使用 pH	直接滴定离子	封闭离子	掩蔽剂
	MIn	In				
铬黑 T	红色	蓝色	9~10.5	Ca^{2+}, Mg^{2+}, Mn^{2+}, Cd^{2+}, Pb^{2+}	Fe^{3+}, Al^{3+}, Ti^{4+}	三乙醇胺
					Co^{2+}, Ni^{2+}, Cu^{2+}	氰化钾
钙指示剂	红色	蓝色	12~13	Ca^{2+}	Fe^{3+}, Al^{3+}, Ti^{4+}	三乙醇胺
					Co^{2+}, Ni^{2+}, Cu^{2+}	氰化钾
二甲酚橙	紫红色	黄色	<6	ZrO^{2+}, Bi^{3+}, Th^{4+}, Pb^{2+}, Zn^{2+}, Cd^{2+}, Hg^{2+}, Ti^{3+}	Al^{3+}, Ti^{4+}	NH_4F
					Fe^{3+}	抗坏血酸
					Co^{2+}, Ni^{2+}, Cu^{2+}	邻二氮杂菲
PAN	紫红色	黄色	2~12	Bi^{3+}, Th^{4+}, Cu^{2+}, Ni^{2+}, Cd^{2+}, Zn^{2+}, Pb^{3+}, Mn^{2+}, Fe^{2+}		
磺基水杨酸	红色	浅黄色	1.5~2.5	Fe^{3+}		

4.3.3 金属指示剂需具备的条件

金属指示剂需具备如下条件：

（1）在滴定的 pH 范围内，游离指示剂本身的颜色与其金属离子配合物的颜色应有显著区别。这样，终点时才能观察到明显的颜色变化。

（2）指示剂与金属离子的显色反应必须灵敏、迅速，且有良好的可逆性。

（3）指示剂与金属离子配合物的稳定性要适当。即 MIn 既要有足够的稳定性，又要比 MY 稳定性小。如果 MIn 稳定性太低，就会使终点提前，而且颜色变化不敏锐；如果 MIn 稳定性太高，就会使终点拖后，甚至使 EDTA 不能夺取 MIn 中的 M，到达化学计量点时也不改变颜色，看不到滴定终点。通常要求 $K'_{MY}/K'_{MIn}>100$。

（4）指示剂应比较稳定，便于贮藏和使用。生成的 MIn 应易溶于水，如果生成胶体溶液或沉淀，则会使变色不明显。

4.3.4 金属指示剂注意事项

1. 指示剂的封闭现象

如果指示剂与干扰离子生成稳定的配合物 NIn，这些配合物比 MY 更稳定，则滴定至化学计量点时，滴入过量 Y，也不能夺取 NIn 中的金属离子，指示剂不能释放出来，看不到颜色的变化，这种现象称为指示剂的封闭现象。

如以铬黑 T 作指示剂，pH=10.0 时，EDTA 滴定 Ca^{2+}、Mg^{2+} 时，Al^{3+}、Fe^{3+}、Ni^{2+} 和 Co^{2+} 对铬黑 T 有封闭作用，这时可加入少量三乙酸（掩蔽 Al^{3+} 和 Fe^{3+}）和 KCN（掩蔽 Co^{2+} 和 Ni^{2+}）消除干扰。

2. 指示剂的僵化现象

如果指示剂与金属离子形成的配合物 MIn 溶解度很小，则会使终点的颜色变化不明显；如果指示剂与金属离子所形成的配合物的稳定性稍差于 MY，则会使 Y 与 MIn 之间的反应缓慢，使终点拖长，这种现象叫做指示剂的僵化。这时，可加入适当的有机溶剂或加热，以增大其溶解度。

如用 PAN 作指示剂时，可加入少量甲醇或乙酸；也可以将溶液适当加热，以加快置换反应速率，使指示剂的变色较明显；用磺基水杨酸作指示剂，以 EDTA 标准溶液滴定 Fe^{3+} 时，可先将溶液加热到 50~70℃，再进行滴定。

3. 指示剂的变质

金属指示剂大多数是具有许多双键的有色化合物，易被日光、氧化剂、空气所分解；有些指示剂在水溶液中不稳定，日久会变质。如铬黑 T、钙指示剂的水溶液均易氧化变质，所以常配成固体混合物或用具有还原性的溶液来配制溶液。分解变质的速度与试剂的纯度也有关。一般纯度较高时,保存时间长一些。另外,有些金属离子对指示剂的氧化分解起催化作用。如铬黑T在Mn^{4+}或Ce^{4+}存在下,仅数秒钟就褪色,为此,在配制铬黑T时,应加入盐酸羟胺等还原剂。

4.4 配位滴定法的基本原理

4.4.1 配位滴定曲线

以pH=10的氨性缓冲溶液中,0.02 mol·L^{-1} EDTA溶液滴定0.02 mol·L^{-1} Cu^{2+}为例,讨论滴定过程中金属离子的变化。设铜溶液的体积为V_{Cu},加入EDTA的体积为V_Y,化学计量点附近游离氨的浓度$[NH_3]$=0.10 mol·L^{-1}。已知:$Cu(NH_3)_5^{2+}$的$\lg\beta_1$~$\lg\beta_5$为4.31,7.98,11.02,13.32,12.86;pH=10时,$\alpha_{Cu(OH)}=10^{1.7}$,$\lg\alpha_{Y(H)}=0.45$。

1. 滴定前

pCu′即为溶液中铜的分析浓度。

$$pCu'=c_{Cu}=0.02\ mol\cdot L^{-1},\quad pCu'=1.70$$

2. 滴定开始至化学计量点前

化学计量点前,溶液中Cu^{2+}过量,pCu′由未被滴定的[Cu′]决定。

$$[Cu']=\frac{V_{Cu}-V_Y}{V_{Cu}+V_Y}c_{Cu}$$

V_Y=10.00 mL时,有

$$[Cu']=\frac{V_{Cu}-V_Y}{V_{Cu}+V_Y}c_{Cu}=\frac{20.00-10.00}{20.00+10.00}\times0.02=6.67\times10^{-3}(mol\cdot L^{-1})$$

$$pCu'=2.18$$

V_Y=19.00 mL时,有

$$[Cu']=\frac{V_{Cu}-V_Y}{V_{Cu}+V_Y}c_{Cu}=\frac{20.00-19.00}{20.00+19.00}\times0.02=5.13\times10^{-4}(mol\cdot L^{-1})$$

$$pCu'=3.29$$

V_Y=19.90 mL时,有

$$[Cu']=\frac{V_{Cu}-V_Y}{V_{Cu}+V_Y}c_{Cu}=\frac{20.00-19.90}{20.00+19.90}\times0.02=5.01\times10^{-5}(mol\cdot L^{-1})$$

$$pCu'=4.30$$

V_Y=19.98 mL时,有

$$[Cu'] = \frac{V_{Cu} - V_Y}{V_{Cu} + V_Y} c_{Cu} = \frac{20.00 - 19.98}{20.00 + 19.98} \times 0.02 = 1.00 \times 10^{-5} (mol \cdot L^{-1})$$

$$pCu' = 5.00$$

3. 化学计量点时

化学计量点时，加入的 EDTA 的量与原溶液中 Cu^{2+} 的量相等，全部反应生成 CuY，溶液中的 $[Cu']$ 来自 CuY 的解离，所以

$$[Cu']_{sp} = [Y']_{sp}$$

$$[CuY]_{sp} = c_{Cu,sp} - [Cu']_{sp} \approx c_{Cu,sp} = \frac{c_{Cu}}{2}$$

代入 CuY 的条件稳定常数得

$$K'_{CuY} = \frac{[CuY]_{sp}}{[Cu']_{sp}[Y']_{sp}} = \frac{c_{Cu,sp}}{[Cu']_{sp}^2}$$

得出 $$[Cu']_{sp} = \sqrt{\frac{c_{Cu,sp}}{K'_{CuY}}}$$

两边取对数得 $$pCu', sp = \frac{1}{2}(pCu_{sp} + \lg K'_{CuY})$$

$c_{Cu,sp} = \frac{c_{Cu}}{2} = 0.01\ mol \cdot L^{-1}$，由例 4-3 可知，$\lg K'_{CuY} = 8.99$，则

$$pCu'_{sp} = \frac{1}{2}(pCu_{sp} + \lg K'_{CuY}) = \frac{1}{2} \times (2 + 8.99) = 5.50$$

4. 化学计量点后

化学计量点后，加入了过量的 EDTA，抑制 CuY 的解离，故溶液中 $[Cu']$ 与过量的 EDTA 有关。

$$[CuY] = \frac{V_{Cu}}{V_{Cu} + V_Y} c_{Cu}$$

$$[Y'] = \frac{V_Y - V_{Cu}}{V_{Cu} + V_Y} c_Y$$

代入条件平衡常数表达式 $$K'_{CuY} = \frac{[CuY]}{[Cu'][Y']}$$

$$[Cu'] = \frac{[CuY]}{K'_{CuY}[Y']} = \frac{V_{Cu}}{(V_Y - V_{Cu}) K'_{CuY}}$$

两边取对数，得 $$pCu' = \lg K'_{CuY} - \lg \frac{V_{Cu}}{V_Y - V_{Cu}}$$

$V_Y = 20.02\ mL$ 时，有

$$pCu' = \lg K'_{CuY} - \lg \frac{V_{Cu}}{V_Y - V_{Cu}} = 8.99 - \lg \frac{20.00}{20.02 - 20.00} = 5.99$$

V_Y=30.00 mL 时，有

$$pCu'=\lg K'_{CuY}-\lg\frac{V_{Cu}}{V_Y-V_{Cu}}=8.99-\lg\frac{20.00}{30.00-20.00}=8.69$$

V_Y=40.00 mL 时，有

$$pCu'=\lg K'_{CuY}-\lg\frac{V_{Cu}}{V_Y-V_{Cu}}=8.99-\lg\frac{20.00}{40.00-20.00}=8.99$$

以滴定过程中 pCu′ 对 V_Y 作图，即可得到滴定曲线（图 4–4）。

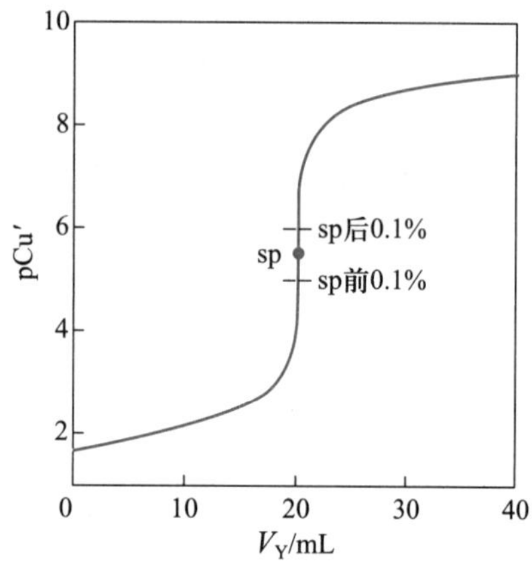

图 4–4 滴定曲线

5. 影响滴定突跃范围的因素

根据滴定过程各阶段 pCu′ 的计算公式：

化学计量点前 $[Cu']=\frac{V_{Cu}-V_Y}{V_{Cu}+V_Y}c_{Cu}$

化学计量点后 $[Cu']=\frac{[CuY]}{K'_{CuY}[Y']}=\frac{V_{Cu}}{(V_Y-V_{Cu})K'_{CuY}}$

可以看出，化学计量点前，pCu′ 的大小受 c_{Cu} 的影响，化学计量点后 pCu′ 的大小受 $\lg K'_{CuY}$ 影响。也就是说，滴定曲线突跃范围的长短，取决于配合物的条件稳定常数和金属离子的浓度。

（1）浓度的影响　当 K'_{MY} 一定时，金属离子的原始浓度 c_M 越大，pM′ 越小，曲线的下限越低，得到的滴定突跃就越大；反之，滴定突跃越小。

（2）条件稳定常数的影响　当 c_M 一定时，金属离子与 EDTA 生成配合物的 K'_{MY} 越大，pM′ 越大，曲线的上限（终点）越高，得到的滴定突跃就越大；反之，滴定突跃越小。另外，受 pH 的影响，pH 越小，$\alpha_{Y(H)}$ 越大，$\lg K'_{MY}$ 越小，引起滴定曲线上限下降，使 pM′ 突跃减小。

4.4.2 配位滴定终点误差

配位滴定中，终点误差的定义为

$$E_t=\frac{\text{滴定剂 Y 过量或不足的量}}{\text{金属离子的物质的量}}$$

设滴定终点时，滴定剂和金属离子的浓度分别为 $c_{Y,ep}$ 和 $c_{M,ep}$，溶液的总体积为 V_{ep}。

根据物料守恒

$$c_{Y,ep}=[Y']_{ep}+[MY]_{ep}$$

$$c_{M,sp}=[M']_{ep}+[MY]_{ep}$$

代入终点误差的定义式，得

$$E_t=\frac{c_{Y,ep}V_{ep}-c_{M,ep}V_{ep}}{c_{M,ep}V_{ep}}=\frac{[Y']_{ep}-[M']_{ep}}{c_{M,ep}} \tag{4-1}$$

设 $$\Delta pM'=pM'_{ep}-pM'_{sp}=\lg\frac{[M']_{sp}}{[M']_{ep}}$$

则 $$[M']_{ep}=[M']_{sp}\times 10^{-\Delta pM'}$$

同理可得 $$[Y']_{ep}=[Y']_{sp}\times 10^{-\Delta pY'}$$

一般情况下，终点与化学计量点接近，$c_{M,ep}\approx c_{M,sp}$，代入式（4–1）得

$$E_t=\frac{[Y']_{sp}\times 10^{-\Delta pY'}-[M']_{sp}\times 10^{-\Delta pM'}}{c_{M,sp}}\times 100\% \tag{4-2}$$

$K'_{MY,sp}$ 与 $K'_{MY,ep}$ 非常接近，且$[MY]_{sp}\approx[MY]_{ep}$，则

$$\frac{[MY]_{sp}}{[M']_{sp}[Y']_{sp}}=\frac{[MY]_{ep}}{[M']_{ep}[Y']_{ep}}$$

变换公式，得 $$\frac{[M']_{ep}}{[M']_{sp}}=\frac{[Y']_{sp}}{[Y']_{ep}}$$

两边取负对数 $$pM'_{ep}-pM'_{sp}=pY'_{sp}-pY'_{ep}$$

所以 $$\Delta pM'=-\Delta pY'$$

代入式（4–2） $$E_t=\frac{[Y']_{sp}\times 10^{\Delta pM'}-[M']_{sp}\times 10^{-\Delta pM'}}{c_{M,sp}}\times 100\%$$

化学计量点时 $$[Y']_{sp}=[M']_{sp}=\sqrt{\frac{c_{M,sp}}{K'_{MY}}}$$

$$E_t=\frac{10^{\Delta pM'}-10^{-\Delta pM'}}{\sqrt{c_{M,sp}K'_{MY}}}\times 100\% \tag{4-3}$$

式（4–3）为林邦终点误差公式。

4.5 单一金属离子的滴定

4.5.1 准确滴定单一金属离子的条件

假设 $\Delta pM'=\pm 0.2$，用等浓度的 EDTA 滴定金属离子 M，配位滴定一般要求滴定误差不大于 0.1%。根据林邦终点误差公式可得

$$c_{M,sp}K'_{MY}\geqslant\left(\frac{10^{0.2}-10^{-0.2}}{0.001}\right)^2$$

即 $$\lg(c_{M,sp}K'_{MY}) \geqslant 6 \quad (4-4)$$

式（4–4）为配位滴定中准确滴定单一离子的可行性判别式。

若 $c_{M,sp}$=0.01 mol · L^{-1}，则

$$\lg K'_{MY} \geqslant 8$$

若允许 E_t=0.3%，则

$$\lg(c_{M,sp}K'_{MY}) \geqslant 5$$

例 4–4 假设 $\Delta pM' = \pm 0.2$，$E_t \leqslant 0.1\%$，当 pH=8 时，能否用 0.020 mol · L^{-1} EDTA 标准溶液直接准确滴定 0.020 mol · L^{-1} Zn^{2+}？

解： 查表得 $\lg K_{ZnY}$=16.50，当 pH=8 时，$\lg\alpha_{Y(H)}$=2.27。

$$\lg K'_{ZnY} = \lg K_{ZnY} - \lg\alpha_{Y(H)} = 16.50 - 2.27 = 14.23 > 8$$

所以，pH=8 时，可以用 0.020 mol · L^{-1} EDTA 标准溶液直接准确滴定 0.020 mol · L^{-1}Zn^{2+}。

4.5.2 滴定单一金属离子的酸度控制

由于 EDTA 的标准溶液使用 $Na_2H_2Y \cdot 2H_2O$ 配制，由反应式可知：

$$M + H_2Y \longrightarrow MY + 2H^+$$

EDTA 与金属离子的螯合反应不断释放 H^+，溶液酸度随之升高，K'_{MY} 下降，影响滴定突跃和准确度。溶液酸度过低会导致金属离子水解，导致金属离子的副反应增强。另外，pH 的改变也会影响指示剂颜色的变化，如铬黑 T 的最佳 pH 范围为 9~10.5，二甲酚橙的最佳 pH 范围为 <6.0。因此，配位滴定必须在缓冲溶液中进行，即要获得准确的滴定结果，选择和控制适宜的酸度条件是很重要的。

1. 最高酸度

假设 $\Delta pM' = \pm 0.2$，用等浓度的 EDTA 滴定金属离子 M，滴定误差不大于 0.1%。准确滴定单一离子的条件是

$$\lg(c_{M,sp}K'_{MY}) \geqslant 6$$

假设 $c_{M,sp}$=0.01 mol · L^{-1}，则

$$\lg K'_{MY} \geqslant 8$$

若配位反应中只存在酸效应和 M 的水解效应这两种副反应，则

$$\lg K_{MY} - \lg\alpha_{M(OH)} - \lg\alpha_{Y(H)} \geqslant 8$$

在高酸度下，$\lg\alpha_{M(OH)}$很小，可忽略不计，得出：

$$\lg K_{MY} - \lg\alpha_{Y(H)} \geqslant 8$$

即 $$\lg\alpha_{Y(H)} \leqslant \lg K_{MY} - 8$$

将各种金属离子的 $\lg K_{MY}$ 代入，即可求出最大的 $\lg\alpha_{Y(H)}$，对应的 pH 即为滴定某金属离

子允许的最高酸度。

以 pH 为纵坐标，以 $\lg K_{MY}$（或 $\lg\alpha_{Y(H)}$）为横坐标作图，所得曲线称为 EDTA 的酸效应曲线，如图 4-5 所示。

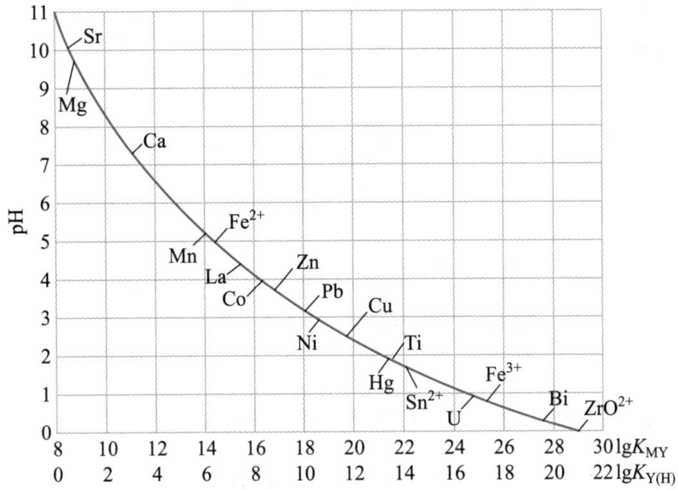

图 4-5 酸效应曲线

酸效应曲线显示了酸效应系数 $\lg\alpha_{Y(H)}$ 随溶液 pH 变化趋势。若横坐标以 $\lg K_{MY}$ 表示，则 pH 就是滴定各对应金属离子的最高酸度。例如，Hg^{2+} 与 EDTA 形成的配合物 HgY 的稳定常数 $\lg K_{HgY}$ 为 21.8，由曲线可知，对应 pH ≈ 2，说明在 pH ≥ 2 的酸性溶液中可以准确滴定 Hg^{2+}。

由此可知，$\lg K_{MY}$ 大的金属离子，可以在较高的酸性条件下滴定，而 $\lg K_{MY}$ 较小的金属离子，应该在较低的酸性条件下滴定。如果几种共存的金属离子的 $\lg K_{MY}$ 相差很大，就可以通过控制酸度进行分别滴定。

2. 最低酸度

滴定时酸度过低会引起某些金属离子的水解，影响滴定的准确度甚至无法进行滴定，因此配位滴定应有“最低酸度”（最高 pH）。

一般粗略计算时，最低酸度就是金属氢氧化物开始沉淀的 pH。金属离子 M 在水溶液中存在如下沉淀 - 溶解平衡：

$$M(OH)_n \rightleftharpoons M^{n+} + nOH^-$$

溶度积常数为

$$K_{sp} = [M^{n+}][OH^-]^n$$

$$[OH^-] = \sqrt[n]{\frac{K_{sp,M(OH)n}}{[M^{n+}]}} \approx \sqrt[n]{\frac{K_{sp,M(OH)n}}{c_M}}$$

由此可以计算出配位滴定的最低酸度。需要注意的是，按 K_{sp} 计算得到的最低酸度，有时与实际情况会有出入，这是由于在计算过程中，往往忽略了离子强度，羟基配合物的生成与辅助配位剂的加入等外界因素的影响。

例 4–5 用 0.020 mol·L^{-1} EDTA 溶液滴定 0.020 mol·L^{-1} 的 Zn^{2+}，求 $\Delta pM'=0.2$，$E_t=\pm 0.3\%$，滴定 Zn^{2+} 的适合酸度范围。

解：查附录可知，$K_{sp,Zn(OH)_2}=1.2\times10^{-17}$，$\lg K_{ZnY}=16.5$。

当$\Delta pM'=0.2$，$E_t=\pm0.3\%$时，$\lg(c_{ZnY,sp}K'_{ZnY})\geqslant5$

等浓度滴定，则

$$c_{ZnY,sp}=\frac{0.020}{2}=0.010\ (\text{mol}\cdot\text{L}^{-1})$$

所以
$$\lg K'_{ZnY}\geqslant7$$
$$\lg K'_{ZnY}=\lg K_{ZnY}-\lg\alpha_{Y(H)}\geqslant7$$

即
$$\lg\alpha_{Y(H)}\leqslant\lg K_{ZnY}-7=16.5-7=9.5$$

查表可知 pH ≈ 3.5。

最低酸度，根据 $Zn(OH)_2$ 的沉淀–溶解平衡计算：

$$[OH^-]=\sqrt{\frac{K_{sp,Zn(OH)_2}}{c_{Zn^{2+}}}}=\sqrt{\frac{1.2\times10^{-17}}{0.020}}=10^{-7.61}$$
$$pOH=7.61$$
$$pH=14-7.61=6.4$$

所以，该条件下滴定 Zn^{2+} 的酸度条件为 pH=3.5~6.4。

4.6 混合离子的滴定

4.6.1 混合离子分别滴定的条件

在实际工作中，经常遇到的情况是多种金属离子共存于同一溶液中，而 EDTA 与很多金属离子生成稳定的配合物。因此，如何提高配位滴定的选择性，便成为配位滴定中要解决的重要问题。提高配位的选择性就是要设法消除共存金属离子的干扰，以便准确地滴定待测金属离子，即分别滴定。

例如，溶液中含有 M、N 两种金属离子，且 $K_{MY}>K_{NY}$，$c_{M,sp}=c_{N,sp}$。设 $\Delta pM'=\pm0.2$，$E_t=0.3\%$，由林邦误差公式计算可得

$$\lg(c_{M,sp}K'_{MY})\geqslant5$$

如果金属离子 M 无副反应，则

$$\begin{aligned}\lg(c_{M,sp}K'_{MY})&=\lg(c_{M,sp}K_{MY})-\lg\alpha_Y\\&=\lg(c_{M,sp}K_{MY})-\lg(\alpha_{Y(H)}+\alpha_{Y(N)}-1)\end{aligned}\tag{4-5}$$

可见,能否准确地选择性地滴定 M,而 N 不干扰的关键是($\alpha_{Y(H)}+\alpha_{Y(N)}-1$)项。若 $\alpha_{Y(H)} \gg \alpha_{Y(N)}$,则$\alpha_Y \approx \alpha_{Y(H)}$,此时 N 的存在对 M 没有影响,与单独滴定 M 的情况相同。若 $\alpha_{Y(H)} \ll \alpha_{Y(N)}$,则$\alpha_Y \approx \alpha_{Y(N)}$,若能将此情况下 N 不干扰的极限条件求出来,就可不加掩蔽剂或不分离而准确地滴定 M。

$$\alpha_Y = \alpha_{Y(H)} + \alpha_{Y(N)} - 1 \approx \alpha_{Y(N)} = 1 + K_{NY}[N] \approx K_{NY} c_{N,sp}$$

代入式(4-5)得

$$\lg(c_{M,sp} K'_{MY}) = \lg(c_{M,sp} K_{MY}) - \lg(c_{N,sp} K_{NY}) \geqslant 5$$

即

$$\Delta \lg Kc \geqslant 5 \tag{4-6}$$

式(4-6)为配位滴定的分别滴定判别式。若在滴定反应中有其他副反应存在,则分别滴定的判别式以条件常数表示,即

$$\Delta \lg K'c \geqslant 5$$

例 4-6 $\Delta pZn'=0.2$,$E_t=0.3\%$,化学计量点时$[NH_3]=0.20\ mol\cdot L^{-1}$在氨性缓冲溶液中(pH=10),含 Zn^{2+} 和 Mg^{2+} 各 0.020 mol·L^{-1},以 0.020 mol·L^{-1} EDTA 溶液能否选择性滴定 Zn^{2+}?

解: 查附录可知,$\lg K_{ZnY}=16.5$,$\lg K_{MgY}=8.7$,$Zn(NH_3)_4^{2+}$ 的 $\lg\beta_1 \sim \lg\beta_4$ 为 2.37,4.81,7.31,9.46;pH=10.0 时,$\lg\alpha_{Zn(OH)}=2.4$。

$$\begin{aligned}\alpha_{Zn(NH_3)} &= 1+\beta_1[NH_3]+\beta_2[NH_3]^2+\cdots+\beta_4[NH_3]^4\\ &= 1+0.20\times10^{2.37}+0.20^2\times10^{4.81}+0.20^3\times10^{7.31}+0.20^4\times10^{9.46}\\ &= 10^{6.68}\end{aligned}$$

$$\begin{aligned}\alpha_{Zn} &= \alpha_{Zn(NH_3)}+\alpha_{Zn(OH)}-1\\ &= 10^{2.4}+10^{6.68}-1\\ &= 10^{6.68}\end{aligned}$$

$$\begin{aligned}\lg K'_{ZnY} &= \lg K_{ZnY}-\lg\alpha_{Y(H)}-\lg\alpha_{Zn}\\ &= 16.5-0.45-6.68=9.37\end{aligned}$$

$$\lg K'_{MgY} = \lg K_{MgY}-\lg\alpha_{Y(H)} = 8.70-0.45=8.25$$

$$\begin{aligned}\Delta\lg K'c &= \lg c_{Zn,sp}K'_{ZnY}-\lg c_{Mg,sp}K'_{MgY}\\ &= \lg\left(10^{9.37}\times\frac{0.020}{2}\right)-\lg\left(10^{8.25}\times\frac{0.020}{2}\right)\\ &= 1.12<5\end{aligned}$$

所以,不能选择性滴定 Zn^{2+},Mg^{2+} 会有干扰。

4.6.2 提高配位滴定选择性的方法

当$\Delta\lg K'c<5$时,共存金属离子 N 必然会对 M 的测定产生干扰,可采用两种方法消除干扰。

1. 控制酸度

混合离子滴定时酸度的选择较为复杂，通常是通过实验来确定的。但是为了在实验之前对酸度范围有一粗略估计，采用滴定单一金属离子时溶液酸度选择的一些原则，仍然是适用的。

（1）最低酸度　与单一离子滴定相同，是金属离子水解的酸度。少数金属离子极易水解，且其 EDTA 配合物的稳定常数很大，此时可以提高酸度。

（2）最高酸度　溶液中有共存离子 N 存在：

当 $\alpha_{Y(H)} \gg \alpha_{Y(N)}$ 时，N 与 Y 的副反应对滴定 M 没有影响，与单独滴定 M 一样。

当 $\alpha_{Y(H)} \ll \alpha_{Y(N)}$ 时，可忽略酸效应。

$$K'_{MY}=\frac{K_{MY}}{\alpha_{Y(N)}}=\frac{K_{MY}}{1+K_{NY}[N]}\approx\frac{K_{MY}}{K_{NY}[N]}$$

K'_{MY} 将不受溶液酸度的影响，虽然，此时 K'_{MY} 达到最大值，在这种情况下，突跃更为明显，有利于滴定进行。因此，以它作为 N 存在时滴定 M 的最高酸度。为了方便计算往往粗略地以 $\alpha_Y \approx \alpha_{Y(N)}$ 时对应的酸度作为最高酸度。

2. 加入掩蔽剂

当 $\Delta\lg K'c<5$ 时，共存金属离子 N 必然会对 M 的测定产生干扰，可加入一种能与 N 配位的掩蔽剂，降低 c_N 值，消除 N 的干扰。常用的掩蔽剂包括配位掩蔽剂、沉淀掩蔽剂和氧化还原掩蔽剂。

（1）配位掩蔽剂　掩蔽剂与干扰离子配位形成稳定配合物，从而消除共存离子的干扰。具体方法如下：

① 先加掩蔽剂 L，使生成 NL 后，用 EDTA 准确滴定 M，再用 X 破坏 NL，将 NL 中 N 释放出来，用 EDTA 再准确滴定 N（X 解除了已存在的掩蔽作用，故称为解蔽剂）。

② 先以 EDTA 直接滴定或返滴定 M、N 总量，再加配位掩蔽剂 L，L 与 NY 中 N 配合，释放出 NY 中 Y，再以金属离子标准溶液滴定 Y，测得 N 含量，以总量减去 N 的含量，即为 M 的含量。

配位掩蔽剂必须具备以下条件：

① 掩蔽剂与干扰离子形成的配合物远比 EDTA 与干扰离子形成的配合物稳定，且配合物无色或浅色，不影响终点判断。

② 掩蔽剂与待测离子不发生配位，或者生成的配合物的稳定性远小于待测离子与 EDTA 形成的配合物。

③ 使用掩蔽剂的 pH 范围与滴定 pH 的范围一致。

常用的配位掩蔽剂包括：无机掩蔽剂和有机掩蔽剂，具体可以扫描侧边二维码。

常用的配位掩蔽剂

（2）沉淀掩蔽剂　沉淀掩蔽剂能与干扰离子形成沉淀，并且在不分离沉淀的情况下直接进行滴定。如当 Ca^{2+}、Mg^{2+} 共存时，因为 CaY、MgY 配合物的稳定常数相差不大，欲单测 Ca^{2+} 时，Mg^{2+} 产生干扰，可调节 pH>12，使 $Mg(OH)_2$ 沉淀，然后用 EDTA 滴定 Ca^{2+}，此时 $Mg(OH)_2$ 不干扰 Ca^{2+} 的测定。OH^- 就是 Mg^{2+} 的沉淀掩蔽剂。

使用沉淀掩蔽剂时应注意以下几点：某些沉淀反应进行不完全，掩蔽效率有时不高；发生沉淀反应时，通常伴随共沉淀现象，影响滴定的准确度。当沉淀能吸附金属指示剂时，会影响终点观察；某些沉淀颜色很深或体积庞大，妨碍终点观察。

（3）氧化还原掩蔽剂　氧化还原掩蔽剂能够与干扰离子发生氧化还原反应，改变干扰离子的价态，以消除干扰。例如，Fe^{3+} 与 EDTA 形成的配合物（$\lg K_{Fe(Ⅲ)Y}$=25.10）比 Fe^{2+} 与 EDTA 形成的配合物（$\lg K_{Fe(Ⅱ)Y}$=14.33）要稳定得多。在 pH=1.0 时，用 EDTA 滴定 Bi^{3+}、Zr^{4+}、Th^{4+} 等离子时，如有 Fe^{3+} 存在，就会干扰滴定。此时，如果用羟胺或抗坏血酸等还原剂将 Fe^{3+} 还原为 Fe^{2+}，就可以消除 Fe^{3+} 的干扰。

氧化还原掩蔽法，只适用于那些易发生氧化还原反应的金属离子，且生成的还原型或氧化型物质不干扰测定的情况。因此，目前只有少数几种离子可用这种掩蔽方法。

3. 使用其他滴定剂

目前除了 EDTA 外，还有其他氨羧配位剂，如 CyDTA、EGTA、DTPA、EDTP 和 TTHA 等，也能与金属离子形成稳定的配合物，但稳定性与 EDTA 配合物的稳定性差别较大，故选用这些氨羧配位剂作滴定剂时，有可能提高滴定某些金属离子的选择性。

（1）乙二醇二乙醚二胺四乙酸（简称 EGTA）　EGTA 的分子结构式为

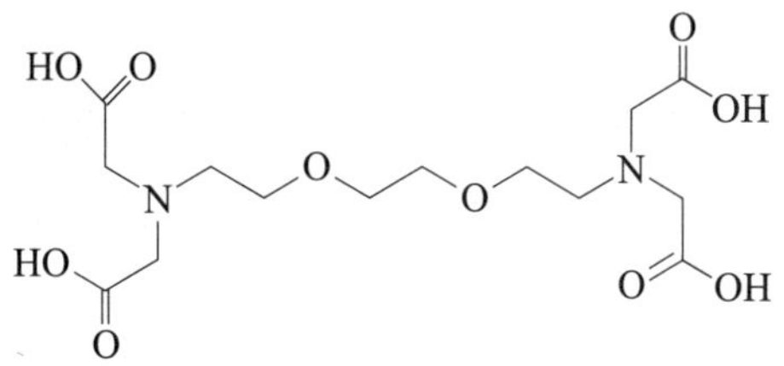

如果要在大量 Mg^{2+} 存在下滴定 Ba^{2+} 或 Ca^{2+} 时，选用 EGTA，Mg^{2+} 干扰较小。

（2）乙二胺四丙酸（简称 EDTP）　EDTP 的分子结构式如下：

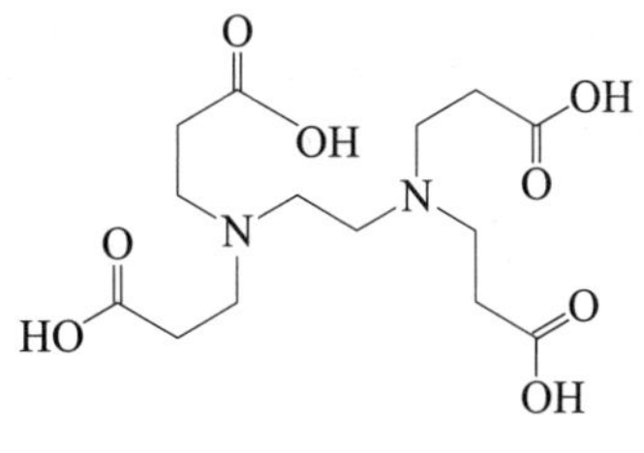

以甘氨酸百里酚蓝为指示剂，在 pH 5.8 时，用 EDTP 滴定 Cu^{2+}，共存的 Zn^{2+}、Cd^{2+}、Pb^{2+}、Al^{3+} 都不干扰，但是 Ni^{2+} 会干扰测定。但以 5–[（5– 溴 –2– 吡啶）偶氮]–2，4– 二氨基甲苯为指示剂，在 pH=5 的 30% 乙醇溶液中，用 EDTP 滴定 Cu^{2+}，终点敏锐，选择性高，Mn^{2+}，Cd^{2+}，Hg^{2+}，Pb^{2+}，Co^{2+}，Zn^{2+} 等离子不干扰。配合使用氟化铵或乳酸作掩蔽剂，可不经分离直

接滴定锡合金、铝合金、黄铜和铜矿中的铜。

（3）吡啶 -2，6- 二羧酸（简称 PDA） PDA 的分子结构式为

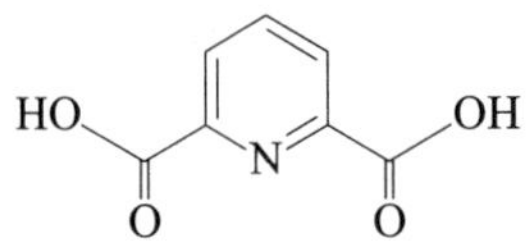

以偶氮砷（Ⅰ）为指示剂，在 pH 4.9 的六亚甲基四胺缓冲溶液中，用 PDA 可选择性地滴定 U^{4+}，干扰的金属离子可用环己烷二胺四乙酸和二亚乙基三胺五乙酸掩蔽。

（4）环己烷二胺四乙酸（简称 DCTA） DCTA 的分子结构式为

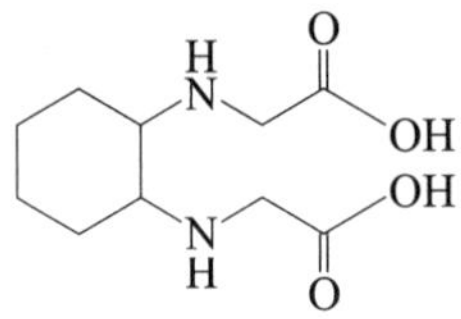

测定镍钛合金中的镍，通常使用酒石酸掩蔽钛，以 EDTA 与镍配位，在 pH 12~13 的溶液中，以钙黄绿素为指示剂，用 Ca^{2+} 返滴定。该方法终点敏锐、清晰性差。但如果以氟化铵掩蔽钛，过量的 DCTA 与镍配位，在 pH = 5.7 的六亚甲基四胺缓冲溶液中，用 Cu^{2+} 返滴定，方法简单，终点敏锐。

4.7 配位滴定法的应用

配位滴定与一般滴定分析法相同，有直接滴定、返滴定、置换滴定和间接滴定等各种滴定方式。根据待测溶液的性质，采用适宜的滴定方法，可扩大配位滴定的应用范围和提高滴定的选择性。

4.7.1 直接滴定法

直接滴定法作为滴定分析中最基本的方法，是将待测物质处理成溶液后，调节酸度，加入指示剂（有时还需要加入适当的辅助配位剂及掩蔽剂），直接用 EDTA 标准溶液进行滴定，然后根据消耗的 EDTA 标准溶液的体积，计算试样中待测组分的含量。

采用直接滴定法，必须符合以下几个条件：

（1）待测离子的浓度 c_{M} 与K'_{MY}应满足$\lg(c_{\mathrm{M}}K'_{\mathrm{MY}})\geqslant 6$的要求；

（2）配位反应速率应很快；

（3）应有变色敏锐的指示剂，且没有封闭现象；

（4）在选用的滴定条件下，待测离子不发生水解和沉淀反应。

可以直接滴定的金属离子如下：

pH=1.0 时，Zr^{4+}。

pH=2.0~3.0 时，Fe^{3+}，Bi^{3+}，Th^{4+}，Ti^{4+}，Hg^{2+}。

pH=5.0~6.0 时，Zn^{2+}，Pb^{2+}，Cd^{2+}，Cu^{2+} 及稀土元素。

pH=10.0 时，Mg^{2+}，Co^{2+}，Ni^{2+}，Zn^{2+}，Cd^{2+}，Pb^{2+}。

pH=12.0 时，Ca^{2+} 等。

应用实例

直接滴定法应用实例见侧边二维码。

4.7.2 返滴定法

返滴定法是在待测定的溶液中先加入一定过量的 EDTA 标准溶液，待测离子完全反应后，再用另外一种金属离子的标准溶液滴定剩余的 EDTA，根据两种标准溶液的浓度和用量，即可求得待测物质的含量。

返滴定剂所生成的配合物应有足够的稳定性，但不宜超过待测离子配合物的稳定性太多，否则在滴定过程中的返滴定剂会置换出待测离子，引起误差而且终点不敏锐。

1. 返滴定法适用范围

（1）采用直接滴定法时，缺乏符合要求的指示剂，或者待测离子对指示剂有封闭作用。

（2）待测离子与 EDTA 的配位反应速率很慢。

（3）待测离子发生水解等副反应，影响测定。

2. 返滴定法应用实例

例如，铝含量的测定和冶炼铜烟尘中镉含量测定见侧边二维码。

Al^{3+} 的测定，由于以下原因不能采用直接滴定法。

应用实例

（1）Al^{3+} 与 EDTA 配位反应速率缓慢，需在过量的 EDTA 存在下，煮沸才能配位完全。

（2）Al^{3+} 易水解，在最高酸度（pH=4.1）时，水解反应相当明显，并可能形成多核羟基配合物，如 $[Al_2(H_2O)_6(OH)_3]^{3+}$，$[Al_3(H_2O)_6(OH)_6]^{3+}$ 等。这些多核配合物不仅与 EDTA 配位缓慢，而且可能影响 Al 与 EDTA 的配位比，对滴定十分不利。

（3）在酸性介质中，Al^{3+} 对常用的指示剂二甲酚橙有封闭作用。

由于上述原因，Al^{3+} 一般采用返滴定法进行测定，具体方法如下：试液中先加入一定量过量的 EDTA 标准溶液，在 pH ≈ 3.5 时煮沸 2~3 min，使配位反应完全。冷却至室温，在 pH=5~6 的 HAc-NaAc 缓冲溶液中，以二甲酚橙作指示剂，用 Zn^{2+} 标准溶液返滴定。

4.7.3 置换滴定法

置换滴定法利用置换反应，置换出等物质的量的另一种金属离子（或 EDTA），然后滴定。置换滴定法灵活多样，在扩大配位滴定的应用范围的同时，还可以提高配位滴定的选择性。

1. 置换出金属离子

如待测离子 M 与 EDTA 反应不完全或所形成的配合物不稳定，这时可让 M 置换出另一种配合物 NL 中等物质的量的 N，用 EDTA 溶液滴定 N，从而可求得 M 的含量。

$$M+NL = ML+N$$

$$N+Y = NY$$

2. 置换出 EDTA

将待测定的金属离子 M 与干扰离子全部用 EDTA 配位，加入选择性高的配位剂 L 以夺取 M，并释放出 EDTA：

$$MY+L = ML+Y$$

反应完全后，释放出与 M 等物质的量的 EDTA，然后再用金属盐类标准溶液滴定释放出来的 EDTA，即可求得 M 的含量。

另外，利用置换滴定法的原理，还可以改善指示剂指示滴定终点的敏锐性。例如，钙镁特（CMG）与 Mg^{2+} 显色很灵敏，但与 Ca^{2+} 显色的灵敏性较差，为此，在 pH=10.0 的溶液中用 EDTA 滴定 Ca^{2+} 时，常在溶液中先加入少量 MgY，此时发生下列置换反应：

$$MgY+Ca^{2+} = CaY+Mg^{2+}$$

置换出来的 Mg^{2+} 与钙镁特显很深的红色。滴定时，EDTA 先与 Ca^{2+} 配位，当达到滴定终点时，EDTA 夺取 Mg–CMG 中的 Mg^{2+}，形成 MgY，游离出指示剂，显蓝色，颜色变化很明显。在这个过程中，滴定前加入的 MgY 和最后生成的 MgY 的量是相等的，故加入的 MgY 不影响滴定结果。

4.7.4 间接滴定法

有些金属离子（如 Li^+，Na^+，K^+，W^{5+} 等）和一些非金属离子（如 SO_4^{2-}，PO_4^{3-} 等），由于不能与 EDTA 配位，或与 EDTA 生成的配合物不稳定，不便使用配位滴定，这时可采用间接滴定法进行测定。

间接滴定法应用实例：

PO_4^{3-} 的测定，在一定条件下，可将 PO_4^{3-} 沉淀为 $MgNH_4PO_4$，然后过滤，洗净并将它溶解，调节溶液的 pH=10.0,用铬黑 T 作指示剂,以 EDTA 标准溶液滴定 Mg^{2+},从而求得试样中磷的含量。

4.8 课程思政任务单

4.9 学习要求、重点和难点

4.10 思考题和习题

思考题

1. EDTA 和金属离子形成的配合物有哪些特点?

2. 配位滴定中什么是主反应?有哪些副反应?怎样衡量副反应的严重情况?

3. 配合物的绝对稳定常数和条件稳定常数有什么不同?为什么要引入条件稳定常数?

4. 试比较酸碱滴定和配位滴定,说明它们的相同点和不同点。

5. 配位滴定中,金属离子能够被准确滴定的具体含义是什么?金属离子能被准确滴定的条件是什么?

6. 配位滴定的酸度条件如何选择?主要从哪些方面考虑?

7. 金属离子指示剂应具备哪些条件?为什么金属离子指示剂使用时要求一定的 pH 范围。

8. 什么是配位滴定的选择性?提高配位滴定选择性的方法有哪些?

9. 配位滴定的方式有几种？它们分别在什么情况下使用？

10. 金属指示剂的作用原理是什么？

11. 影响配位滴定突跃的因素有哪些？

习 题

1. 分别含有 $0.02\ mol\cdot L^{-1}$ 的 Zn^{2+}，Cu^{2+}，Cd^{2+}，Sn^{2+}，Ca^{2+} 的五种溶液，在 pH=3.5 时，哪些可以用 EDTA 准确滴定？哪些不能被 EDTA 准确滴定？为什么？

2. 当 pH=5.0 时，Co^{2+} 和 EDTA 配合物的条件稳定常数是多少（不考虑水解等副反应）？当 Co^{2+} 浓度为 $0.02\ mol\cdot L^{-1}$ 时，能否用 EDTA 溶液滴定 Co^{2+}？

3. 在 Bi^{3+} 和 Ni^{2+} 均为 $0.01\ mol\cdot L^{-1}$ 的混合溶液中，试求以 EDTA 溶液滴定时所允许的最小 pH。能否采取控制溶液酸度的方法实现二者的分别滴定？

4. 用纯 $CaCO_3$ 标定 EDTA 溶液。称取 0.100 5 g 纯 $CaCO_3$，溶解后用容量瓶配成 100.0 mL 溶液，吸取 25.00 mL，在 pH=12 时，用钙指示剂指示终点，用待标定的 EDTA 溶液滴定，用去 24.50 mL。

（1）计算 EDTA 溶液的物质的量浓度。

（2）计算该 EDTA 溶液对 ZnO 和 Fe_2O_3 的滴定度。

5. 在 pH=10 的氨缓冲溶液中，滴定 100.0 mL 含 Ca^{2+}、Mg^{2+} 的水样，消耗 $0.010\ 16\ mol\cdot L^{-1}$ EDTA 标准溶液 15.28 mL；另取 100.0 mL 水样，用 NaOH 处理，使 Mg^{2+} 生成 $Mg(OH)_2$ 沉淀，滴定时消耗 EDTA 标准溶液 10.43 mL，计算水样中 $CaCO_3$ 和 $MgCO_3$ 的含量（以 μg/mL 表示）。

6. 称取铝盐试样 1.250 g，溶解后加入 $0.050\ 00\ mol\cdot L^{-1}$ EDTA 溶液 25.00 mL，在适当条件下反应后，以调节溶液 pH 为 5~6，以二甲酚橙为指示剂，用 $0.020\ 00\ mol\cdot L^{-1}$ Zn^{2+} 标准溶液回滴过量的 EDTA，消耗 Zn^{2+} 溶液 21.50 mL，计算铝盐中铝的质量分数。

7. 用配位滴定法测定氯化锌的含量。称取 0.250 0 g 试样，溶于水后稀释到 250.0 mL，移取溶液 25.00 mL，在 pH=5~6 时，用二甲酚橙作指示剂，用 $0.010\ 24\ mol\cdot L^{-1}$ EDTA 标准溶液滴定，用去 17.61 mL。计算试样中氯化锌的质量分数。

8. 称取含 Fe_2O_3 和 Al_2O_3 的试样 0.201 5 g，溶解后，在 pH=2 以磺基水杨酸作指示剂，以 $0.020\ 08\ mol\cdot L^{-1}$ EDTA 标准溶液滴定至终点，消耗 15.20 mL，再加入上述 EDTA 标准溶液 25.00 mL，加热煮沸使 EDTA 与 Al^{3+} 反应完全，调节 pH=4.5，以 PAN 为指示剂，趁热用 $0.021\ 12\ mol\cdot L^{-1}$ Cu^{2+} 标准溶液返滴定，用去 8.16 mL，试计算试样中 Fe_2O_3 和 Al_2O_3 的质量分数。

9. 欲测定有机试样中的含磷量，称取试样 0.108 4 g，处理成试液，并将其中的磷氧

化成 PO_4^{3-}，加入其他试剂使之形成 $MgNH_4PO_4$ 沉淀。沉淀经过滤洗涤后，再溶解于盐酸中并用 NH_3-NH_4Cl 缓冲溶液调节 pH=10，以铬黑 T 为指示剂，需用 0.010 04 mol·L^{-1} EDTA 溶液 21.04 mL 滴定至终点，计算试样中磷的质量分数。

10. 移取含 Bi^{3+}，Pb^{2+}，Cd^{2+} 的试液 25.00 mL，以二甲酚橙为指示剂，在 pH=1.0 时用 0.020 15 mol·L^{-1} EDTA 标准溶液滴定，消耗 20.28 mL。调节 pH=5.5，继续用 EDTA 标准溶液滴定，消耗 30.16 mL。再加入邻二氮菲使之与 Cd^{2+}–EDTA 配离子中的 Cd^{2+} 发生配位反应，被置换出的 EDTA 再用 0.020 02 mol·L^{-1} Pb^{2+} 标准溶液滴定，用去 10.15 mL，计算溶液中 Bi^{3+}，Pb^{2+}，Cd^{2+} 的浓度。

11. 称取 0.500 0 g 煤试样，灼烧并使其中的 S 完全氧化转移到溶液中以 SO_4^{2-} 形式存在。除去重金属离子后，加入 0.050 00 mol·L^{-1} $BaCl_2$ 溶液 20.00 mL，使之生成 $BaSO_4$ 沉淀。再用 0.025 00 mol·L^{-1} EDTA 溶液滴定过量的 Ba^{2+}，用去 20.00 mL，计算煤中 S 的质量分数。

12. 称取锡青铜试样（含 Sn，Cu，Zn 和 Pb）0.264 3 g，处理成溶液，加入过量的 EDTA 标准溶液，使其中所有重金属离子均形成稳定的 EDTA 配合物。过量的 EDTA 在 pH=5~6 的条件下，以二甲酚橙为指示剂，用 $Zn(Ac)_2$ 标准溶液回滴。再在上述溶液中加入少许固定 NH_4F 使 SnY 转化成更稳定的 SnF_6^{2-}，同时释放出 EDTA，最后用 0.011 63 mol·L^{-1} $Zn(Ac)_2$ 标准溶液滴定 EDTA，消耗 $Zn(Ac)_2$ 标准溶液 20.28 mL。计算该锡青铜试样中锡的质量分数。

13. 测定 25.00 mL 试液中的镓（Ⅲ）离子，在 pH=10 的缓冲溶液中，加入 25 mL 浓度为 0.05 mol·L^{-1} 的 Mg–EDTA 溶液时，置换出的 Mg^{2+} 以 EBT 为指示剂，需用 0.050 00 mol·L^{-1} EDTA 标准溶液 10.78 mL 滴定至终点。计算：（1）镓溶液的浓度。（2）该试液中所含镓的质量（g）。

14. 欲测定某试液中的 Fe^{2+}，Fe^{3+} 的含量。吸取 25.00 mL 该试液，在 pH=2 时用浓度为 0.015 00 mol·L^{-1} 的 EDTA 溶液滴定，消耗 15.40 mL，调节 pH=6，继续滴定，又消耗 14.10 mL，计算其中 Fe^{2+}、Fe^{3+} 的含量（mg·mL^{-1}）。

15. 称取 0.500 0 g 黏土试样，用碱熔后分离 SiO_2，定容至 250.0 mL。吸取 100 mL，在 pH=2~2.5 的热溶液中，用磺基水杨酸为指示剂，以 0.020 00 mol·L^{-1} EDTA 标准溶液滴定 Fe^{3+}，消耗 5.60 mL。滴定后的溶液在 pH=3 时，加入过量的 EDTA 标准溶液，调 pH=4~5，煮沸，用 PAN 作指示剂，以 $CuSO_4$ 标准溶液（每毫升含纯 $CuSO_4·5H_2O$ 0.005 00 g）滴定至溶液呈紫红色。再加入 NH_4F，煮沸后，又用 $CuSO_4$ 标准溶液滴定，消耗 $CuSO_4$ 标准溶液 24.15 mL，计算黏土中 Fe_2O_3 和 Al_2O_3 的质量分数。

参考答案

4.11 思维导图和电子课件

4.12 拓展知识

第5章 氧化还原滴定法

学习导航

知识目标

1. 掌握氧化还原滴定法的基本概念、反应进行程度的判断，标准溶液的配制和标定。

2. 熟悉氧化还原滴定法指示剂的类型、判断氧化还原方法进行程度的方法。

3. 了解不同氧化还原方法的原理、特点和计算。氧化还原滴定法在现实生活中的应用。

能力目标

1. 能够正确认识并深入理解生活中氧化还原现象。

2. 氧化还原指示剂的原理及常用氧化还原指示剂的特点和使用方法。

3. 熟练运用氧化还原滴定法对有机物或无机物进行分析。

思政目标

1. 能斯特方程的提出者正是获得诺贝尔化学奖的能斯特，他在第二次世界大战期间拒绝为纳粹服务，而同样获得诺贝尔化学奖的哈伯，在第一次世界大战中研制毒气弹，并用于战争。提醒学生，一个科研工作者要树立正确的价值观和人生观。

2. 氧化还原反应的方向和程度，人体是氧化还原反应之间维持平衡的体系。不健康的生活方式，会使整个反应的平衡向氧化反应的方向移动，加大衰老、疾病的风险。提倡学生应该坚持健康的生活方式，让机体维持一个稳定的氧化还原平衡状态。

3. 氧化还原滴定法的应用，告诉学生化学试剂的不合理使用确实会给环境带来污染，但环境问题并不能全都归咎于化学工业，相反环境污染的治理及生态环境的改善都离不开化学。

案例导入

凡是使用材料的地方都会存在不同程度的腐蚀，其带来的破坏和经济损失十分惊人，由腐蚀引发的危害和损失遍布所有制造业。

世界腐蚀日

4月24日被定为“世界腐蚀日”，由经过联合国认定的世界腐蚀组织发起设立，其宗旨是唤醒政府、工业界及每个人对于腐蚀的认识。“世界腐蚀日”的重要性还在于它能够帮助涉及防腐领域的企业、机构及从业人员深入了解当下的腐蚀问题和相关解决方案，引导全球范围内的企业和个人意识到职业道德及责任，致力于推动相关技术的进一步成熟和发展。这种积极的防腐倡导，对于理解、预测和避免各种工程、生产和环境事件的发生和影响，促进和谐社会的发展，具有十分重要的意义。

腐蚀的本质就是材料在外部环境中发生的氧化还原反应，对材料造成损耗，对环境造成危害，使工程寿命缩短，产品质量降低，甚至酿成重大灾难性事故。

1986年1月28日，美国挑战者号航天飞机由于火箭推进器的一个零件腐蚀失效，导致发射升空73 s后在空中爆炸解体坠落，机上7名宇航员全部遇难，损失达70亿美元。

案例

2011年2月日本东京电力公司和福岛第一原子力发电所发现福岛第一核电站1号机组发生一系列老化，3月11日日本海附近发生9.0级地震并引发海啸，该机组厂房发生爆炸，造成重大核泄漏，这就是福岛核废水事件的由来。

案例

以上血淋淋的现实时刻在告诫着我们：腐蚀引发的事故直接影响科学技术和生产的发展。

案例

腐蚀是人们身边无声的威胁，但并不是百害而无一利，如果巧妙利用腐蚀也可以为民造福。例如，工业上可以利用铜刻蚀技术来制作电路板，医学中可利用腐蚀技术制作可降解的骨内固定器件和可降解的镁合金心血管支架等。生活中热水器内通常会加入镁棒，镁棒会优先被腐蚀从而保护热水器内胆不被腐蚀。通过研发和应用好的防腐蚀技术，可以提高工业产品质量，为经济高质量发展服务，为实现“双碳”目标做重要贡献。我们要做的就是趋利避害，既要找到合适的办法抑制有害的腐蚀，又要善于利用腐蚀的有益之处。

5.1 氧化还原反应

18 世纪末，化学家提出了氧化还原反应的概念：与氧化合的反应，称为氧化反应；从含氧化合物中夺取氧的反应，称为还原反应。

1948 年，在价键理论和电负性的基础上，氧化数的概念被提出，1970 年 IUPAC 对氧化数做出了严格定义，氧化还原反应也得到了正式的定义：化学反应前后，元素的氧化数有变化的一类反应称为氧化还原反应。其实质是电子的得失或共用电子对的偏移。氧化还原反应是化学反应中的三大基本反应之一（另外两个为：路易斯酸碱反应与自由基反应）。自然界中的燃烧、呼吸作用、光合作用，生产生活中的化学电池、金属冶炼、火箭发射等都与氧化还原反应息息相关。研究氧化还原反应，对人类的进步具有极其重要的意义。

氧化还原反应是指物质中的电子转移过程，其中一种物质失去电子被氧化，另一种物质获得电子被还原。在氧化还原反应中，氧化剂是指能够接受电子的物质，还原剂是指能够给出电子的物质。例如，氧气是一种常见的氧化剂，它能够接受电子，将其他物质氧化；而金属钠是一种常见的还原剂，它能够给出电子，将其他物质还原。

生活中常见的发生氧化还原反应的情形：如切开后的苹果、茄子、土豆等水果蔬菜在空气中放置一段时间后会变色，这些现象就是因为发生了氧化还原反应。

酒驾测试中的氧化还原反应：$K_2Cr_2O_7$ 是一种橙红色具有强氧化性的化合物，当它在酸性条件下被还原成三价铬化合物时，即 $Cr_2(SO_4)_3$，颜色变为绿色。据此，当交警发现汽车行驶不正常时，就可上前阻拦，并让司机对填充了吸附有 $K_2Cr_2O_7$ 的硅胶颗粒的装置吹气。若发现硅胶变色达到一定程度，即可证明司机是酒后驾车。这时酒精被氧化为醋酸，其反应方程式如下：

$$2K_2Cr_2O_7+3CH_3CH_2OH+8H_2SO_4 = 2K_2SO_4+2Cr_2(SO_4)_3+3CH_3COOH+11H_2O$$

工业炼铁中的氧化还原反应：这个反应中，Fe_2O_3 中的铁由 Fe(Ⅲ)变为单质 Fe(0)（氧化数降低，为氧化剂），而 CO 中的碳由 C(Ⅱ)变为 C(Ⅳ)（氧化数升高，为还原剂），其反应方程式如下：

$$Fe_2O_3+3CO = 2Fe+3CO_2$$

氧化还原滴定法是以氧化还原反应为基础的滴定分析方法。氧化还原反应是基于电子转移的反应，在酸碱滴定法和配位滴定法中的酸碱反应和配位反应都只是离子和分子之间的相互结合，其反应机理比较简单，一般可瞬间完成。而氧化还原反应则不同，其反应机理十分复杂，常常伴随有副反应，反应速率一般较小，介质或反应条件不同，反应结果可能很不相同。因此，在氧化还原滴定中，必须控制适宜的条件，从而保证反应可以定量、快速地进行。

氧化还原滴定法是滴定分析中应用最广泛的方法之一,可以采用直接滴定法或间接滴定法来测定很多无机物和有机物的含量。氧化剂和还原剂都可以作为滴定剂,一般根据滴定剂的名称来命名氧化还原滴定法,常用的氧化还原滴定法包括:高锰酸钾法、重铬酸钾法、碘量法、亚硝酸钠法,以及硫酸铈法和溴酸钾法等。

5.1.1 电极电位

1. 氧化还原反应的本质在于电子的转移

物质在得到电子之前称为氧化型(态),物质在得到电子之后称为还原型(态)。

物质得失电子的能力大小由该氧化还原电对的电极电位来量度。该电对的电极电位越高,其氧化态的氧化能力越强;该电对的电极电位越低,其还原态的还原能力越强。

2. 电极电位的计算

以 Ox 表示某一电对的氧化态,Red 表示其还原态,n 为电子转移数,则该电对的氧化还原半(电池)反应可表示为

$$\mathrm{Ox}+ne^- \rightleftharpoons \mathrm{Red}$$

如果半(电池)反应均相、可逆,其电极电位 φ 可用能斯特方程计算,在 25℃时,可表示为

$$\varphi=\varphi^{\ominus}_{\mathrm{Ox/Red}}+\frac{RT}{nF}\ln\frac{a_{\mathrm{Ox}}}{a_{\mathrm{Red}}} \tag{5-1}$$

$\varphi^{\ominus}_{\mathrm{Ox/Red}}$为 Ox/Red 的标准电极电位,$a_{\mathrm{Ox}}$ 和 a_{Red} 分别为氧化态和还原态的活度,R,F 和 T 均为常数,如气体 R 为 8.314 $\mathrm{J\cdot K^{-1}\cdot mol^{-1}}$,热力学温度 T 为 298 K,法拉第常数 F 为 96 487 $\mathrm{C\cdot mol^{-1}}$,在 25℃时,有

$$\varphi=\varphi^{\ominus}_{\mathrm{Ox/Red}}+\frac{0.059\ \mathrm{V}}{n}\ln\frac{a_{\mathrm{Ox}}}{a_{\mathrm{Red}}} \tag{5-2}$$

通常实际知道的是氧化剂或还原剂的浓度,而不是活度。当溶液离子强度较大时,用浓度代替活度计算,将引起较大的误差。更严重的是如果氧化态、还原态发生副反应,比如酸度影响、沉淀与配合物的形成都会使得电位发生更大的变化。

此时,如果用浓度代替活度就必须引入相应的活度系数 γ_{Ox}、γ_{Red}。考虑到副反应,还要引入相应的副反应系数 α_{Ox}、α_{Red},在这里有以下的关系:

$$a_{\mathrm{Ox}}=[\mathrm{Ox}]\cdot\gamma_{\mathrm{Ox}}=c_{\mathrm{Ox}}\cdot\gamma_{\mathrm{Ox}}/\alpha_{\mathrm{Ox}} \tag{5-3}$$

$$a_{\mathrm{Red}}=[\mathrm{Red}]\cdot\gamma_{\mathrm{Red}}=c_{\mathrm{Red}}\cdot\gamma_{\mathrm{Red}}/\alpha_{\mathrm{Red}} \tag{5-4}$$

式中,c_{Ox}和c_{Red}分别代表氧化态和还原态的分析浓度,将以上关系代入式(5-2),得到

$$\varphi=\varphi^{\ominus}_{Ox/Red}+\frac{0.059\ V}{n}\lg\frac{\gamma_{Ox}\cdot\alpha_{Red}}{\gamma_{Red}\cdot\alpha_{Ox}}+\frac{0.059\ V}{n}\lg\frac{c_{Ox}}{c_{Red}} \tag{5-5}$$

当$c_{Ox}=c_{Red}=1\ mol\cdot L^{-1}$时，得到：

$$\varphi^{\ominus'}=\varphi^{\ominus}_{Ox/Red}+\frac{0.059\ V}{n}\lg\frac{\gamma_{Ox}\cdot\alpha_{Red}}{\gamma_{Red}\cdot\alpha_{Ox}} \tag{5-6}$$

$\varphi^{\ominus'}$称为条件电极电位。

值得说明的是，能斯特方程只适用于 I_2/I^-，Fe^{3+}/Fe^{2+} 等可逆氧化还原电对，在反应的任一瞬间，能迅速建立起氧化还原平衡，其电极电位的实测值与采用能斯特方程计算出来的值完全一致。然而，$Cr_2O_7^{2-}/Cr^{3+}$，MnO_4^-/Mn^{2+}，$CO_2/C_2O_4^{2-}$ 等不可逆电对的电极电位的实测值与计算值差别较大。但是，对不可逆电对的电极电位目前没有更简便的理论公式计算方法，故仍沿用能斯特方程来计算不可逆电对的电极电位，这在实际工作中仍具有重要的参考价值。

科学家简介

在实际分析中，如果忽略离子强度的影响，以溶液中的实际浓度（[Ox]和[Red]）代替活度进行计算，则 Ox/Red 电对的电极电位越大，其氧化态的氧化能力越强。电对的电极电位越小，其还原态的还原能力越强，因为此种情况下，能斯特方程变为

$$\varphi=\varphi^{\ominus}_{Ox/Red}+\frac{0.059\ V}{n}\ln\frac{c_{Ox}}{c_{Red}}$$

因此，根据有关电对的电极电位大小，可以判断氧化还原反应进行的方向，凡是电对的电极电位大的氧化态物质可以氧化电极电位小的还原态物质。例如：

$$2ClO_2+5Mn^{2+}+6H_2O = 5MnO_2\downarrow+12H^++2Cl^-$$

已知 $\varphi^{\ominus}_{ClO_2/Cl^-}=1.95\ V$，$\varphi^{\ominus}_{MnO_2/Mn^{2+}}=1.23\ V$。

可见电极电位大的$\varphi^{\ominus}_{ClO_2/Cl^-}$中氧化态物质 ClO_2 的氧化能力强，电极电位小的$\varphi^{\ominus}_{MnO_2/Mn^{2+}}$中还原态物质 Mn^{2+} 还原能力强，上式反应向右进行。故在水处理中，可用 ClO_2 处理 Mn^{2+}，生成的 MnO_2 通过过滤除去。

5.1.2 条件电极电位

考虑到溶液中的实际情况，在能斯特方程中引入相应的活度系数和副反应系数。

$$a_{Ox}=[Ox]\gamma_{Ox}=\frac{c_{Ox}}{\alpha_{Ox}}\gamma_{Ox},\quad a_{Red}=[Red]\gamma_{Red}=\frac{c_{Red}}{\alpha_{Red}}\gamma_{Red}$$

则有

$$\varphi=\varphi^{\ominus}+\frac{0.059\ V}{n}\lg\frac{\gamma_{Ox}\alpha_{Red}}{\gamma_{Red}\alpha_{Ox}}+\frac{0.059\ V}{n}\lg\frac{c_{Ox}}{c_{Red}}$$

当 $c_{Ox}=c_{Red}=1$ 时，得到$\varphi^{\ominus'}=\varphi^{\ominus}+\frac{0.059\ V}{n}\lg\frac{\gamma_{Ox}\alpha_{Red}}{\gamma_{Red}\alpha_{Ox}}$，称为条件电极电位。

条件电极电位的意义：表示在一定介质条件下，氧化态和还原态的分析浓度都为 $1\ mol \cdot L^{-1}$ 时的实际电位，在条件一定时为常数。

（1）$\varphi^{\ominus'}$与$\varphi^{\ominus}$的关系如同条件稳定常数 K' 与稳定常数 K 之间的关系。

（2）条件电极电位反映了离子强度与各种副反应的影响的总结果，比较符合实际情况。

（3）各种条件下的条件电极电位都是由实验测定的。

（4）当缺乏相同条件下的条件电极电位时，可采用条件相近的条件电极电位数据。如没有相应的条件电极电位数据，则采用标准电极电位。

标准电极电位不考虑离子强度及氧化态和还原态的存在形式，实际应用时误差太大。

如计算 HCl 溶液中 Fe(Ⅲ)/Fe(Ⅱ)体系的电极电位，考虑离子强度的影响。

由能斯特方程：

$$\varphi=\varphi^{\ominus}_{Ox/Red}+\frac{0.059\ V}{n}\lg\frac{a_{Ox}}{a_{Red}}$$

采用有效活度进行计算，则

$$\varphi=\varphi^{\ominus}_{Fe^{3+}/Fe^{2+}}+\frac{0.059\ V}{n}\lg\frac{\gamma_{Fe^{3+}}[Fe^{3+}]}{\gamma_{Fe^{2+}}[Fe^{2+}]}$$

实际上，在 HCl 溶液的 Fe(Ⅲ)/Fe(Ⅱ)体系中，除了 Fe^{3+} 和 Fe^{2+} 外，还存在 Fe(Ⅲ)、Fe(Ⅱ)与溶剂及易于配位阴离子如 Cl^- 发生反应而产生的其他物质，如 Fe^{3+} 产生 $FeOH^{2+}$，$FeCl^{2+}$，$FeCl_2^+$ 等，Fe^{2+} 产生 $FeOH^+$，$FeCl^+$，$FeCl_2$ 等。

若用 $c_{Fe(Ⅲ)}$，$c_{Fe(Ⅱ)}$表示溶液中 Fe^{3+} 及 Fe^{2+} 的总浓度，则 $c_{Fe(Ⅲ)}$，$c_{Fe(Ⅱ)}$应等于溶液中 Fe^{3+} 及 Fe^{2+} 的各个存在型体之和，则由能斯特方程可得

$$\varphi=\varphi^{\ominus}_{Fe^{3+}/Fe^{2+}}+\frac{0.059\ V}{n}\lg\frac{\gamma_{Fe^{3+}}\cdot\alpha_{Fe^{2+}}\cdot c_{Fe(Ⅲ)}}{\gamma_{Fe^{2+}}\cdot\alpha_{Fe^{3+}}\cdot c_{Fe(Ⅱ)}}$$

然而，溶液中的离子强度通常较大，活度系数计算麻烦，γ 值不易求，当副反应很多时，副反应系数 α 的计算也相对复杂，因此，为简化计算，将上述公式简化为

$$\begin{aligned}\varphi&=\varphi^{\ominus}_{Fe^{3+}/Fe^{2+}}+(0.059\ V)\lg\frac{\gamma_{Fe^{3+}}\cdot\alpha_{Fe^{2+}}}{\gamma_{Fe^{2+}}\cdot\alpha_{Fe^{3+}}}+(0.059\ V)\lg\frac{c_{Fe(Ⅲ)}}{c_{Fe(Ⅱ)}}\\&=\varphi^{\ominus'}_{Fe^{3+}/Fe^{2+}}+(0.059\ V)\lg\frac{c_{Fe(Ⅲ)}}{c_{Fe(Ⅱ)}}\end{aligned}$$

例 5-1 已知 $\varphi^{\ominus}_{Ag^+/Ag}=0.80\ V$，AgCl 的 $K_{sp}=1.8\times10^{-10}$，求$\varphi^{\ominus'}_{AgCl/Ag}$。

解：溶液中存在 Cl^-，由平衡沉淀可得

$$[Ag^+]=\frac{K_{sp,AgCl}}{[Cl^-]}$$

则

$$\varphi_{Ag^+/Ag}=\varphi^{\ominus}_{Ag^+/Ag}+(0.059\ V)\lg[Ag^+]=\varphi^{\ominus}_{Ag^+/Ag}+(0.059\ V)\lg K_{sp,AgCl}-(0.059\ V)\lg[Cl^-]$$

当[Cl^-]为 1 mol·L^{-1} 时，相应的电极电位就是 AgCl/Ag 电对的条件电极电位。

$$\begin{aligned}\varphi^{\ominus'}_{AgCl/Ag} &= \varphi^{\ominus}_{Ag^+/Ag} + (0.059\ V)\lg K_{sp,AgCl} \\ &= 0.80\ V + (0.059\ V)\lg(1.8\times10^{-10}) = 0.23\ V\end{aligned}$$

5.1.3 影响条件电极电位的因素

一般在一定条件下可以通过实验直接测得条件电极电位$\varphi^{\ominus'}$，但是在某些比较简单的情况下，并作了一些近似处理后，其值也可以通过计算求得，这样可更好地了解影响条件电极电位的因素及条件电极电位在水质分析和水处理实践中的重要作用。影响条件电极电位的因素有如下几个：

1. 离子强度的影响

由前述的条件电极电位定义可知，活度系数 γ 是$\varphi^{\ominus'}$值的影响因素之一。而 γ 值又取决于溶液中的离子强度。当溶液中离子强度较大时，活度系数 $\gamma \ll 1$，活度与浓度的差别较大，在能斯特方程中，如用浓度代替活度计算电极电位，则计算值与实际情况出入较大。但是，活度系数计算烦琐，且离子强度的影响一般又都远远小于各种副反应及其他因素的影响，所以可近似认为各活度系数 $\gamma=1$，而忽略离子强度的影响。

2. 沉淀生成的影响

对于某一电对，若加入某种可以与氧化剂或还原剂生成沉淀的试剂，或者溶液中某种氧化态或还原态物质水解而生成沉淀时，则由于氧化态或还原态浓度的改变，而使氧化还原电对的电极电位发生改变，氧化态生成沉淀时使电对的电极电位降低，而还原态生成沉淀时使电对的电极电位升高。这时的电极电位实质上是沉淀剂存在下的条件电极电位。

如采用曝气法去除地下水中的铁，水中的溶解氧将水中 Fe^{2+} 氧化成 Fe^{3+}，并水解生成 $Fe(OH)_3$ 沉淀，其反应为

$$4Fe^{2+} + 8HCO_3^- + O_2 + 2H_2O \longrightarrow 4Fe(OH)_3\downarrow + 8CO_2\uparrow$$

在这个过程中，由于 $Fe(OH)_3$ 沉淀的生成，使得电极电位由原来的 0.77 V 下降至 1.50 V。

如碘量法中测定 Cu^{2+} 的含量时，用碘化物还原 Cu^{2+} 的反应为

$$2Cu^{2+} + 2I^- \rightleftharpoons 2Cu^+ + I_2$$

$$2Cu^+ + 2I^- \rightleftharpoons 2CuI$$

$$2Cu^{2+} + 4I^- \rightleftharpoons 2CuI + I_2$$

在上述氧化还原反应中，I^- 既是还原剂，又是沉淀剂，生成 CuI 沉淀，此时，Cu^{2+} 的浓度由微溶化合物 CuI 的溶解平衡时的浓度决定，使得电极电位由原来的 0.159 V 上升到 0.865 V。

例 5-2 在电对 Ag^+/Ag 的溶液中加入 NaCl，平衡后溶液中$c_{Cl^-}=1.0\ mol\cdot L^{-1}$，计算电对 Ag^+/Ag 电极电位。

解：电极反应为

$$Ag^++e^-\rightleftharpoons Ag\qquad \varphi^{\ominus}_{Ag^+/Ag}=0.799\ V$$

$$\varphi_{Ag^+/Ag}=\varphi^{\ominus}_{Ag^+/Ag}+(0.059\ V)\lg c_{Ag^+}$$

$c_{Cl^-}=1.0\ mol\cdot L^{-1}$时，溶液中 Ag^+ 浓度为

$$c_{Ag^+}=\frac{K^{\ominus}_{sp}}{c_{Cl^-}}=\frac{1.8\times10^{-10}}{1.0}=1.8\times10^{-10}(mol\cdot L^{-1})$$

$$\varphi_{Ag^+/Ag}=0.799\ V+(0.059\ V)\lg(1.8\times10^{-10})=0.224\ V$$

3. 配合物形成的影响

在某一电对中，如果有能与氧化态或还原态生成配合物的试剂存在，则它们的副反应系数必然会改变，从而影响到条件电极电位，有时甚至可以改变反应的方向。如采用碘量法测定水中 Cu^{2+} 的含量时，若有 Fe^{3+} 的存在，则由于$\varphi^{\ominus}_{Fe^{3+}/Fe^{2+}}>\varphi^{\ominus}_{I_2/I^-}$ 而氧化 I^-，从而影响 Cu^{2+} 的测定。

例 5-3 在电对 Ag^+/Ag 的溶液中加入氨水，平衡后溶液中$c_{NH_3}=c_{Ag(NH_3)_2^+}=1.0\ mol\cdot L^{-1}$，计算电对 Ag^+/Ag 电极电位。

解：电极反应为

$$Ag^++e^-\rightleftharpoons Ag\qquad \varphi^{\ominus}_{Ag^+/Ag}=0.799\ V$$

$$\varphi_{Ag^+/Ag}=\varphi^{\ominus}_{Ag^+/Ag}+(0.059\ V)\lg c_{Ag^+}$$

$c_{NH_3}=c_{Ag(NH_3)_2^+}=1.0\ mol\cdot L^{-1}$时，溶液中 Ag^+ 浓度为

$$c_{Ag^+}=\frac{c_{Ag(NH_3)_2^+}}{K^{\ominus}_f\cdot c^2(NH_3)}=\frac{1}{1.1\times10^{7}}=9.1\times10^{-8}(mol\cdot L^{-1})$$

$$\varphi_{Ag^+/Ag}=0.799\ V+(0.059\ V)\lg(9.1\times10^{-8})=0.384\ V$$

4. 溶液酸度的影响

有些氧化还原半反应有 H^+ 或 OH^- 参加，此时溶液的酸度将直接影响其电极电位。

如 $KMnO_4$，$K_2Cr_2O_7$ 和 $(NH_4)_2S_2O_8$ 等氧化剂的氧化作用必须在酸性溶液中才能发生，而且酸度越大其氧化能力越强。一些电对的氧化态或还原态是弱酸或弱碱，溶液的酸度因影响其存在的型体而影响相应的电位的大小。

例 5-4 298 K 时，设$c_{Cr_2O_7^{2-}}=c_{Cr^{3+}}=1\ mol\cdot L^{-1}$，分别计算电对 $Cr_2O_7^{2-}/Cr^{3+}$ 在中性溶液和 $0.1\ mol\cdot L^{-1}$ 盐酸中的电极电位。

解：电极反应为

$$Cr_2O_7^{2-}+14H^++6e^-\rightleftharpoons 2Cr^{3+}+7H_2O\qquad \varphi^{\ominus}_{Cr_2O_7^{2-}/Cr^{3+}}=1.33\ V$$

$$\varphi_{Cr_2O_7^{2-}/Cr^{3+}}=\varphi^{\ominus}_{Cr_2O_7^{2-}/Cr^{3+}}+\frac{0.059\ V}{6}\lg\frac{c_{Cr_2O_7^{2-}}\cdot c_{H^+}^{14}}{c_{Cr^{3+}}^{2}}$$

（1）在中性溶液中，$c_{H^+}=10^{-7}$ mol·L^{-1}，则

$$\varphi_{Cr_2O_7^{2-}/Cr^{3+}}=1.33\ V+\frac{0.059\ V}{6}\times\lg(10^{-7})^{14}=0.366\ V$$

（2）在 0.1 mol·L^{-1} 盐酸中，$c_{H^+}=10^{-1}$ mol·L^{-1}，则

$$\varphi_{Cr_2O_7^{2-}/Cr^{3+}}=1.33\ V+\frac{0.059\ V}{6}\times\lg(0.1)^{14}=1.192\ V$$

5.1.4 氧化还原反应进行的次序

在分析工作的实践中，经常会遇到溶液中含有不止一种还原剂或不止一种氧化剂的情形。例如，测定 Fe^{3+} 时，通常先用 $SnCl_2$ 还原 Fe^{3+} 为 Fe^{2+}，而 Sn^{2+} 总是要过量的，因此，溶液中就有 Sn^{2+} 和 Fe^{2+} 两种还原剂。若用 $K_2Cr_2O_7$ 标准溶液滴定该溶液时，由下列标准电极电位可以看出，$Cr_2O_7^{2-}$ 是其中最强的氧化剂，Sn^{2+} 是最强的还原剂；滴加的 $Cr_2O_7^{2-}$ 首先氧化 Sn^{2+}，只有将 Sn^{2+} 完全氧化后，才能氧化 Fe^{2+}。因此，在用 $K_2Cr_2O_7$ 标准溶液滴定 Fe^{2+} 前，应先将过量的 Sn^{2+} 除去。

上例清楚地说明，溶液中同时含有几种还原剂时，若加入氧化剂，则首先与溶液中最强的还原剂作用。同样地，溶液中同时含有几种氧化剂时，若加入还原剂，则首先与溶液中最强的氧化剂作用。即在适宜的条件下，所有可能发生的氧化还原反应中，标准电极电位相差最大的电对间首先进行反应。因此，如果溶液中存在数种还原剂，而且各种还原剂电对的电极电位相差较大，又无其他反应干扰，则与其他几种滴定分析法的分步滴定类似，可用氧化剂分步滴定溶液中各种还原剂。

5.1.5 氧化还原反应进行的程度

在定性分析的学习中，遇到的氧化还原反应很多。但并非所有的氧化还原反应都能用于滴定分析。滴定分析要求氧化还原反应要能定量地完成。对于一般氧化还原反应，可以通过计算反应达到平衡时的平衡常数来了解反应进行的程度。即氧化还原反应进行的程度可以用平衡常数 K 来衡量。其与有关电对的标准电极电位有关。

$$\lg K'=\frac{n(\varphi_1^{\ominus'}-\varphi_2^{\ominus'})}{0.059\ V}$$

对于某一氧化还原反应，n 为定值，故两电对的条件电极电位之差越大，K 越大，表明反应进行得越完全。

滴定分析的判据

对于 $n_1=n_2=1$ 的反应，则 $\lg K \geqslant 6$。K 越大，反应越完全。K 到底达到多少，对于我们利用氧化还原反应来测定物质时，认为是已经反应完全呢？

以 $n_1=n_2=1$ 时来讨论，其反应式为

$$\mathrm{Ox_1+Red_2 \rightleftharpoons Red_1+Ox_2}$$

由于滴定分析的允许误差为 0.1%，在终点时反应产物的浓度必须大于或等于反应物原始浓度的 99.9%，即平衡时，各型体浓度的关系应为

$$\frac{[\mathrm{Red_1}]}{[\mathrm{Ox_1}]} \geqslant \frac{99.9\%}{0.1\%} \geqslant 10^3$$

$$\frac{[\mathrm{Ox_2}]}{[\mathrm{Red_2}]} \geqslant \frac{99.9\%}{0.1\%} \geqslant 10^3$$

$$K=\frac{[\mathrm{Red_1}][\mathrm{Ox_2}]}{[\mathrm{Ox_1}][\mathrm{Red_2}]}$$

$$K \geqslant 10^6, \quad \lg K \geqslant 6$$

$$\lg K=\frac{n_1 n_2(\varphi_1^{\ominus}-\varphi_2^{\ominus})}{0.059\ \mathrm{V}} \tag{5-7}$$

则$\varphi_1^{\ominus}-\varphi_2^{\ominus} \geqslant 0.35\ \mathrm{V}$。一般认为$\varphi_1^{\ominus}-\varphi_2^{\ominus} \geqslant 0.40\ \mathrm{V}$时，可以用于滴定分析。

5.2 氧化还原滴定的原理

氧化还原滴定法是一种常用的分析化学方法，它基于氧化还原反应的原理，通过滴定溶液中的氧化剂或还原剂来确定试样中的含量。与酸碱滴定法和配位滴定法相比较，氧化还原滴定法应用非常广泛，它不仅可用于无机分析，而且可以广泛用于有机分析。在进行滴定过程时，需要注意滴定溶液和指示剂的选择，滴定速度和滴定量的控制，反应终点的判断及实验室安全等方面。

因此，氧化还原滴定法要求反应必须符合以下条件：

（1）反应要按一定的化学计量关系定量、完全进行。

（2）反应速率要快。

（3）无副反应发生。

（4）必须要有适当的方法确定滴定终点。

从氧化还原反应的本质来看，氧化还原反应是基于电子的转移，反应所表现出来的特点是：反应机理比较复杂，反应分多步完成；反应速率较慢，而且常伴有副反应发生。因此，要使氧化还原反应符合滴定分析的要求，必须控制适宜的反应条件，通常还要考虑影响氧

化还原反应速率的因素，以保证反应定量快速进行。

1. 溶液的温度

升高温度可以加快反应的速率，一般来说，温度每升高 10℃，反应速率可增大 2~3 倍。如用基准物质 $Na_2C_2O_4$ 标定 $KMnO_4$ 溶液的浓度时，在室温下反应不易进行，若将温度升高到 75~85℃时，反应便能加快到符合滴定分析的要求。

2. 反应物的浓度

根据质量作用定律和化学平衡移动的原理，增大反应物的浓度既能促进反应进行完全，还能加快反应的速率。

3. 催化剂

催化剂能通过改变氧化还原反应的历程或降低反应所需的活化能来加快反应速率。如在 $NaNO_2$ 滴定法中，一般会在试样溶液中加入少量的溴化钾作为催化剂来加速反应的进行。

催化反应机理比较复杂，例如，$KMnO_4$ 溶液与 $Na_2C_2O_4$ 之间的反应，生成物之一的 Mn^{2+} 能参与反应的中间步骤，加速了反应，在最后又能重新产生出来，起到了催化剂的作用，催化反应迅速进行。

4. 诱导作用

有的氧化还原反应在通常情况下不发生或反应速率极慢，但在另一反应进行时会促进这一反应的发生。例如，在酸性溶液中 $KMnO_4$ 溶液氧化 Cl^- 的反应速率极慢，当溶液中存在 Fe^{2+} 时，$KMnO_4$ 与 Fe^{2+} 的反应加速了 $KMnO_4$ 溶液氧化 Cl^- 的反应。由于一种氧化还原反应的发生而促进另一种氧化还原反应进行的现象，称为诱导作用。

$$MnO_4^- + 5Fe^{2+} + 8H^+ \xlongequal{} Mn^{2+} + 5Fe^{3+} + 4H_2O \text{（诱导反应）}$$

$$2MnO_4^- + 10Cl^- + 16H^+ \xlongequal{} 2Mn^{2+} + 5Cl_2 + 8H_2O \text{（受诱反应）}$$

5.2.1 滴定曲线

在氧化还原滴定中，随着滴定剂的加入，溶液中相应的氧化型物质和还原型物质的浓度在发生变化，电对的电位也不停地变化，因此，采用滴定曲线来表示电位的变化。以反应电对的电位作为纵坐标，以加入的滴定剂的体积或百分数为横坐标可以绘制出滴定曲线。

以在 1 mol · L^{-1} H_2SO_4 溶液中，采用 0.100 0 mol · L^{-1} $Ce(SO_4)_2$ 标准溶液滴定 20.00 mL 0.100 0 mol · L^{-1} Fe^{2+} 溶液为例，利用电对能斯特方程计算滴定曲线。

$$Ce^{4+} + e^- \xlongequal{} Ce^{3+}$$

$$\varphi^{\ominus'}_{Ce^{4+}/Ce^{3+}} = 1.44\ V$$

$$Fe^{3+} + e^- \xlongequal{} Fe^{2+}$$

$$\varphi^{\ominus'}_{Fe^{3+}/Fe^{2+}}=0.68\ V$$

滴定反应为

$$Ce^{4+}+Fe^{2+}=\!=\!=Ce^{3+}+Fe^{3+}$$

在滴定的任一时刻反应达到平衡后，两个电极电位相等，即

$$\varphi^{\ominus'}_{Ce^{4+}/Ce^{3+}}=\varphi^{\ominus'}_{Fe^{3+}/Fe^{2+}}$$

1. 滴定开始至化学计量点前

滴入的 Ce^{4+} 被还原为 Ce^{3+}，Fe^{2+} 被氧化成 Fe^{3+}，若在化学计量点前 95%，即滴入 1.00 mL $Ce(SO_4)_2$ 溶液，则

$$n_{Fe^{3+}}=1.00\ mL\times0.100\ 0\ mol\cdot L^{-1}=0.100\ mmol$$

$$n_{Fe^{2+}}=(20-1.00)\ mL\times0.100\ 0\ mol\cdot L^{-1}=1.900\ mmol$$

$$\varphi_{Fe^{3+}/Fe^{2+}}=\varphi^{\ominus'}_{Fe^{3+}/Fe^{2+}}+(0.059\ V)\lg c_{Fe^{3+}}/c_{Fe^{2+}}=0.68\ V+(0.059\ V)\lg\frac{0.100}{1.900}=0.60\ V$$

若在化学计量点前 0.1%，即滴入 19.98 mL $Ce(SO_4)_2$ 溶液，则

$$n_{Fe^{3+}}=19.98\ mL\times0.100\ 0\ mol\cdot L^{-1}=1.998\ mmol$$

$$n_{Fe^{2+}}=(20-19.98)\ mL\times0.100\ 0\ mol\cdot L^{-1}=0.002\ mmol$$

$$\varphi_{Fe^{3+}/Fe^{2+}}=\varphi^{\ominus'}_{Fe^{3+}/Fe^{2+}}+(0.059\ V)\lg\frac{c_{Fe^{3+}}}{c_{Fe^{2+}}}=0.68\ V+(0.059\ V)\lg\frac{1.998}{0.002}=0.86\ V$$

用此方法，可以得到化学计量点前后，滴入任何体积 0.100 0 mol·L^{-1} $Ce(SO_4)_2$ 溶液的 φ 值。见表 5-1。

2. 化学计量点时

此时 Ce^{4+} 和 Fe^{2+} 全部反应完毕，则

$$c_{Ce^{4+}}=c_{Fe^{2+}},\quad c_{Ce^{3+}}=c_{Fe^{3+}}$$

$$\varphi_{sp}=\varphi^{\ominus'}_{Ce^{4+}/Ce^{3+}}+(0.059\ V)\lg\frac{c_{Ce^{4+}}}{c_{Ce^{3+}}}\tag{5-8}$$

$$\varphi_{sp}=\varphi^{\ominus'}_{Fe^{3+}/Fe^{2+}}+(0.059\ V)\lg\frac{c_{Fe^{3+}}}{c_{Fe^{2+}}}\tag{5-9}$$

式（5-8）和式（5-9）相加得

$$2\varphi_{sp}=\varphi^{\ominus'}_{Ce^{4+}/Ce^{3+}}+(0.059\ V)\lg\frac{c_{Ce^{4+}}}{c_{Ce^{3+}}}+\varphi^{\ominus'}_{Fe^{3+}/Fe^{2+}}+(0.059\ V)\lg\frac{c_{Fe^{3+}}}{c_{Fe^{2+}}}$$

$$=1.44\ V+0.68\ V+(0.059\ V)\lg\frac{c_{Ce^{4+}}c_{Fe^{3+}}}{c_{Ce^{3+}}c_{Fe^{2+}}}=2.12\ V$$

$$\varphi_{sp}=1.06\ V$$

3. 化学计量点后

若在化学计量点后 0.1%，即滴入 20.02 mL $Ce(SO_4)_2$ 溶液，则加入过量的 Ce^{4+} 的物质的量为

$$n_{Ce^{4+}}=(20.02-20.00)\ mL\times0.100\ 0\ mol\cdot L^{-1}=0.002\ mmol$$

则生成的 Ce^{3+} 的物质的量为

$$n_{Ce^{3+}} = 20.00\ mL \times 0.100\ 0\ mol \cdot L^{-1} = 2.00\ mmol$$

$$\varphi_{Ce^{4+}/Ce^{3+}} = \varphi^{\ominus'}_{Ce^{4+}/Ce^{3+}} + (0.059\ V)\lg\frac{c_{Ce^{4+}}}{c_{Ce^{3+}}} = 1.44\ V + (0.059\ V)\lg\frac{0.002}{2.00} = 1.26\ V$$

由以上分析可知，随着 $Ce(SO_4)_2$ 溶液的不断滴入，氧化态和还原态的浓度逐渐地发生变化，电对的电极电位也随之不断变化，进而得到氧化还原滴定曲线。

从图 5-1 滴定曲线可以看出，影响氧化还原滴定电位突跃范围的主要因素是两电对的条件电极电位差。

表 5-1　1 mol · L^{-1} H_2SO_4 中，采用 0.100 0 mol · L^{-1} $Ce(SO_4)_2$ 标准溶液滴定 20.00 mL 0.100 0 mol · L^{-1} Fe^{2+} 溶液时的电极电位的变化（298 K）

滴入 Ce^{4+} 的体积 /mL	滴定百分数 /%	φ/V
1.00	5.0	0.60
2.00	10.0	0.62
4.00	20.0	0.64
8.00	40.0	0.67
10.00	50.0	0.68
12.00	60.0	0.69
18.00	90.0	0.74
19.80	99.0	0.80
19.98	99.9	0.86
20.00	100.0	1.06
20.02	100.1	1.26
20.20	101.0	1.32
22.00	110.0	1.38
30.00	150.0	1.42
40.00	200.0	1.44

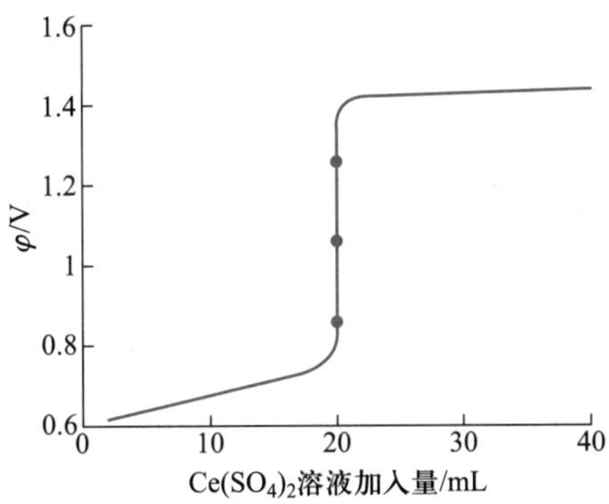

图 5-1　以 0.100 0 mol · L^{-1} $Ce(SO_4)_2$ 标准溶液滴定 0.100 0 mol · L^{-1} Fe^{2+} 溶液的滴定曲线

5.2.2 指示剂

在氧化还原滴定法中，常用指示剂有三类。

1. 自身指示剂

有些标准溶液本身具有颜色，滴定时无需再加指示剂，只要标准溶液稍微过量一点，根据标准溶液本身颜色的出现或消失，即可指示滴定终点的到达，这类指示剂称为自身指示剂。例如，在 $KMnO_4$ 法中，采用 $KMnO_4$ 标准溶液滴定无色或浅色的还原性物质，在化学计量点之前，滴入的紫色的 $KMnO_4$ 被还原为无色的 Mn^{2+}，继续滴加微量 $KMnO_4$，溶液由无色或浅色变为稳定的浅红色，指示已经到达终点。

2. 特殊指示剂

本身不具备氧化还原性，但可以与氧化剂或还原剂作用产生特殊的颜色，从而指示滴定终点，这类指示剂称为特殊指示剂。如淀粉指示剂。淀粉溶液遇 I_3^- 产生深蓝色，反应非常灵敏，在 $5.0\times10^{-6}\ mol\cdot L^{-1}$ I_3^- 溶液中也能呈现显著的蓝色。反应具有可逆性。用于直接碘量法和间接碘量法。

3. 氧化还原指示剂

氧化还原指示剂本身是一种氧化剂或还原剂，其氧化性和还原性具有不同的颜色，在滴定中，因为被氧化或还原而发生颜色突变来指示滴定终点。

选择指示剂的原则是：指示剂颜色变化的范围应在滴定的电位突跃范围（化学计量点前后 0.1%）之内，以保证终点误差不大于 0.1%。

$$In(Ox)+ne^- = In(Red)$$

$$\varphi=\varphi^{\ominus}_{In}+\frac{0.059\ V}{n}\lg\frac{[In(O)]}{[In(R)]}$$

$$\varphi\geqslant\varphi^{\ominus}_{In}+\frac{0.059\ V}{n}\lg 10=\varphi^{\ominus}_{In}+\frac{0.059\ V}{n}$$

$$\varphi\leqslant\varphi^{\ominus}_{In}+\frac{0.059\ V}{n}\lg\frac{1}{10}=\varphi^{\ominus}_{In}-\frac{0.059\ V}{n}$$

5.3 氧化还原滴定中的预处理

在氧化还原滴定中，常将待测组分先氧化为高价状态后再用还原剂标准溶液滴定；或先还原为低价状态后再用氧化剂标准溶液滴定。这种滴定前使待测组分转变为适当价态的步骤称为预氧化（preoxidation）或预还原（prereduction）。预处理时所用的氧化剂或还原剂，应符合下列要求：

(1) 必须将待测组分定量地氧化或还原。

(2) 反应速率快。

(3) 反应要具有一定的选择性。

(4) 过量的氧化剂或还原剂要易于除去。

通常可采用以下方法除去过量的氧化剂或还原剂:

(1) 利用化学反应。例如,用 $HgCl_2$ 可除去过量的 $SnCl_2$。

$$2HgCl_2+SnCl_2 = SnCl_4+Hg_2Cl_2\downarrow$$

生成的 Hg_2Cl_2 沉淀一般不被滴定剂氧化,不需过滤除去。

(2) 过滤。例如,$NaBiO_3$ 不溶于水,可采用过滤法除去。

(3) 加热分解。例如,H_2O_2 和 $(NH_4)_2S_2O_8$ 等可采用加热煮沸分解而除去。

预处理时,常用的氧化剂和还原剂如表 5–2 和表 5–3 所示。

表 5–2 预处理时常用的氧化剂

氧化剂	反应条件	主要应用	除去方法
$(NH_4)_2S_2O_8$	酸性	$Mn^{2+}\rightarrow MnO_4^-$ $Cr^{3+}\rightarrow Cr_2O_7^{2-}$ $VO^{2+}\rightarrow VO_2^+$	煮沸分解
H_2O_2	碱性	$Cr^{3+}\rightarrow CrO_4^{2-}$	煮沸分解
Cl_2,Br_2	酸性或中性	$I_2\rightarrow IO_3^-$	煮沸或通空气
$KMnO_4$	酸性 碱性	$VO^{2+}\rightarrow VO_3^-$ $Cr^{3+}\rightarrow CrO_4^{2-}$	加 NO_2^- 除去
$HClO_4$	酸性	$Cr^{3+}\rightarrow Cr_2O_7^{2-}$ $VO^{2+}\rightarrow VO_3^-$	稀释
KIO_4	酸性	$Mn^{2+}\rightarrow MnO_4^-$	不必除去

表 5–3 预处理时常用的还原剂

还原剂	反应条件	主要应用	除去方法
SO_2	中性或弱酸性	$Fe^{3+}\rightarrow Fe^{2+}$	煮沸或通 CO_2
$SnCl_2$	酸性加热	$Fe^{3+}\rightarrow Fe^{2+}$ As(Ⅴ)→As(Ⅲ) Mo(Ⅵ)→Mo(Ⅴ)	加 $HgCl_2$ 氧化
$TiCl_3$	酸性	$Fe^{3+}\rightarrow Fe^{2+}$	水稀释,Cu 催化空气氧化
Zn,Al	酸性	$Fe^{3+}\rightarrow Fe^{2+}$ Ti(Ⅳ)→Ti(Ⅲ)	过滤或加酸溶解
Jones 还原器 (锌汞齐)	酸性	$Fe^{3+}\rightarrow Fe^{2+}$ Ti(Ⅳ)→Ti(Ⅲ) $VO_2^-\rightarrow V^{2+}$ $Cr^{3+}\rightarrow Cr^{2+}$	
银还原器	HCl	$Fe^{3+}\rightarrow Fe^{2+}$	Cr^{3+},Ti(Ⅳ)不被还原

5.4 高锰酸钾法

案例

高锰酸钾法是以具有强氧化能力的高锰酸钾作标准溶液，利用其氧化还原滴定原理来测定其他物质的滴定分析方法。

强酸性溶液中，MnO_4^- 被还原为无色的 Mn^{2+}，电对反应为

$$MnO_4^- + 8H^+ + 5e^- \rightleftharpoons Mn^{2+} + 4H_2O \qquad \varphi^{\ominus}=1.49\ V$$

在中性、弱酸性或弱碱性溶液中，$KMnO_4$ 表现为弱氧化性。MnO_4^- 与还原剂作用，生成褐色的 $MnO_2 \cdot H_2O$ 沉淀。电对反应为

$$MnO_4^- + 4H^+ + 3e^- \rightleftharpoons MnO_2 + 2H_2O \qquad \varphi^{\ominus}=0.58\ V$$

在强碱性溶液中，$KMnO_4$ 的氧化能力更弱，MnO_4^- 被还原为 MnO_4^{2-}。电对反应为

$$MnO_4^- + e^- \rightleftharpoons MnO_4^{2-} \qquad \varphi^{\ominus}=0.56\ V$$

可见，在强酸性溶液中，$KMnO_4$ 的氧化能力最强。

5.4.1 测定方法

在强酸性溶液中，$KMnO_4$ 的氧化能力最强，且生成的 Mn^{2+} 接近无色，便于终点的观察，所以高锰酸钾滴定多在强酸性溶液中进行，一般控制酸度在 1~2 $mol \cdot L^{-1}$，酸度过高，会导致 $KMnO_4$ 的分解。酸度过低，不但反应速率慢而且易生成 MnO_2 沉淀。调节酸度以 H_2SO_4 为宜，因为 HCl 具有还原性，而 HNO_3 具有强氧化性，容易产生副反应，都会影响分析结果。有些物质与高锰酸钾在常温下反应较慢，可用加热的方法或加入 Mn^{2+} 作为催化剂，以加快反应速率。但对于在空气中易氧化分解或加热易分解的还原性物质如过氧化氢、亚铁盐等，则不能加热。

应用高锰酸钾法时，可根据待测物质的性质，选择不同的滴定方式。

1. 直接滴定法

由于高锰酸钾氧化能力强，滴定时无需另加指示剂，可直接滴定具有还原性的物质。如 H_2O_2，Fe^{2+}，$H_2C_2O_4$，As(Ⅲ)等。

2. 返滴定法

有些氧化性物质不能用高锰酸钾标准溶液直接滴定，可先加入准确过量的 $Na_2C_2O_4$ 溶液，加热使其完全反应后，再用 $KMnO_4$ 标准溶液滴定剩余 $Na_2C_2O_4$，从而求出待测物质的含量。

3. 间接滴定法

对于那些不具有氧化性或还原性的物质，既不能采用直接滴定法，也不能使用返滴定法，可采用间接滴定法进行分析。如 Ca^{2+} 含量的测定，先将 Ca^{2+} 全部沉淀为 CaC_2O_4，沉淀

经过滤、洗涤后用稀硫酸溶解，再用高锰酸钾标准溶液滴定生成的 $H_2C_2O_4$，从而间接求得 Ca^{2+} 的含量。

高锰酸钾法的优点是氧化能力强，滴定时不需外加指示剂，可直接或间接地测定许多无机和有机物。缺点是高锰酸钾标准溶液不够稳定，不能久置，需经常标定，且滴定的选择性欠佳。

5.4.2 标准溶液的配制和标定

1. 高锰酸钾标准溶液的配制

市售 $KMnO_4$ 试剂常含有杂质，而且在光、热等条件下不稳定，会分解变质。因此高锰酸钾标准溶液不能直接配制使用，通常先配成浓溶液放置储存，需要时再取适量稀释成近似浓度的溶液，然后标定使用。

2. 高锰酸钾标准溶液的标定

常用于标定 $KMnO_4$ 的基准物质是 $Na_2C_2O_4$。$Na_2C_2O_4$ 在 105~110℃ 烘干 2 h，放入干燥器中冷却后，即可使用。已标定过的 $KMnO_4$ 溶液在使用一段时间后必须重新标定。

标定反应为

$$2MnO_4^- + 5C_2O_4^{2-} + 16H^+ \xlongequal{} 2Mn^{2+} + 10CO_2\uparrow + 8H_2O$$

标定时注意事项：

（1）滴定速度　由于 MnO_4^- 和 $C_2O_4^{2-}$ 的反应是自动催化反应，滴定开始时，加入的第一滴 $KMnO_4$ 溶液红色褪色很慢，因此开始时的滴定速度要慢些，在 $KMnO_4$ 溶液红色没有退去以前，不要加入第二滴；等几滴 $KMnO_4$ 溶液反应完全、本身所产生的 Mn^{2+} 起催化作用后，滴定速度可适当加快。

（2）温度　室温下的该反应很缓慢，应将溶液加热至 75~85℃，促使反应完全；但温度不宜过高，否则酸性溶液中的部分 $H_2C_2O_4$ 发生分解。

（3）酸度　保持一定的酸度（0.5~1 $mol\cdot L^{-1}$ H_2SO_4 溶液）。若溶液的酸度不够，则容易生成 MnO_2；若溶液的酸度过高，则又会促使部分 $H_2C_2O_4$ 发生分解。

（4）滴定终点　高锰酸钾法滴定终点不太稳定，空气中的还原性气体及尘埃等杂质落入溶液能使 $KMnO_4$ 缓慢分解，使终点的粉红色逐渐消失。因此，高锰酸钾法利用自身的粉红色指示终点，30 s 不褪色即可认为终点已到。

5.4.3 应用与示例

以高锰酸钾为标准溶液，在酸性溶液中能直接测定一些强还原性的物质，如 H_2O_2，

Fe^{2+}，$H_2C_2O_4$，NO_2^- 等。利用返滴定法，可测定一些具有强氧化性的待测物质，如 MnO_2，ClO_3^-，BrO_3^-，IO_3^- 等。利用间接滴定法可测定 Ba^{2+}，Ca^{2+} 等金属离子的含量。此外，还可利用强碱性溶液中 $KMnO_4$ 能氧化某些有机物，而自身被还原为绿色的 MnO_4^{2-} 的性质，用来测定甲醇、甲醛、甘油、甲酸、葡萄糖、柠檬酸等有机物的含量。

1. H_2O_2 的含量测定

H_2O_2 俗称双氧水，能与水以任意比例混合，常用浓度有 3% 和 30%，医药上用 3% 双氧水消毒杀菌、清洗化脓性疮口。在酸性溶液中高锰酸钾与过氧化氢能定量地发生反应，可用 $KMnO_4$ 标准溶液直接滴定来测定过氧化氢的含量，反应式如下：

$$2MnO_4^- + 5H_2O_2 + 6H^+ = 2Mn^{2+} + 5O_2 + 8H_2O$$

开始时反应比较慢，因此滴定速度也要慢些，随着 Mn^{2+} 的不断生成后，借助 Mn^{2+} 的催化作用，反应速率明显加快，接近终点时，H_2O_2 的量越来越少，滴定速度也应慢些。

例 5-5　10.00 mL 市售 H_2O_2（相对密度 1.010）需用 36.82 mL 0.024 00 mol · L^{-1} $KMnO_4$ 溶液滴定，计算试液中 H_2O_2 的质量分数。

解：$5H_2O_2 + 2MnO_4^- + 6H^+ = 5O_2 + 2Mn^{2+} + 8H_2O$

H_2O_2 与 MnO_4^- 的化学反应计量关系为 5/2，根据上述化学反应计量关系式：

$$2MnO_4^- \sim 5H_2O_2$$

$$w_{H_2O_2} = \frac{\frac{5}{2} n_{MnO_4^-} \cdot M_{H_2O_2}}{m_{样}} \times 100\% = \frac{\frac{5}{2} \times 0.024\ 00 \times 36.82 \times 10^{-3} \times 34.02}{1.010 \times 10.00} \times 100\% = 0.744\ 1\%$$

2. 钙含量的测定

Ca^{2+} 本身不具有氧化还原性，可先在试样中加入 $(NH_4)_2C_2O_4$，将 Ca^{2+} 沉淀为 CaC_2O_4，过滤洗净后，用稀硫酸溶解，然后用 $KMnO_4$ 标准溶液进行滴定。有关反应如下：

$$Ca^{2+} + C_2O_4^{2-} = CaC_2O_4 \downarrow$$

$$CaC_2O_4 + 2H^+ = H_2C_2O_4 + Ca^{2+}$$

$$2MnO_4^- + 5H_2C_2O_4 + 6H^+ = 2Mn^{2+} + 10CO_2 \uparrow + 8H_2O$$

例 5-6　将 0.160 2 g 石灰石试样溶解在 HCl 溶液中，然后将钙沉淀为 CaC_2O_4，沉淀经过滤洗涤后溶解在稀硫酸中。用 0.018 29 mol · L^{-1} $KMnO_4$ 标准溶液滴定，终点时耗用 $KMnO_4$ 标准溶液 20.70 mL。试计算石灰石中 $CaCO_3$ 的含量。

解：根据上述化学反应计量关系式，可得到 Ca^{2+} 与 MnO_4^- 的化学计量关系为

$$n_{Ca^{2+}} = \frac{5}{2} n_{MnO_4^-}$$

$CaCO_3$ 的含量为

$$w_{CaCO_3}=\frac{\frac{5}{2}c_{KMnO_4}V_{KMnO_4}\frac{M_{CaCO_3}}{1\ 000\ mL\cdot L^{-1}}}{m_s}\times100\%$$

$$=\frac{\frac{5}{2}\times0.018\ 29\times20.70\times\frac{100.09}{1\ 000}}{0.160\ 2}\times100\%$$

$$=59.14\%$$

3. 铁含量的测定

用 $KMnO_4$ 标准溶液滴定 Fe^{2+}，可以测定褐铁矿等矿石、合金、金属盐类及硅酸盐等试样中的含铁量。

试样用盐酸溶解后，生成的 Fe^{3+}（实际上是 $FeCl_6^{3-}$，$FeCl_4^-$ 等配离子），先用还原剂还原成 Fe^{2+}，然后加入硫酸锰、硫酸及磷酸的混合液，最后用 $KMnO_4$ 标准溶液进行滴定。

加入硫酸锰、硫酸及磷酸的混合液的作用：一是避免 Cl^- 存在下发生诱导反应；二是滴定过程会产生黄色的 Fe^{3+}，不利于终点粉红色的观察，影响测定的准确度。加入磷酸后，Fe^{3+} 生成的 $Fe(PO_4)_2^-$ 配离子是无色的，便于终点观察。

4. 水样中化学需氧量（COD）的测定

化学需氧量又称化学耗氧量，简称 COD（chemical oxygen demand），是一个衡量水体受污染程度的重要指标，是水质分析的一项重要内容。它是指一定体积的水体中能被强氧化剂氧化的还原性物质的量，但表示为氧化这些还原性物质所需消耗的 O_2 的量（以 $mg\cdot mL^{-1}$ 计算）。由于废水中的还原性物质大部分是有机物，因此常将 COD 作为水质是否受到有机物污染的依据。COD 的测定通常采用高锰酸钾法或重铬酸钾法。高锰酸钾法适合于地表水、饮用水和生活污水等污染不严重的水体 COD 的测定。

5.5 重铬酸钾法

5.5.1 方法概述

重铬酸钾法是以重铬酸钾标准溶液为滴定剂的氧化还原滴定法。重铬酸钾是一种常用的氧化剂，在酸性溶液中也有很强的氧化性，其半反应和标准电极电位为

案例

$$Cr_2O_7^{2-}+14H^++6e^-=\!=\!=2Cr^{3+}+7H_2O\quad \varphi^{\ominus}=1.33\ V$$

与高锰酸钾法相比，重铬酸钾法有如下特点：

（1）重铬酸钾固体试剂易提纯且稳定，可以作为基准物质直接配制标准溶液。

（2）重铬酸钾标准溶液非常稳定，可以长期保存和使用。

（3）在 1 mol·L^{-1} HCl 溶液中，重铬酸钾的标准电极电位小于氯气的标准电极电位。故在通常情况下重铬酸钾不与 Cl^- 反应。特别是重铬酸钾与亚铁离子的反应不会诱导重铬酸钾与 Cl^- 的反应，因此可在 HCl 溶液中用重铬酸钾滴定亚铁离子。

（4）虽然重铬酸根溶液本身显橙色，但一方面此颜色不鲜明，作为指示剂的灵敏度较差。另一方面其还原产物常呈绿色，对橙色有掩盖作用，所以重铬酸钾不能作为自身指示剂指示终点，通常采用二苯胺磺酸钠为指示剂。重铬酸钾法最重要的应用是测定铁的含量。

此外，通过重铬酸根与亚铁离子的反应，还可以测定其他氧化性或还原性的物质。例如，该反应可用于土壤中有机质的测定。即先用一定量且过量的重铬酸钾溶液将有机质氧化，然后，再以标准溶液返滴剩余的重铬酸钾。

5.5.2 重铬酸钾法测定的应用

重铬酸钾法应用广泛，常用于铁矿石中全铁含量的测定、化学需氧量的测定等。

1. 铁矿石中全铁含量的测定

重铬酸钾法是测定铁矿石中全铁含量的标准方法。一般采用浓盐酸加热溶解试样，然后趁热用 $SnCl_2$ 溶液将 Fe^{3+} 全部还原为 Fe^{2+}。再加入 $HgCl_2$ 除去过量的 $SnCl_2$。最后在硫－磷混酸介质中，以二苯胺磺酸钠为指示剂，以重铬酸钾标准溶液滴定 Fe^{2+}。加入磷酸的目的，一是由于生成了 $Fe(PO_4)_2^-$，降低了铁电对的电位，使二苯胺磺酸钠的变色点电位落在滴定的突跃范围之内，减小了终点误差。二是生成的 $Fe(PO_4)_2^-$ 配离子是无色的，消除了 Fe^{3+} 的黄色，有利于终点的观察，提高测定的准确度。

上述方法简便准确，曾在生产领域中广泛应用。但该法在预还原中使用了含汞试剂，造成环境污染。为了保护环境，现更提倡采用无汞测铁法，如 $SnCl_2$–$TiCl_4$ 联合还原法。试样分解后，先用 $SnCl_2$ 将大部分 Fe^{3+} 还原，再以钨酸钠为预还原的指示剂，用 $TiCl_4$ 还原剩余的 Fe^{3+}，至蓝色的 W（Ⅴ）（俗称钨蓝）出现，即表明 Fe^{3+} 已被全部还原。滴加稀重铬酸钾溶液至蓝色刚好退去，以除去过量的 $TiCl_2$。其后的测定步骤与有汞法相同。

2. 化学需氧量的测定

重铬酸钾法适合于工业废水 COD 的测定。具体步骤是，在强酸介质的水样中，以硫酸银为催化剂，加入一定量且过量的重铬酸钾溶液，回流加热。待反应完全后，以邻二氮菲－Fe（Ⅱ）为指示剂，用 Fe（Ⅱ）标准溶液返滴过量的重铬酸钾，根据所消耗的重铬酸钾量换算求得 COD。

例 5–7 今取废水样 100.0 mL，用 H_2SO_4 酸化后，加入 25.00 mL 0.016 67 mol·L^{-1} $K_2Cr_2O_7$ 溶液，以 Ag_2SO_4 为催化剂，煮沸一定时间，待水样中还原性物质较完全地氧化后，以邻二氮杂菲－Fe（Ⅱ）为指示剂，用 0.100 0 mol·L^{-1} $FeSO_4$ 溶液滴定剩余的 $K_2Cr_2O_7$，用去

15.00 mL。计算废水样中化学耗氧量，以 $mg \cdot L^{-1}$ 表示。

解：

$$2Cr_2O_7^{2-}+16H^++3C \xlongequal{} 4Cr^{3+}+3CO_2+8H_2O$$

$$Cr_2O_7^{2-}+6Fe^{2+}+14H^+ \xlongequal{} 2Cr^{3+}+6Fe^{3+}+7H_2O$$

$$3C \sim 2Cr_2O_7^{2-}, \quad 6Fe^{2+} \sim Cr_2O_7^{2-}$$

$$\text{COD}=\frac{n_{总K_2Cr_2O_7}-n_{剩K_2Cr_2O_7}}{V_{样}}\times\frac{3}{2}\times M$$

$$=\frac{0.016\ 67\times25.00\times10^{-3}-\frac{1}{6}\times0.100\ 0\times15.00\times10^{-3}}{\frac{100}{1\ 000}}\times\frac{3}{2}\times32$$

$$=80.04(mg \cdot L^{-1})$$

5.6 碘 量 法

碘量法是利用碘的氧化性、碘离子的还原性进行物质含量测定的方法。I_2 是较弱的氧化剂；I^- 是中等强度的还原剂。碘量法既可测定氧化剂，又可测定还原剂。I_3^-/I^- 电对反应的可逆性好，副反应少，又有很灵敏的淀粉指示剂指示终点，因此碘量法的应用范围很广，可分为直接测定和间接测定两种方式。

案例

5.6.1 直接碘量法

直接碘量法又称为碘滴定法，凡标准电极电位值比碘低的电对，可直接用 I_2 标准溶液滴定还原性物质（如 Sn^{2+}, As_2O_3, S^{2-}, SO_3^{2-}）。其可用淀粉指示剂指示终点，还可利用碘自身的颜色指示终点。直接碘量法只能在酸性、中性或弱碱性溶液中进行。因为在碱性条件下 I_2 易歧化：

$$3I_2+6OH^- \xlongequal{} IO_3^-+5I^-+3H_2O$$

钢铁试样中硫的测定，将试样在近 1 300℃的燃烧管中通入 O_2 燃烧，使硫转化为 SO_2，再用 I_2 溶液滴定，具体反应如下：

试样在高温下通氧燃烧生成 SO_2：

$$3MnS+5O_2 \xlongequal{} Mn_3O_4+3SO_2$$

$$4FeS+7O_2 \xlongequal{} 2Fe_2O_3+4SO_2$$

生成的 SO_2 在淀粉水溶液中被吸收生成 H_2SO_3：

$$SO_2+H_2O \xlongequal{} H_2SO_3$$

生成的 H_2SO_3 用碘酸钾标准溶液滴定：

$$KIO_3+5KI+3H_2SO_4 \longrightarrow 3I_2+3K_2SO_4+3H_2O$$

$$H_2SO_3+I_2+H_2O \longrightarrow H_2SO_4+2HI$$

过量的 I_2 与淀粉指示剂作用呈蓝色，指示终点。

直接碘量法还可以用来测定含有 S_2^-, SO_3^{2-}, $S_2O_3^{2-}$, Sn^{2+}, AsO_3^{3-}, SbO_3^{3-} 及含有二级醇基等物质的含量。

5.6.2 间接碘量法

间接碘量法是利用 I^- 的还原性间接测定氧化性物质含量的方法。测定时先将氧化性物质与过量的 KI 反应析出 I_2，然后可用 $Na_2S_2O_3$ 标准溶液滴定析出的 I_2，通过 $Na_2S_2O_3$ 消耗量，计算氧化剂的含量。该法由于是用 $Na_2S_2O_3$ 标准溶液滴定析出的 I_2，所以又称滴定碘法。在中性或弱酸性溶液中进行的滴定反应为

$$2S_2O_3^{2-}+I_2 \longrightarrow S_4O_6^{2-}+2I^-$$

利用这一方法可以测定许多氧化性物质，如 Cu^{2+}, $Cr_2O_7^{2-}$, IO_3^-, BrO_3^-, AsO_4^{3-}, ClO^-, NO_2^-, H_2O_2, MnO_4^- 和 Fe^{3+} 等。

间接碘量法的反应条件和滴定条件如下：

（1）酸度的影响。I_2 与 $Na_2S_2O_3$ 应在中性、弱酸性溶液中进行反应。

（2）防止 I_2 挥发的方法。在滴定前，加入过量 KI（比理论值大 2~3 倍），减少 I_2 挥发。

（3）防止 I^- 被氧化。

课堂活动 直接碘量法和间接碘量法在定量分析原理上有什么异同？滴定的条件控制有什么差异？

5.6.3 标准溶液的配制和标定

1. 碘标准溶液（0.05 mol · L^{-1}）的配制和标定

（1）配制 由于碘具有挥发性和腐蚀性，通常情况下，碘标准溶液是采用间接法配制。配制 0.05 mol · L^{-1} 时，取碘 13 g，加 36 g 碘化钾与水 50 mL 溶解后，加稀盐酸 3 滴与水适量稀释至 1 000 mL，摇匀，贮存于棕色试剂瓶中备用。

（2）标定 用三氧化二砷（As_2O_3）为基准物质、甲基橙为指示剂，用待标定的碘标准溶液滴定至终点。

2. 硫代硫酸钠标准溶液（0.1 mol · L^{-1}）的配制和标定

$Na_2S_2O_3 \cdot 5H_2O$ 容易风化、氧化，且含少量的 S, S^{2-}, SO_3^{2-}, CO_3^{2-}, Cl^- 等杂质，故不能用直接法配制，只能用间接法配制。

（1）配制 $Na_2S_2O_3$ 溶液采取间接法配制。操作步骤：称取硫代硫酸钠 26 g 与无水碳

酸钠 0.2 g，加新煮沸过的冷水适量稀释至 1 000 mL，摇匀，放置 8~10 天，滤过，备用。

在 $Na_2S_2O_3$ 溶液的配制过程中应采取下列措施：

① 为了除去水中的微生物，用新煮沸冷却后的蒸馏水配制。

② 配制时加入少量的 Na_2CO_3，使溶液呈弱碱性，可减少溶解在水中的 CO_2 和 O_2，杀死微生物。

③ 将配制溶液置于棕色瓶中，放置 8~10 天，待其浓度稳定后再标定，但若发现溶液浑浊，需重新配制。

（2）标定　标定 $Na_2S_2O_3$ 溶液常用的基准物质有 $K_2Cr_2O_7$，KIO_3 等，其中以 $K_2Cr_2O_7$ 基准物质最为常用。以 $K_2Cr_2O_7$ 为基准物质，加入碘化钾置换出定量的碘，再用硫代硫酸钠标准溶液滴定碘。

标定方法如下：

精密称取在 120℃ 干燥至恒重的基准物质重铬酸钾 0.15 g，置于碘量瓶中，加水 50 mL 溶解，加碘化钾 2.0 g，轻轻振摇，加稀硫酸 40 mL，摇匀，密塞，水封后在暗处放置 10 min，取出加水 50 mL 稀释，用待标定 $Na_2S_2O_3$ 溶液滴定至近终点时，加淀粉指示剂 3 mL，继续滴定至溶液由蓝色变亮绿色为终点。

5.6.4 碘量法的终点指示

碘量法一般选择淀粉水溶液作终点指示剂，I_2 与淀粉呈现蓝色，其显色灵敏度高。但应注意以下几点：

（1）所用的淀粉必须是可溶性淀粉。

（2）由于 I^- 与淀粉的蓝色在热溶液中会消失，所以不能在热溶液中进行滴定。

（3）淀粉在弱酸性溶液中灵敏度很高，显蓝色；但当 pH<2 时，淀粉会水解，与 I_2 作用显红色；当 pH>9 时，I_2 转变为 IO^- 与淀粉不显色。

（4）直接碘量法终点时，溶液由无色突变为蓝色，故应在滴定开始时加入淀粉溶液。间接碘量法用淀粉指示液指示终点时，应等滴至 I_2 的黄色很浅时再加入淀粉指示液，若滴定开始时就加入淀粉溶液，则它易与 I_2 形成蓝色配合物而吸附 I_2，使终点提前。

5.6.5 应用实例

1. 安乃近的质量分数测定

安乃近属于解热镇痛及非甾体抗炎镇痛药，用于高热时的解热，也可用于头痛、偏头痛、肌肉痛、关节痛、痛经等。《中华人民共和国药典》（2010 年版）对其含量测定采用了直接碘量法。

药典中的氧化还原滴定法

操作如下：取安乃近约0.3 g，精密称量，加入乙醇与0.01 mol·L^{-1}盐酸各10 mL溶解后，立即用碘滴定液（0.05 mol·L^{-1}）滴定（控制滴定速度为3~5 mL·min^{-1}），直至溶液所显的浅黄色在30 s内不褪去即达到滴定终点。1 mL碘滴定液（0.05 mol·L^{-1}）相当于16.67 mg的安乃近。

2. 维生素C的质量分数测定

维生素C又称为抗坏血酸（$C_6H_8O_6$，摩尔质量为176.12 g·mol^{-1}）。由于维生素C分子中的烯二醇基，具有还原性，所以它能被I_2定量地氧化成二酮基。其反应为

$$C_6H_8O_6+I_2 \xlongequal{} C_6H_6O_6+2HI$$

用直接碘量法可测定药片、注射液、饮料、蔬菜、水果等中的维生素C含量。

例5-8 准确称取维生素C 0.221 0 g，置于盛有40 mL新煮沸过的冷蒸馏水的锥形瓶中，加入稀HAc溶液10 mL，摇匀，使之溶解，加淀粉指示剂1 mL，立即用0.050 00 mol·L^{-1} I_2标准溶液滴定至溶液显蓝色且30 s内不褪色，消耗23.42 mL，计算维生素C的含量。

解：维生素C（$C_6H_8O_6$）与I_2的反应为

$$C_6H_8O_6+I_2 \xlongequal{} C_6H_6O_6+2HI$$

根据上述化学反应计量关系式，维生素C的含量为

$$w=\frac{V_{I_2}\times c_{I_2}\times M_{C_6H_8O_6}\times 10^{-3}\ \text{L}\cdot\text{mL}^{-1}}{m}\times 100\%$$

$$=\frac{0.050\,00\times 23.42\times 176.12\times 10^{-3}\ \text{L}\cdot\text{mL}^{-1}}{0.221\,0}\times 100\%=93.32\%$$

3. 焦亚硫酸钠的含量测定

焦亚硫酸钠常作为药品和食品中的抗氧剂，焦亚硫酸钠具有较强的还原性，能被碘氧化。因此，可采用返滴定法，先加入过量的碘标准溶液，然后用$Na_2S_2O_3$标准溶液回滴剩余的碘，来测定其含量，并用空白试验对结果进行校正。

$$Na_2S_2O_5+2I_2(\text{过量})+3H_2O \xlongequal{} Na_2SO_4+H_2SO_4+4HI$$

$$I_2(\text{剩余})+2Na_2S_2O_3 \xlongequal{} Na_2S_4O_6+2NaI$$

例5-9 精密称取焦亚硫酸钠0.160 4 g，置于碘量瓶中，精密加入碘标准溶液50 mL，密塞，溶解后加入10 mL HCl溶液，然后用0.103 8 mol·L^{-1} $Na_2S_2O_3$标准溶液滴定，至近终点时，加入淀粉指示剂1 mL，继续滴定至蓝色消失，消耗$Na_2S_2O_3$标准溶液10.58 mL，空白试验消耗$Na_2S_2O_3$标准溶液42.97 mL，计算焦亚硫酸钠的含量。

解：根据焦亚硫酸钠与碘及碘与硫代硫酸钠的反应化学计量关系可得

$$Na_2S_2O_5\sim 2I_2\sim 4Na_2S_2O_3$$

因此，焦亚硫酸钠的百分含量为

$$w=\frac{\frac{1}{4}c_{Na_2S_2O_3}\times[V_{Na_2S_2O_3}(\text{空白})-V_{Na_2S_2O_3}(\text{回滴})]\times M_{Na_2S_2O_5}\times10^{-3}\ \text{L}\cdot\text{mL}^{-1}}{w}\times100\%$$

$$=\frac{\frac{1}{4}\times0.103\ 8\times(42.97-10.58)\times190.09\times10^{-3}}{0.160\ 4}\times100\%=99.61\%$$

5.7 亚硝酸钠法

亚硝酸钠滴定法(sodium nitrite method)是利用亚硝酸钠滴定液在盐酸中与有机氨类化合物发生重氮化反应或者亚硝基化反应进行的氧化还原滴定法。

案例

原理：芳香伯胺类药物，在盐酸存在下，能定量地与亚硝酸钠产生重氮化反应。

反应式：

$$Ar—NH_2+NaNO_2+2HCl═══Ar—N═N^+Cl^-+NaCl+2H_2O$$

重氮化法主要适用于芳伯胺类药物的测定(如磺胺类药物、盐酸普鲁卡因、苯佐卡因、氨苯砜等)。亚硝基化主要适用于芳仲胺类药物(如盐酸丁卡因等)。此外，某些化合物(如芳香族硝基化合物、芳酰胺等)经化学处理能转化为芳伯胺，也可用重氮化滴定法进行测定。

芳香族仲胺在盐酸中与亚硝酸钠发生亚硝基化反应：

$$Ar—NHR+NaNO_2+HCl═══Ar—NR—NO+NaCl+H_2O$$

上述反应中，芳香伯胺和芳香仲胺与亚硝酸钠的化学反应计量关系都是 1∶1。习惯上，把用亚硝酸钠滴定芳香伯胺类化合物的方法称为重氮化滴定法，用亚硝酸钠滴定芳香仲胺类化合物的方法称为亚硝基化滴定法，两者总称为亚硝酸钠法。

5.7.1 滴定条件

重氮化滴定法是最为常用的方法，滴定时，应注意以下几点。

1. 酸的种类及浓度

重氮化反应的速率与酸的种类及浓度有关，在 HBr 中反应最快，HCl 中次之，H_2SO_4 或 HNO_3 中反应最慢。因 HBr 较贵，所以多用盐酸。往往加入过量的盐酸来加快反应的速率，使生成的重氮盐稳定，同时也可防止重氮氨基化合物的形成。但酸度也不宜过高，否则阻碍了芳伯氨基的游离，反而影响重氮化反应的速率。实际的滴定分析中，酸度一般控制在 $1\sim2\ \text{mol}\cdot\text{L}^{-1}$ 为宜。

2. 反应温度与滴定速度

重氮化反应的反应速率较慢。因此，温度不能过低，温度过低，反应的速率太慢；但温度太高会加速亚硝酸的挥发和分解：

$$3HNO_2 = HNO_3 + 2NO + H_2O$$

《中华人民共和国药典》规定，在 10~30℃条件下快速滴定，即在滴定时将滴定管尖端插入液面下约 2/3 处，一次将大部分亚硝酸钠滴定液在搅拌下迅速加入。在近终点时，将滴定管尖端提出液面，用少量水淋洗尖端，继续缓缓滴定至终点。将滴定管尖端插入液面下滴定可避免 HNO_2 的逸失。近终点时，药物浓度极稀，滴定反应速率变慢，所以应缓缓滴定。这种“快速滴定法”可有效缩短滴定的时间，保证分析结果的准确度。

5.7.2 亚硝酸钠法指示终点的方法

亚硝酸钠滴定法中滴定终点的确定，可采用指示剂法和电位法。指示剂法又可分为内指示剂和外指示剂法。

1. 内指示剂法

内指示剂法是指将指示剂加入待测溶液中，根据指示剂颜色的变化来判断滴定的终点。常用的内指示剂有：橙黄Ⅳ、亮甲酚蓝、二苯胺、中性红等。

内指示剂法指示终点虽然方便，但往往在终点达到时，变色不够敏锐，尤其是当生成的重氮盐有颜色时，终点更难确定。

2. 外指示剂法

指示剂不直接加入待测溶液中，而在化学计量点附近用玻璃棒蘸取少许溶液在外面与指示剂接触，根据指示剂颜色的变化来判断终点，称为外指示剂法。外指示剂可制成糊状，也可制成试纸使用，如碘化钾－淀粉混合指示剂。

使用外指示剂，在接近终点附近时，要多次取用待测溶液。由于多次外试损耗试样溶液，导致误差增大。同时，外指示剂法的操作也较为麻烦。

鉴于内指示剂法的终点变色不够敏锐，外指示剂法出现的误差太大。因此，《中华人民共和国药典》（2010 年版）对亚硝酸钠滴定法均采用永停滴定法确定终点。

5.7.3 $NaNO_2$ 标准溶液的配制和标定

1. $NaNO_2$ 标准溶液的配制

亚硝酸钠标准溶液的稳定性较差，在 pH=10 附近最稳定，长期存放时浓度显著下降。因此，在配制亚硝酸钠标准溶液时，常加少量的碳酸钠作为稳定剂。亚硝酸钠标准溶液不能用直接法配制。配制时，先称取稍多于理论量的 $NaNO_2$，加入少量的无水碳酸钠，用新煮沸过的冷水溶解，配成近似浓度的溶液。

2. $NaNO_2$ 标准溶液的标定

目前标定亚硝酸钠标准溶液常用的基准物质是对氨基苯磺酸，对氨基苯磺酸难溶于水，须先用氨水溶解，然后再用盐酸中和氨。

方法：取在 120℃ 干燥至恒重的基准物质对氨基苯磺酸约 0.5 g，精密称量，加水 30 mL 与浓氨试液 3 mL，溶解后，再加入盐酸 20 mL，搅拌，在 30℃ 以下用待标定的亚硝酸钠溶液迅速滴定，滴定时将滴定管尖端插入液面下约 2/3 处，随滴随搅拌；至近终点时，将滴定管尖端提出液面，用少量蒸馏水洗涤尖端，洗涤液并入溶液中，继续缓缓滴定，按照永停滴定法指示终点。

5.7.4　亚硝酸钠法的应用

盐酸普鲁卡因等具有芳香第一胺的结构的药物，在酸性条件下可与亚硝酸钠发生重氮化反应，可用亚硝酸钠滴定法测定含量。

例 5-10　取注射用盐酸普鲁卡因粉末，精密称定 0.574 6 g，加入 0.2 g 溴化钾，30 mL 纯化水，5 mL 稀盐酸振摇溶解，在 15~25℃ 的条件下，按照永停滴定法，用 0.101 8 $mol \cdot L^{-1}$ 亚硝酸钠滴定液进行滴定，消耗亚硝酸钠滴定液 20.04 mL。1 mL 亚硝酸钠滴定液（0.1 $mol \cdot L^{-1}$）相当于 27.28 mg $C_{13}H_{20}N_2O_2 \cdot HCl$，计算盐酸普鲁卡因的百分含量。

解：盐酸普鲁卡因的百分含量为

$$w=\frac{V\times T\times F\times 10^{-3}\ \mathrm{L\cdot mL^{-1}}}{m}\times 100\%=\frac{20.04\times 27.28\times \dfrac{0.101\ 8}{0.1}\times 10^{-3}}{0.574\ 6}\times 100\%=96.86\%$$

5.8　其他氧化还原滴定法

除了前面介绍的碘量法、高锰酸钾法、重铬酸钾法和亚硝酸钠法外，还有一些其他的氧化还原滴定法，如硫酸铈法、溴酸钾法等。

5.8.1　硫酸铈法

硫酸铈（Ⅳ）是一种强氧化剂。但由于酸度低时，四价铈易水解，故本法需要在强酸下使用。

案例

与高锰酸钾法相比，硫酸铈法的优点如下：

（1）固体试剂 $Ce(SO_4)_2 \cdot (NH_4)_2SO_4 \cdot 2H_2O$ 易提纯，因而可以作为基准物质直接配制标准溶液。

（2）$Ce(SO_4)_2$ 标准溶液很稳定，长时间放置后浓度不变，不必重新标定。

（3）可在 HCl 介质中用 Ce^{4+} 滴定 Fe^{2+}。虽然 Ce^{4+} 也能氧化 Cl_2，但反应速率比较慢；且滴定时 Ce（Ⅳ）首先与 Fe^{2+} 反应，达到化学计量点后才慢慢与 Cl^- 反应。故 Cl^- 的存在没有影响。

（4）Ce^{4+} 还原为 Ce^{3+} 是单电子转移，反应简单，不生成中间产物，副反应少。值得注意的是，Ce^{4+} 为黄色，Ce^{3+} 为无色，考虑到 Ce^{4+} 的黄色不够深，为使终点变色敏锐，一般采用邻二氮菲 -Fe（Ⅱ）为指示剂。但铈盐的价格较贵，使硫酸铈法的应用受到了限制。《中华人民共和国药典》（2010 年版）采用铈量法测定含量的药物主要包括：硫酸亚铁片、硫酸亚铁缓释片、硫酸亚铁及其制剂、富马酸亚铁及其制剂等。

5.8.2　溴酸钾法

$KBrO_3$ 是一种强氧化剂，它在酸性溶液中的氧化还原半反应和标准电极电位为

$$BrO_3^- + 6H^+ + 6e^- \rightleftharpoons Br^- + 3H_2O \qquad \varphi^{\ominus} = 1.44\ V$$

$KBrO_3$ 试剂易提纯，可以作为基准物质直接配制标准溶液，其浓度可采用间接碘量法标定。即在酸性 $KBrO_3$ 溶液中加入过量 KI，生成与 $KBrO_3$ 化学计量相当的 I_2，再以淀粉为指示剂，用 $Na_2S_2O_3$ 标准溶液滴定生成的 I_2。在酸性溶液中，可以用 $KBrO_3$ 标准溶液直接滴定一些还原性物质，如 As（Ⅲ）、Sb（Ⅱ）和 Sn（Ⅱ）等。

溴酸钾法主要用于测定有机物。Br_2 可以与许多有机物定量发生取代反应或加成反应。但 Br_2 的水溶液很不稳定，因此不适合作标准溶液。为此可在 $KBrO_3$ 标准溶液中加入过量的 KBr，组成 $KBrO_3$–KBr 标准溶液。

在表 5–4 中列出了常用的氧化还原指示剂。

表 5–4　常用的氧化还原指示剂

序号	名称	氧化型颜色	还原型颜色	化学计量点电位 /V	浓度
1	二苯胺	紫色	无色	+0.76	1% 浓硫酸溶液
2	二苯胺磺酸钠	紫红色	无色	+0.84	0.2% 水溶液
3	亚甲基蓝	蓝色	无色	+0.532	0.1% 水溶液
4	中性红	红色	无色	+0.24	0.1% 乙醇溶液
5	喹啉黄	无色	黄色		0.1% 水溶液
6	淀粉	蓝色	无色	+0.53	0.1% 水溶液

续表

序号	名称	氧化型颜色	还原型颜色	化学计量点电位 /V	浓度
7	孔雀绿	棕色	蓝色		0.05% 水溶液
8	劳氏紫	紫色	无色	+0.06	0.1% 水溶液
9	邻二氮菲 – 亚铁	浅蓝色	红色	+1.06	(1.485 g 邻二氮菲 +0.695 g 亚硫酸铁)溶于 100 mL 水
10	酸性绿	橘红色	黄绿色	+0.96	0.1% 水溶液
11	专利蓝 V	红色	黄色	+0.95	0.1% 水溶液

5.9 课程思政任务单

5.10 习 题

填空题

1. 标定硫代硫酸钠溶液一般可选________作基准物质，标定高锰酸钾溶液一般选用________作基准物质。

2. 氧化还原滴定中，采用的指示剂类型有________和________。

3. 高锰酸钾标准溶液应采用________方法配制，重铬酸钾标准溶液应采用________方法配制。

4. 碘量法中使用的指示剂为________，高锰酸钾法中采用的指示剂一般为________。

5. 氧化还原反应是基于________转移的反应，比较复杂，反应常是分步进行的，需要一定时间才能完成。因此，氧化还原滴定时，要注意________速度与________速度相适应。

6. 标定硫代硫酸钠溶液常用的基准物质为________，基准物质先与________试剂反应生成________，再用硫代硫酸钠溶液滴定。

7. 碘在水中的溶解度小,挥发性强,所以配制碘标准溶液时,将一定量的碘溶于________溶液。

8. 氧化还原指示剂的变色范围为________,选择指示剂的原则是________。

选择题

1. 标定 $KMnO_4$ 滴定液时,常用的基准物质是(　　)。

A. $K_2Cr_2O_7$　　B. $Na_2C_2O_4$　　C. $Na_2S_2O_3$　　D. KIO_3

2. 在酸性介质中,用 $KMnO_4$ 溶液滴定草酸盐溶液时,滴定应(　　)。

A. 在开始时缓慢,以后逐步加快,近终点时又减慢滴定速度

B. 像酸碱滴定一样快速进行

C. 始终缓慢进行

D. 开始时快,然后减慢

3. 在间接碘量法中,加入淀粉指示剂的适宜时间是(　　)。

A. 滴定开始时

B. 滴定近终点时

C. 滴入滴定液近 30% 时

D. 滴入滴定液一半时

4. 氧化还原滴定的主要依据是(　　)。

A. 滴定过程中氢离子浓度发生变化

B. 滴定过程中金属离子浓度发生变化

C. 滴定过程中电极电位发生变化

D. 滴定过程中有配合物生成

5. 下列物质中,可以用氧化还原滴定法测定的是(　　)。

A. 草酸　　B. 醋酸　　C. 盐酸　　D. 硫酸

6. 直接碘量法应控制的条件是(　　)。

A. 强酸性条件　　B. 强碱性条件

C. 中性或弱酸性条件　　D. 什么条件都可以

7. 提高氧化还原反应的速率可采取(　　)措施。

A. 增加温度　　B. 加入配位剂

C. 加入指示剂　　D. 减少反应物浓度

8. 下列说法正确的是(　　)。

A. 平衡常数大的氧化还原反应能用于滴定分析

B. 讨论氧化还原反应能否进行时，不仅要从热力学角度考虑反应可行性，还应从动力学角度考虑反应进行的现实性

C. 在滴定分析中都可以利用加热的办法来加速反应的进行

D. 在氧化还原滴定分析中，化学计量点电位φ位于滴定突跃的中点

9. 氧化还原滴定曲线是(　　)变化曲线。

A. 溶液中金属离子浓度与 pH 关系

B. 氧化还原电极电位与滴定剂用量关系

C. 溶液 pH 与金属离子浓度关系

D. 溶液 pH 与滴定剂用量关系

10. 电极电位对判断氧化还原反应的性质很有用，但它不能判断(　　)。

A. 氧化还原反应的完全程度　　B. 氧化还原反应速率

C. 氧化还原反应的方向　　D. 氧化还原能力的大小

综合题

1. 碘量法的主要误差来源有哪些？如何消除？

2. 氧化还原滴定的主要依据是什么？它与酸碱滴定法有什么相似点和不同点？

3. 氧化还原性指示剂的变色原理和选择原则与酸碱指示剂有何异同？

4. 今有不纯的 KI 试样 0.350 4 g，在 H_2SO_4 溶液中加入纯 K_2CrO_4 0.194 0 g 与之反应，煮沸逐出生成的 I_2。放冷后又加入过量 KI，使之与剩余的 K_2CrO_4 作用，析出的 I_2 用 0.102 0 mol · L^{-1} $Na_2S_2O_3$ 标准溶液滴定，用去 10.23 mL。试样中 KI 的质量分数是多少？

5. 将等体积的 0.40 mol · L^{-1} Fe^{2+} 溶液和 0.10 mol · L^{-1} Ce^{4+} 溶液相混合，若溶液中 H_2SO_4 浓度为 0.5 mol · L^{-1}，则反应达平衡后，Ce^{4+} 的浓度是多少？

6. 根据$\varphi^{\ominus}_{Hg_2^{2+}/Hg}$ 和 Hg_2Cl_2 的 K_{sp}，计算$\varphi^{\ominus}_{Hg_2Cl_2/Hg}$。若溶液中 Cl^- 的浓度为 0.010 mol · L^{-1} 时，则 Hg_2Cl_2/Hg 电对的电极电位是多少？

7. $K_3Fe(CN)_6$ 在强酸溶液中能定量地氧化 I^- 为 I_2，因此可用它为基准物质标定 $Na_2S_2O_3$ 溶液。试计算 2 mol · L^{-1} HCl 溶液中 $Fe(CN)_6^{3-}/Fe(CN)_6^{4-}$ 电对的条件电极电位。

8. 计算 1 mol · L^{-1} HCl 溶液中用 Fe^{3+} 滴定 Sn^{2+} 时化学计量点的电位，并计算滴定至 99.9% 和 100.1% 时的电位。说明为什么化学计量点前后同样变化 0.1%，但电位的变化不相同。

9. 用一定体积(毫升)的 $KMnO_4$ 溶液恰能氧化一定质量的 $KHC_2O_4 \cdot H_2C_2O_4 \cdot$

$2H_2O$；如用 0.200 0 $mol \cdot L^{-1}$ NaOH 溶液中和同样质量的 $KHC_2O_4 \cdot H_2C_2O_4 \cdot 2H_2O$，所需 NaOH 溶液的体积恰为 $KMnO_4$ 溶液的一半。试计算 $KMnO_4$ 溶液的浓度。

10. 用碘量法测量钢中硫时，先使硫燃烧成 SO_2，被含有淀粉的水溶液吸收后，用标准碘溶液滴定。若称取含硫 0.051% 的标准试样和待测试样各 500.00 mg，滴定前者用去碘溶液 11.60 mL，滴定后者则用去 7.00 mL，试用滴定度来表示碘溶液的浓度，并计算待测试样中 S 的含量。滴定反应为

$$I_2 + SO_2 + 2H_2O \xlongequal{\quad} 2I^- + SO_4^{2-} + 4H^+$$

11. 称取含有 KI 的试样 0.500 0 g，溶于水后先用 Cl_2 水氧化 I^- 为 IO_3^-，煮沸除去过量 Cl_2；再加入过量 KI 试剂，滴定 I_2 时消耗了 0.020 82 $mol \cdot L^{-1}$ $Na_2S_2O_3$ 溶液 21.30 mL。计算试样中 KI 的质量分数。

参考答案

5.11 思维导图和电子课件

5.12 拓展知识

第 6 章

重量分析法与沉淀滴定

学习导航

知识目标

1. 熟悉莫尔法、福尔哈德法及吸附指示剂法的基本原理和特点。
2. 掌握沉淀滴定法的应用和计算。
3. 了解重量分析法的基本原理，熟悉重量分析法的应用。

能力目标

1. 能熟悉和使用银量法中常用的三种方法原理、条件、应用范围。
2. 能灵活掌握并应用沉淀滴定法的计算。
3. 能熟悉重量分析法的使用条件、注意事项及对沉淀法的影响。

思政目标

1. 针对沉淀的生成让学生理解“量变到质变”的辩证思想，质变依赖于量变，质变不是偶然的而是以量变为基础的。《荀子 · 劝学》中说“不积跬步，无以至千里；不积小流，无以成江海”；《老子》一书中说“合抱之木，生于毫末；九层之台，起于累土；千里之行，始于足下”。量变是质变的准备，量变到一定程度才有质变。启发学生，学习是日积月累的过程，持之以恒才能成就人生。

2. 在沉淀－溶解平衡的原理中，形成沉淀的构晶离子的浓度只有达到一定的量后，才能形成沉淀，让学生知道事物的相对性及制衡的状态，要保持相对平衡就要有一种相互制约的辩证关系。

3. 通过盐效应，引导学生理解“过犹不及”的人生哲理，让学生明白对一些没有经验可借鉴的事或物，需要敢闯敢试，但也要注意选择正确的“度”和“量”，采取“方向坚定不移，方法因地制宜”的策略，才能走向成功。

4. 针对三种银量法在应用条件上的对比，让学生知道任何科学研究都是对特定条件下的测定方法研究，要在研究中注意细节和实验条件，树立“量”的概念。

5. 懂得重量分析法的应用，如痕量物质的分离、富集可以利用共沉淀的原理，用学到的知识服务社会，理论与实际相结合。

案例导入

居里夫人提取镭

居里夫妇发现提炼铀后的矿渣仍具有超高的辐射强度，由此推断其中可能含有未知的放射性元素。1898 年，在奥匈帝国科学院同行的帮助下，他们以低廉的价格从波希米亚的圣约阿希姆斯塔尔矿区购买了几吨矿渣。二人希望从这些沥青铀矿残渣中提取出极微量的放射性元素，但这无疑是一项艰巨的任务。

合作者德比尔纳（Andre Debierne）提出了一种方法：首先在工厂中预处理矿渣，将其放入碳酸钠浓溶液中煮沸，使其中的硫酸盐转变为碳酸盐。然后用清水彻底清洗碳酸盐，再用稀盐酸反复处理。经过这些步骤，从 1 t 矿渣中可以得到 8 kg 氯化钡和氯化镭的混合物，其放射性强度约为金属铀的 60 倍。

由于氯化钡比氯化镭更易溶于水，因此可以利用混合物在纯水中的分级结晶特性，将其分离出来，并在加入盐酸的水中形成结晶。最终，居里夫妇成功提取出纯的氯化镭晶体。以上的过程中，涉及了沉淀的转化，针对沉淀的转化，硫酸钡的 K_{sp} 小于碳酸钡的 K_{sp} 值，工业上却可以将硫酸钡转化为碳酸钡，思考如下几个问题：至少需要多大浓度的碳酸钠溶液浸泡才能实现转化？硫酸钡、硫酸镭及碳酸钡－碳酸镭总是混合在一起的原因是什么？这是一种什么现象？请在下面的课程学习中寻找答案！

本章重点介绍重量分析法与沉淀滴定法。重量分析法简称重量法，是将待测组分与试样中的其他组分分离后，转化为一定的称量形式，然后称量它的质量，再据此计算该组分的含量的定量分析法。沉淀滴定法则是依据生成沉淀的反应建立的滴定分析法，应用最多的是银量法。无论是重量分析法还是沉淀滴定法都涉及沉淀的溶解度、沉淀条件的控制等。

6.1 沉淀的溶解度及其影响因素

沉淀的溶解度会影响沉淀重量分析法和沉淀滴定法的准确度。在水中绝对不溶的物质并不存在,只是溶解的多少不同。若沉淀溶解损失量不超过 0.1 mg,则不影响测定的准确度。如果控制好沉淀条件,就可以降低溶解损失,并获得更高的准确度。

6.1.1 溶解度与固有溶解度,溶度积与条件溶度积

对于 MA 型难溶化合物(如 AgBr),在水溶液中有如下的平衡关系:

$$MA(s) \rightleftharpoons MA(l) \rightleftharpoons M^+(aq) + A^-(aq)$$

其中,MA(l)可以是不带电荷的分子 MA,也可以是离子对 M^+A^-。[MA(l)]在一定温度下是常数,称为固有溶解度,以 s^0 表示。若溶液中没有影响沉淀溶解度的因素存在,则固体 MA 的溶解度为固有溶解度和离子 M^+(或 A^-)浓度之和,即

$$s = s^0 + [M^+] = s^0 + [A^-]$$

对于大多数电解质来说,s^0 较小,所以一般在计算中会忽略。但有的化合物固有溶解度较大,如 $HgCl_2$($K=2\times10^{-14}$),在水中的溶解度约 1.7×10^{-5} mol·L^{-1},但实际测得的溶解度约 0.25 mol·L^{-1},说明 $HgCl_2$ 以分子形式溶解的量很多,而以 Hg^{2+}(或 Cl^-)溶解的量很少。

与配位反应类似,除了形成沉淀的主反应外,沉淀 MA 在水中的平衡关系还可能存在多种副反应。如组成沉淀的金属离子会发生水解、与多种配位剂配位;组成沉淀的阴离子与 H^+ 结合成弱酸。在这类复杂体系中,难溶电解质的 s 与 K 的关系较为复杂,此时沉淀的溶度积常数为

$$K_{sp} = [M][A] = \frac{[M'][A']}{\alpha_M\alpha_A} = \frac{K'_{sp}}{\alpha_M\alpha_A}$$

此时,条件溶度积常数为

$$K'_{sp} = [M'][A'] = K_{sp}\alpha_M\alpha_A$$

$$s = [M'] = [A'] = \sqrt{K'_{sp}} = \sqrt{K_{sp}\alpha_M\alpha_A}$$

如果引入活度系数,则溶度积常数为

$$K_{sp} = [M][A] = \frac{K^{\ominus}_{sp}}{\gamma_{M^+}\gamma_{A^-}}$$

$K^{\ominus}$是离子的活度积,称为活度积常数,它仅随温度的变化而变化。溶度积常数 K_{sp} 与溶液中离子强度有关。在重量分析法测定时,大多会加入过量沉淀剂,此时离子强度增大,引用溶度积计算才符合实际情况。

由以上公式可知，如果发生副反应则会使条件溶度积增大，从而增大沉淀的溶解度；溶液离子强度增大，也会使沉淀溶解度增大。

6.1.2 影响沉淀溶解度的因素

由于沉淀 – 溶解平衡、离子强度、副反应、水解等因素导致同离子效应、盐效应、酸效应、配位效应等都可以影响沉淀的溶解度。

1. 同离子效应

当沉淀到达溶解平衡后，向溶液中加入组成沉淀的构晶离子试剂或溶液，使沉淀溶解度降低的现象，称为同离子效应。这是唯一使沉淀溶解度降低的条件。

例 6–1 在 298 K 时，比较 $PbSO_4$ 在纯水和在 0.01 $mol\cdot L^{-1}$ Na_2SO_4 溶液中的溶解度。已知 298 K 时 $K_{sp}^{\ominus}(PbSO_4)=2.53\times10^{-8}$。

解： 设 $PbSO_4$ 在纯水中的溶解度为 $s(mol\cdot L^{-1})$，$PbSO_4$ 的解离平衡为

$$PbSO_4(s) \rightleftharpoons Pb^{2+}(aq) + SO_4^{2-}(aq)$$

$$c(mol\cdot L^{-1}) \qquad s \qquad s$$

$$K_{sp}(PbSO_4)=[Pb^{2+}][SO_4^{2-}]=s^2$$

$$s=\sqrt{2.53\times10^{-8}}=1.59\times10^{-4}$$

$$s=1.59\times10^{-4} mol\cdot L^{-1}$$

设在 0.01 $mol\cdot L^{-1}$ Na_2SO_4 溶液中，$PbSO_4$ 的溶解度为 $s'(mol\cdot L^{-1})$，则

$$PbSO_4(s) \rightleftharpoons Pb^{2+}(aq) + SO_4^{2-}(aq)$$

$$c(mol\cdot L^{-1}) \qquad s' \qquad s'+0.01\ mol\cdot L^{-1}$$

$$K_{sp}(PbSO_4)=s'(s'+0.01)$$

因为在纯水中 $s=1.59\times10^{-4}\ mol\cdot L^{-1}$，说明 $PbSO_4$ 的溶解度很小，所以

$$s'+0.01\ mol\cdot L^{-1}\approx 0.01\ mol\cdot L^{-1}$$

$$K_{sp}^{\ominus}(PbSO_4)=s'\times0.01$$

$$s'=\frac{2.53\times10^{-8}}{0.01}$$

$$s'=2.53\times10^{-6}\ mol\cdot L^{-1}$$

由例 6–1 可知，同离子效应使难溶电解质的溶解度降低。因此，在重量分析中，常使用过量的沉淀剂利用同离子效应降低沉淀的溶解度，以使沉淀完全。沉淀剂过量的程度，应根据沉淀剂的性质来确定。若沉淀剂不易挥发，则一般过量 20%~50%；若沉淀剂易挥发除去，则过量程度可大些，有时可以过量 100%。

2. 盐效应

加入与难溶电解质具有不同离子的易溶强电解质而使难溶电解质溶解度增大的现象叫盐效应。当存在大量电解质时，$\gamma_{M^+}\cdot\gamma_{A^-}$ 减小，K_{sp} 值增大。例如，当溶液中 $MgCl_2$ 的浓度由 0 增加至 0.008 0 mol·L^{-1} 时，$BaSO_4$ 的溶解度由 1.04×10^{-6} mol·L^{-1} 增大到 1.9×10^{-6} mol·L^{-1}。有时沉淀剂加入过多也会引起盐效应，使沉淀的溶解度有所增加。以 $PbSO_4$ 在不同浓度 Na_2SO_4 溶液中溶解度的变化为例，如下：

c/(mol·L^{-1})	0	0.001	0.01	0.02	0.04	0.1	0.2
s/(mol·L^{-1})	0.15	0.024	0.016	0.014	0.013	0.016	0.023

Na_2SO_4 浓度为 0~0.04 mol·L^{-1} 时，浓度增大，$PbSO_4$ 溶解度减小，以同离子效应为主；Na_2SO_4 浓度为 0.04~0.2 mol·L^{-1} 时，浓度增大，$PbSO_4$ 溶解度增大，以盐效应为主。

3. 酸效应

溶液酸度对沉淀溶解度的影响称为酸效应。

酸度对强酸型沉淀物的溶解度影响不大，但对弱酸型或多元酸型沉淀物的溶解度影响较大，pH 减小，S 增大。因为酸度变化，构晶离子会与溶液中的 H^+ 或 OH^- 反应，降低了构晶离子的浓度，使沉淀－溶解平衡移向溶解，从而使沉淀溶解度增大。

4. 配位效应

配位剂与构晶离子形成配合物，使沉淀的溶解度增大的现象称为配位效应。

$$AgCl \rightleftharpoons Ag^+ + Cl^-$$

$$Ag^+ + 2NH_3 \rightleftharpoons Ag(NH_3)_2^+$$

当沉淀剂本身又是配位剂时，既有同离子效应，又有配位效应，应避免加入过多。

$$AgCl \rightleftharpoons Ag^+ + Cl^-$$

$$AgCl + Cl^- \rightleftharpoons AgCl_2^-$$

$$AgCl_2^- + Cl^- \rightleftharpoons AgCl_3^{2-}$$

5. 其他影响因素

(1) 温度　绝大多数溶解是吸热过程，因此沉淀的溶解度随温度升高而增大。但沉淀的性质和类型不同，温度的影响程度也不同。对于溶解度较大的晶形沉淀如 $MgNH_4PO_4$，为了避免损失，应在热溶液中沉淀，然后在室温下进行过滤和洗涤。如果沉淀的溶解度很小，如 $Fe_2O_3\cdot nH_2O$，$Al_2O_3\cdot nH_2O$ 和其他氢氧化物，或者受温度影响小的，为了加快过滤可以趁热过滤和洗涤。

(2) 溶剂　大部分无机难溶盐是离子型晶体，溶解度受溶剂极性影响较大，溶剂极性越大，无机难溶盐溶解度越大。为了降低沉淀的溶解度，可以加入适量与水互溶的有机溶剂，降低溶剂的极性，减小难溶盐的溶解度。如 $PbSO_4$ 在 30% 乙醇水溶液中的溶解度约为在纯水中溶解度的 1/20。

(3) 沉淀颗粒大小　处于沉淀表面上的分子或离子，受溶剂分子的作用，易进入溶液，溶解度增大。同一种沉淀在相同质量时，颗粒越小，表面积越大，与溶剂分子接触面越大，所以小颗粒沉淀比大颗粒沉淀溶解度更大。例如，大颗粒的 $SrSO_4$ 沉淀，其溶解度为 $6.2\times10^{-4}\ mol\cdot L^{-1}$。当晶粒直径减小至 0.05 μm 时，溶解度为 $6.7\times10^{-4}\ mol\cdot L^{-1}$，约增大 8%。当晶粒直径减小至 0.01 μm 时，溶解度为 $9.3\times10^{-4}\ mol\cdot L^{-1}$，约增大 50%。在沉淀重量分析法中，应尽可能获得大颗粒的沉淀，这样在减小溶解损失的同时也易于过滤和洗涤，同时吸附杂质也少。

（4）胶体形成　进行无定形沉淀反应时易形成胶体溶液，胶体微粒小，可透过滤纸而损失，因此常加入适量电解质防止沉淀胶溶。如 $AgNO_3$ 沉淀 Cl^- 时，加入一定浓度的 HNO_3 溶液，洗涤 $Al(OH)_3$ 沉淀时，用一定浓度 NH_4NO_3 溶液。

（5）水解作用　某些沉淀易发生水解反应，使难溶盐溶解度增大。例如，$MgNH_4PO_4$ 的饱和溶液中，三种离子都能水解。

$$Mg^{2+}+H_2O \rightleftharpoons MgOH^{+}+H^{+}$$

$$NH_4^{+}+H_2O \rightleftharpoons NH_3OH+H^{+}$$

$$PO_4^{3-}+H_2O \rightleftharpoons HPO_4^{2-}+OH^{-}$$

由于水解使 $MgNH_4PO_4$ 离子浓度乘积大于溶度积，沉淀溶解度增大。在 $MgNH_4PO_4$ 沉淀时加入适量的 NH_4OH 可以抑制离子的水解，降低溶解度。

上述各种影响因素，对不同的沉淀影响程度不尽相同，在实际操作时，应当根据沉淀的性质进行具体考虑。

6.2　重量分析法

思维导图

重量分析法（gravimetry）是一种古老的分析方法，它是使用适当的方法使待测组分与试样中的其他组分分离，然后用分析天平称量后按照一定的计算方法确定该组分的含量。重量分析的过程实质上包括分离和称量两个过程，在这两个过程中，根据待测组分与试样中其他组分分离方法的不同，可以分为沉淀重量法、挥发重量法、电解重量法、萃取重量法。

6.2.1　沉淀重量法

思维导图

利用沉淀反应使待测组分以微溶化合物的形式沉淀下来，然后将沉淀过滤、洗涤并经烘干或灼烧后转化为组成一定的称量形式，最后称量，最后计算待测组分的含量。例如，测定试样中的钡时，可以加入过量稀 H_2SO_4，生成 $BaSO_4$ 沉淀，根据所称量的沉淀的质量，即可求出试样中钡的质量分数。沉淀重量法是重量分析法中的主要方法。

6.2.2 挥发重量法

挥发重量法也称汽化重量法，是用适当的方法使待测组分从试样中挥发逸出，再根据试样质量的减少量或吸收待测组分的吸收剂质量的增加值来计算该组分含量的方法。例如，测定某纯净化合物结晶水的含量，可以加热烘干试样至恒重，使结晶水全部汽化逸出，试样所减少的质量就等于所含结晶水的质量。又如，测定某试样中 CO_2 的含量，可以设法使 CO_2 全部逸出，用碱石灰作为吸收剂来吸收，然后根据吸收前、后碱石灰质量之差来计算 CO_2 的含量。

思维导图

6.2.3 电解重量法

电解重量法又称电重量法。例如，要测定某试液中 Cu^{2+} 的含量，可以通过电解使试液中的 Cu^{2+} 全部在阴极析出，电解前、后阴极质量之差就等于试液中 Cu^{2+} 的质量。

6.2.4 萃取重量法

利用待测组分与其他组分在互不相溶的两种溶剂中分配比的不同，加入某种提取剂使待测组分从原来的溶剂转入提取剂中而与其他组分分离，然后除去提取剂，称量干燥提取物的质量后，计算待测组分的含量。

由于称量误差一般很小，如果分析方法可靠，操作细心，对常量组分的测定，通常能得到准确的分析结果，测定的相对误差一般只有 0.1%~0.2%。但重量分析法操作繁琐，分析周期长，且不适用于微量分析和痕量组分的测定，随着新的分析手段出现，重量分析法已逐渐被取代。不过，对于某些常量元素如硅、硫、钨及水分、灰分和挥发物等精确测定仍在采用重量分析法，在校对其他分析方法的准确度时也常采用重量分析法作为标准。因此，重量分析法仍然是定量分析的基本内容之一。重量分析法中以沉淀重量法应用最广，本章将进行详细讨论。

6.3 沉淀重量法

6.3.1 分析过程对沉淀的要求

1. 重量分析法的一般程序

$$\text{待测离子} + \text{沉淀剂} \longrightarrow \text{沉淀形式}\downarrow \xrightarrow{\text{过滤}} \xrightarrow{\text{烘干}} \text{称量形式}$$

$$Ca^{2+} + C_2O_4^{2-} \longrightarrow CaC_2O_4 \cdot 2H_2O \downarrow \xrightarrow{洗涤} \xrightarrow{灼烧} CaO$$

$$Ba^{2+} + SO_4^{2-} \longrightarrow BaSO_4 \downarrow \longrightarrow \longrightarrow BaSO_4$$

称量形式与沉淀形式可以相同,也可以不同。

沉淀重量法是一种高准确度的分析方法,测量误差主要与下列因素有关:

(1)沉淀的完全程度。

(2)沉淀的玷污程度。

(3)沉淀的分离过程。

(4)称量的过程。

为保证测定具有足够的准确度,在进行沉淀重量分析时,要注意对沉淀形式及称量形式的要求。

2. 沉淀重量法对沉淀形式的要求

(1)沉淀的溶解度要小,反应有足够的完全度。通常要求沉淀的溶解损失要小于分析天平的称量误差,即 <0.1 mg。

(2)沉淀要纯净,要尽量避免杂质对沉淀的污染,同时沉淀要易于过滤和洗涤。要得到纯净并易于过滤的沉淀,就要根据晶形沉淀和无定形沉淀的不同特点而选择适当的沉淀条件。

(3)沉淀要易于转化为称量形式。

3. 沉淀重量法对称量形式的要求

(1)称量形式的组成必须与化学式完全相符。

(2)称量形式必须稳定。稳定是指称量形式不易吸收空气中的水分和二氧化碳,在干燥或灼烧时不易分解等。

(3)称量形式的分子量要尽可能大,待测组分在其中的相对含量要尽量小,这样不仅可以减小对沉淀的称量误差,而且也减小了因沉淀损失或被污染而对测定结果的影响。

简而言之,沉淀过程是沉淀重量法至关重要的一步。要依据待测组分的化学性质,选择适宜的沉淀剂,该沉淀剂既要对待测组分有较高的选择性,生成的沉淀也应具有较低的溶解度并易于转化为适宜的称量形式。此外,过量的沉淀剂在灼烧时应易于挥发除去,以保证沉淀的纯度。然后,针对既定的沉淀剂,充分考虑沉淀–溶解平衡的各种影响因素和沉淀类型,选择适宜的沉淀条件,使沉淀反应进行得尽可能完全,并获得洁净度好且易于过滤和洗涤的沉淀。

6.3.2 沉淀重量法的计算

称量形式与沉淀形式可以相同，也可以不同。称量形式与沉淀形式不同时，就需要将称量的质量换算成待测组分的质量。

1. 称量形式与待测组分形式相同

$$待测组分含量=\frac{称量形式的质量}{试样的质量}\times100\%$$

2. 称量形式与待测组分形式不同

待测组分的摩尔质量与称量形式的摩尔质量之比（有时需要乘以适当的系数，使分子和分母中主要组分的数目相同）是常数，称为重量因素（或换算因素），常以 F 表示。

$$待测组分含量=\frac{称量形式的质量\times F}{试样的质量}\times100\%$$

$$换算因素\ F=\frac{a\times待测组分的摩尔质量}{b\times称量形式的摩尔质量}$$

a，b 是使分子和分母中所含待测元素原子个数相等而考虑的系数（表 6–1）。

表 6–1 换算因素计算示例

待测组分形式	称量形式	换算因数 F
Fe_3O_4	Fe_2O_3	$2M_{Fe_3O_4}/3M_{Fe_2O_3}$
Cl^-	$AgCl$	M_{Cl}/M_{AgCl}
Na_2SO_4	$BaSO_4$	$M_{Na_2SO_4}/M_{BaSO_4}$
MgO	$Mg_2P_2O_7$	$2M_{MgO}/M_{Mg_2P_2O_7}$
P_2O_5	$Mg_2P_2O_7$	$M_{P_2O_5}/M_{Mg_2P_2O_7}$
$K_2SO_4\cdot Al_2(SO_4)_3\cdot 24H_2O$	$BaSO_4$	$M_{K_2SO_4\cdot Al_2(SO_4)_3\cdot 24H_2O}/4M_{BaSO_4}$

6.3.3 沉淀的形成

在沉淀重量法中希望获得的是粗大的晶形沉淀，而生成的沉淀是什么类型主要取决于沉淀物质的本性，同时与沉淀的条件也有密切的关系。因此，必须了解沉淀形成的过程和沉淀条件对沉淀颗粒大小的影响，以便控制适宜的条件得到符合重量分析要求的沉淀。

1. 沉淀的类型

沉淀的形成是一个复杂的过程，目前有关这方面的理论大多是定性地解释或经验描述。由沉淀本身的性质和沉淀条件的不同，沉淀可以分为两类：一类是晶形沉淀，另一类是无定形沉淀。这两类沉淀的区别及特点如表 6–2 所示。

表 6–2 晶形沉淀和无定形沉淀的区别及特点

沉淀类型	晶形沉淀	无定形沉淀
粒径	0.1~1 μm	凝乳状沉淀(0.02~0.1 μm),胶状沉淀(< 0.02 μm)
结构特点	排列整齐,结构紧密,比表面积小,吸附杂质少,易于过滤、洗涤	结构疏松,比表面积大,吸附杂质多,不易过滤、洗涤
举例	$BaSO_4$ ↓(细晶形沉淀) $MgNH_4PO_4$ ↓(粗晶形沉淀)	AgCl,$Fe_2O_3 \cdot xH_2O$

2. 沉淀的形成过程

当溶液呈过饱和状态时,构晶离子由于静电作用而缔合起来形成晶核。一般认为晶核会有4~8个构晶离子或2~4个离子对。例如,$BaSO_4$的晶核是由8个构晶离子(即4个离子对)所组成。当过饱和的溶质从均匀液相中析出,自发地产生晶核时,此过程称为均相成核。而在非过饱和溶液中,借助介质和容器中大量存在的固体微粒起晶核的作用,这个过程称为异相成核。

溶液中有了晶核以后,构晶离子可以在晶核上不断沉积,晶核逐渐成长为沉淀颗粒,沉淀颗粒的大小是由晶核形成速度和晶粒成长速度的相对大小决定的。如果晶核形成的速度小于晶核成长的速度,则获得较大的沉淀颗粒,且能定向地排列成为晶形沉淀;如果晶核生成快,势必形成大量微晶,只能聚集起来生成细小的胶状沉淀。von Weimarn(冯・韦曼)提出了一个经验公式,表明沉淀生成的初始速度(即晶核形成速度,也称分散度)与溶液的相对过饱和度成正比。

沉淀形成的初始速度为

$$v = K\frac{c_Q - s}{s}$$

c_Q——溶液中加入沉淀剂瞬时产生的沉淀总浓度。

s——开始沉淀时沉淀物的溶解度。

$c_Q - s$——沉淀开始时的过饱和程度,此数值越大,生成晶核的数目就越多。

K——常数,它与沉淀的性质、介质、温度等因素有关。

$(c_Q - s)/s$——沉淀开始瞬间的相对过饱和度。溶液的相对过饱和度越小,晶核形成速度越慢,形成晶核数越少,越容易得到大颗粒的沉淀。

控制溶液的相对过饱和度,沉淀就以异相成核为主,常常能得到大颗粒沉淀;若均相成核占优势时,则会有大量细小的微晶出现。以沉淀$BaSO_4$为例,只要控制试液和沉淀剂不太浓,就可以制备出$BaSO_4$细粒的晶形沉淀。而$CaC_2O_4 \cdot H_2O$在适当的沉淀条件下得到晶形沉淀也不困难。但沉淀AgCl时,尽管用了稀释的溶液和加热的操作,但仍然会产生大量均相晶核,而不能成长为晶形颗粒。

此外，对 $BaSO_4$ 沉淀，其晶核（小颗粒）的溶解度比大颗粒的大得多；而对 AgCl 沉淀，小颗粒与大颗粒的溶解度差不多，同样条件下相对过饱和度就大。所以，AgCl 的溶度积虽然和 $BaSO_4$ 的相近，但通常得到的 AgCl 沉淀都是凝乳状沉淀。至于溶解度极小的沉淀，如水合氧化铁和某些硫化物，即使小心控制溶质浓度 c_Q，也会使其相对过饱和度很大，致使产生大量均相晶核，只能得到颗粒比 AgCl 更小的胶体沉淀。如图 6-1 所示为沉淀形成的过程。

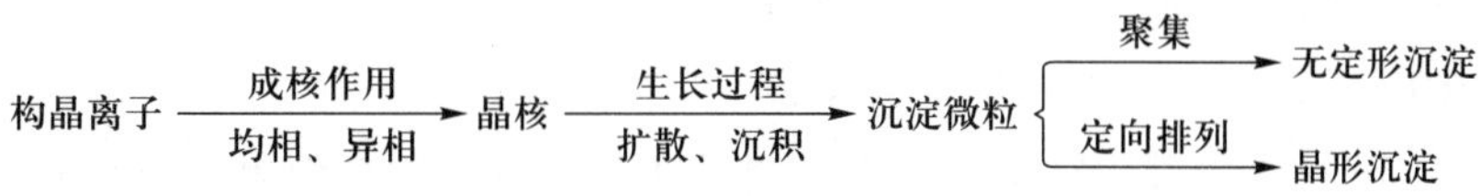

图 6-1 沉淀形成的过程

6.3.4 沉淀的纯度

沉淀重量法不仅要求沉淀的溶解度小，而且要求沉淀应当纯净，但当沉淀形成及放置过程中不可避免会有些杂质随之一起沉淀。影响沉淀纯度的因素主要有两个，共沉淀及后沉淀（继沉淀）。

1. 共沉淀

在进行沉淀反应时，当一种沉淀从溶液中析出时，共存于溶液中的某些其他组分（杂质），在该沉淀条件下本来是可溶的，但它们却与沉淀混杂在一起，这种现象是共沉淀现象。共沉淀现象主要是由于表面吸附、吸留和生成混晶所造成的，是重量分析法中误差的主要来源之一。

（1）表面吸附 吸附共沉淀：沉淀表面吸附引起杂质共沉淀。

如图 6-2 所示，如果在过量 $AgNO_3$ 溶液中沉淀 Cl^-，若溶液中除过量 Ag^+ 外，还有 Na^+，Ac^- 等离子，按照吸附规则，AgCl 沉淀表面首先吸附溶液中与构晶离子相同的 Ag^+，而不是 Na^+。作为扩散层被吸附到沉淀表面附近的抗衡离子是 Ac^-，而不是 NO_3^-，因为 AgAc 的溶解度远小于 $AgNO_3$ 的溶解度。

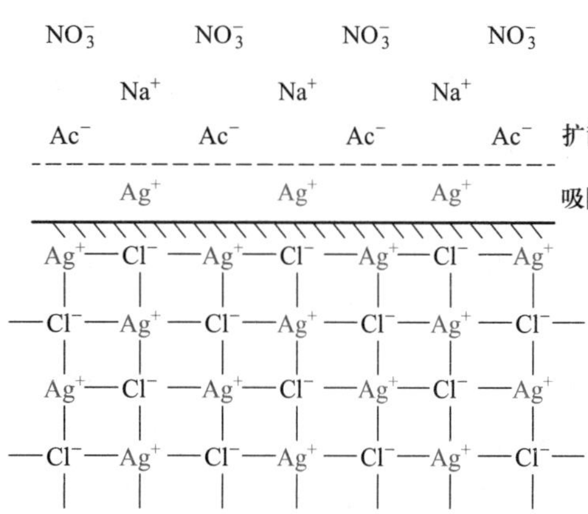

图 6-2 AgCl 沉淀表面吸附示意图

从静电引力的作用来说，在溶液中任何带相反电荷的离子都有被吸附的可能性，但实际上表面吸附遵循一定的规律。第一吸附层，先吸附过量的构晶离子再吸附与构晶离子大小接近、电荷相同的离子，浓度较高的离子被优先吸附。第二吸附层，优先吸附与构晶离子形成的微溶或溶解度小的离子。价态高、浓度大的离子，优先被吸附。沉淀表面积越大与溶液接触面积越大，吸附杂质也越多。吸附是一个放热过程，溶液温度越高，吸附杂质越少。

（2）形成混晶或固溶体　如果在溶液中存在与构晶离子晶体构型相同、离子半径相近、电子层结构相同的杂质离子，沉淀时就会进入晶格中，形成混晶。例如：

$BaSO_4$ 与 $PbSO_4$，AgCl 与 AgBr　同型混晶

$BaSO_4$ 中混入 $KMnO_4$（粉红色）　异型混晶

改变沉淀条件、洗涤、陈化，甚至再沉淀都达不到很好的除杂效果。减小或消除混晶的最好方法是提前分离除去杂质。

（3）吸留和包埋　吸留和包埋是在沉淀颗粒的生长过程中，表面吸附的杂质来不及离开沉淀表面，就被随后沉积下来的沉淀所覆盖，包藏在沉淀内部的现象。如果包藏的是杂质离子，则这种现象称为吸留（符合吸附规律）；如果包藏的是母液，则这种现象称为包埋。如将钡盐加入硫酸盐中生成 $BaSO_4$ 时，$BaSO_4$ 吸附 SO_4^{2-} 而带负电荷，造成杂质阳离子优先被吸附包藏在沉淀内部。减小或消除吸留和包埋的方法是改变沉淀条件、重结晶或陈化。

2. 后沉淀（继沉淀）

后沉淀是沉淀析出后，另一种本来难以沉淀出的物质慢慢沉淀的现象。例如，在 Mg^{2+} 存在下沉淀 CaC_2O_4 时，Mg^{2+} 不沉淀。若将 CaC_2O_4 沉淀立即过滤，则会发现有少量 Mg^{2+} 被吸附。若将含有 Mg^{2+} 的母液与 CaC_2O_4 沉淀长时间共置，则 MgC_2O_4 的沉淀量会显著增多。类似的现象在金属硫化物的沉淀分离中也会发现。放置时间越长，后沉淀引入的杂质量越多。缩短沉淀和母液共置的时间可以避免或减少后沉淀。

3. 提高沉淀纯度的方法

共沉淀和后沉淀现象是造成沉淀不纯的主要原因，为了提高沉淀的纯度，应针对上述原因采取如下措施：

（1）选择适当的分析步骤　当试液中待测组分含量较低，而杂质含量较高时，则应使待测组分首先分离出来。如果先分离杂质，则会造成待测的少量组分随之共沉淀，从而引起分析结果不准确。

（2）选择合适的沉淀剂　例如，在沉淀 Al 时，可用有机沉淀剂 8- 羟基喹啉，分子量大而且不带电荷，可减少过滤损失及杂质的吸附。

（3）改变杂质离子的存在状态　例如，沉淀 $BaSO_4$ 时，如溶液中含有易被吸附的 Fe^{3+} 时，则可先将 Fe^{3+} 还原成不易被吸附的 Fe^{2+}，或加入酒石酸、柠檬酸等与 Fe^{3+} 生成稳定的配合物，降低共沉淀。

（4）选择适当的洗涤剂　由于吸附作用是一种可逆过程，因此洗涤可以减少沉淀表面吸附的杂质，从而提高沉淀纯度。但洗涤剂必须是在烘干或灼烧时容易挥发除去的物质。沉淀要及时过滤分离，以减少后沉淀。

（5）进行再沉淀 将沉淀过滤洗涤之后再重新溶解，使沉淀中残留的杂质进入溶液，然后第二次进行沉淀，再沉淀对于除去吸留、包埋的杂质特别有效。

（6）改善沉淀条件 沉淀的吸附作用与颗粒的大小、类型、沉淀时的温度和陈化过程等都有关，因此要获得纯净的沉淀，需根据具体情况，选择适宜的沉淀条件。

6.3.5 沉淀条件的选择和称量形式的获得

1. 沉淀条件的选择

为了获得纯净、易于过滤和洗涤的沉淀，对于不同类型的沉淀，应采用适宜的沉淀条件及相应的后处理。

（1）晶形沉淀

① 沉淀应在不断搅拌下，缓慢地滴加稀沉淀剂，目的是降低溶质的过饱和度，防止沉淀剂的局部过浓，使均相成核作用不显著，容易得到大颗粒的沉淀；稀释溶液中杂质的浓度也小，共沉淀的杂质量减少。

② 沉淀作用应在热溶液中进行，加热既增大了溶解度，也增加了离子扩散的速率，有助于加快晶体颗粒的成长，同时也减少了杂质的吸附。对于溶解度受温度影响较大的沉淀，为了防止沉淀在热溶液中的溶解损失，应当在沉淀完毕后，将溶液冷却至室温再进行过滤。

③ 沉淀完成以后，将沉淀与母液一起放置一段时间陈化。其作用是为了获得完整、粗大且纯净的晶形沉淀。陈化过程中，由于小晶粒的溶解度比大晶粒的大，因此会发生小晶粒溶解、大晶粒长大的现象；同时，晶体中不完整部分的离子重新进入溶液，而在溶液中的离子又不断回到晶体表面，这样使晶体趋于完整；溶解过程中释放出包藏在晶体中的杂质，使沉淀更为纯净。

如果有后沉淀现象发生，则陈化反而使沉淀的纯度降低。因此是否进行陈化，应当根据沉淀的类型和性质而定。加热和搅拌可以加快陈化的进行。例如，$BaSO_4$ 沉淀在室温时需要陈化一昼夜，而在加热且搅拌时，可缩短至 1~2 h 或更短的时间即可完成。

（2）无定形沉淀 无定形沉淀体积大、疏松、易吸附杂质、易胶溶，同时含水量多，不易过滤洗涤，而且无定形沉淀大多溶解度非常小，过饱和度难以控制，对于这种类型的沉淀重要的是破坏胶体，使其聚沉紧密而便于过滤。

① 无定形沉淀一般在较浓的热溶液中进行，沉淀剂加入的速度不宜太慢。在浓溶液中离子的水化程度小，得到的沉淀结构紧密，含水量少，容易聚沉。吸附的杂质可以在沉淀完毕后，加入大量热水稀释母液并搅拌，有利于防止胶体溶液的生成、减少吸附。

② 沉淀要在大量电解质存在下进行，以使带电荷的胶体粒子相互凝聚、沉降。电解质通常选择灼烧时容易挥发的铵盐，如 NH_4Cl，NH_4NO_3 等。为了防止沉淀的胶溶，不能用纯

水洗涤沉淀,应当用稀的、易挥发的电解质热溶液作洗涤液。

③ 沉淀下沉静置数分钟后立即趁热过滤,不必陈化。因为陈化不仅不能改善沉淀的性状,反而会失去水分而使沉淀更趋黏结,吸附的杂质难以洗净,趁热过滤还能大大缩短过滤时间。

④ 无定形沉淀一般含杂质较多,如果对测定准确度要求较高时,则应当进行再沉淀。

(3)均匀沉淀法　在进行沉淀的过程中,虽然沉淀剂是在不断搅拌下加入的,但在加入的瞬间,局部过浓的现象总是难免,为了消除这种现象,可采用均匀沉淀法。在这种方法中,加入的沉淀剂并不会立刻与待测离子发生沉淀,而是通过缓慢的化学反应,使沉淀剂在整个溶液内均匀地产生,能有效地避免沉淀剂的局部过浓,使沉淀在较小的相对过饱和度下,缓慢且均匀地析出,此时能够得到大颗粒的晶形沉淀,而且吸附的杂质量少,比较纯净。

在均匀沉淀法中,沉淀剂可由溶液中的化学反应直接产生。例如,CaC_2O_4 的生成,可以向含 Ca^{2+} 的酸性溶液中加入$(NH_4)_2C_2O_4$,然后在加热搅拌下滴加尿素,逐渐中和酸,提高溶液的 pH,缓慢形成沉淀。

$$CO(NH_2)_2+H_2O = CO_2\uparrow+2NH_3$$

这种均匀沉淀法,由于 $C_2O_4^{2-}$ 浓度是慢慢地增大,CaC_2O_4 沉淀是在相对过饱和度很小的条件下生成,故所得沉淀的颗粒比较大。又如,在测定 Ba^{2+} 时,沉淀剂 SO_4^{2-} 可通过水解氨基磺酸得到。

$$NH_2SO_3H+2H_2O = NH_4^++H_3O^++SO_4^{2-}$$

均匀沉淀法也有不足。例如,形成沉淀的反应时间较长;沉淀容易在容器壁上沉积形成很薄的膜,增加了分离难度。

2. 称量形式的获得

如何使沉淀完全、纯净、易于分离,固然是重量分析中首要问题,但沉淀以后的过滤、洗涤、干燥或灼烧操作完成得好坏,同样影响分析结果的准确度。

(1)沉淀的过滤　沉淀定量生成后经过滤与母液分离。如果只需烘干就能得到称量形式,则沉淀可采用已恒重的玻璃砂芯漏斗减压抽滤。准备高温灼烧的沉淀则用定量滤纸(每张灰分小于 0.2 mg)在玻璃漏斗中过滤。$BaSO_4$,CaC_2O_4 等细晶形沉淀用致密的慢速滤纸,以防穿滤;$Fe_2O_3\cdot xH_2O$,$Al_2O_3\cdot xH_2O$ 等无定形沉淀采用快速滤纸,以加快过滤速度;而 $MgNH_4PO_4\cdot 6H_2O$ 等粗晶形沉淀则可用中速滤纸。

(2)沉淀的洗涤　为除去沉淀表面的杂质,应根据沉淀的性质选择适当的洗涤剂。如果沉淀在水中溶解度足够小,且不会形成胶体,则可以用水洗。若水洗会形成胶体,则需用稀的、易挥发的电解质水溶液洗涤。如 $BaSO_4$ 或 CaC_2O_4,可以先用稀沉淀剂洗涤[如 $BaSO_4$ 用稀 H_2SO_4 洗涤,CaC_2O_4 用$(NH_4)_2C_2O_4$ 洗涤],再用少量水洗去沉淀剂。常采用倾泻法少量多次地进行洗涤。

（3）沉淀的烘干或灼烧　纯净的沉淀还需要除去吸留的水分和洗涤液中的可挥发性溶质才能得到称量形式。至于采取烘干还是灼烧的办法，温度和时间如何控制，则要根据沉淀的性质而定。有的沉淀本身有固定的组成，只要低温烘去吸附的水分即可获得称量形式。如 AgCl、丁二酮肟镍、四苯硼酸钾等，很容易在 105~120℃烘干至恒重。有些有稳定结晶水的化合物，如 $CaC_2O_4 \cdot H_2O$ 也可以在 105~110℃烘干，以上述化学式作为称量形式。

许多沉淀没有固定的组成，必须经过灼烧使之转变成适当的称量形式。如铁、铝等金属的水合氧化物含有不固定的水合水；$MgNH_4PO_4 \cdot 6H_2O$ 的结晶水不稳定，通常在 1 100℃灼烧成焦磷酸镁（$Mg_2P_2O_7$）形式称量；无水草酸钙有强吸湿性，也不宜于称量，需要在 850℃灼烧至恒重，以 CaO 的形式称量，但 CaO 会吸收空气中的水和 CO_2，操作中应注意。在高温灼烧获得称量形式的过程中，盛放沉淀的坩埚也必须与灼烧试样经过相同的时间和温度灼烧后冷却，直至恒重，因此耗时较长。

6.3.6 有机沉淀剂简介

有机沉淀剂指重量分析及沉淀分离过程中，被加入的与待测组分形成沉淀的有机试剂。有机沉淀剂通常与金属离子形成微溶的螯合物或离子缔合物，沉淀较为完全，选择性好，很少吸附其他杂质离子，易于过滤和洗涤，且由于沉淀剂有较大的分子量，因而称量误差也可减小，在分析化学中广泛应用。

有机沉淀简介

6.4 沉淀滴定法

沉淀滴定法是基于沉淀反应的滴定分析方法，虽然沉淀反应有很多，但是并不是所有的沉淀反应都可用于沉淀滴定。其原因是：沉淀没有固定的组成；有些沉淀的溶解度比较大，在化学计量点时反应不够完全；沉淀吸附构晶离子或者共沉淀严重；沉淀反应的速率较慢；一些晶形沉淀容易产生过饱和现象；缺少合适的指示剂等。可以进行滴定分析的沉淀反应必须具备以下条件：

（1）反应能定量、迅速进行。

（2）生成的沉淀溶解度要小。

（3）有适当的方法确定终点。

（4）沉淀的吸附现象不影响滴定终点的确定。

目前应用较广泛的是银量法（argentimetry）。例如：

$$Ag^+ + Cl^- \xlongequal{} AgCl\downarrow$$

$$Ag^+ + SCN^- \xlongequal{} AgSCN\downarrow$$

银量法主要用于测定 Cl^-，Br^-，I^- 和 Ag^+ 及 SCN^- 等离子及与其有关的有机化合物。根据确定滴定终点所采用的指示剂不同，银量法通常分为莫尔(Mohr)法、佛尔哈德(Volhard)法和法扬司(Fajans)法三种。

6.4.1 莫尔法(铬酸钾指示剂法)

莫尔法是用铬酸钾作指示剂的银量法。在中性溶液中，加入适量的 K_2CrO_4 作指示剂，以 $AgNO_3$ 标准溶液滴定 Cl^- 或 Br^-，卤化银会首先沉淀，当卤化银定量沉淀后，过量的滴定剂与指示剂反应，生成砖红色的铬酸银沉淀，指示终点到达。

1. 基本原理

滴定剂是 $AgNO_3$ 标准溶液，指示剂是 K_2CrO_4。其反应是

$$Ag^+ + Cl^- \longrightarrow AgCl\downarrow(\text{白色}) \qquad K_{sp}^{\ominus} = 1.8\times10^{-10}$$

$$2Ag^+ + CrO_4^{2-} \longrightarrow Ag_2CrO_4\downarrow(\text{砖红色}) \qquad K_{sp}^{\ominus} = 1.1\times10^{-12}$$

2. 滴定条件

(1) 指示剂用量 指示剂 CrO_4^{2-} 的浓度必须合适，若浓度太大将会引起终点提前，若浓度太小又会使终点滞后，从而影响滴定的准确度。因此要求 Ag_2CrO_4 沉淀应该恰好在滴定反应化学计量点时产生，根据溶度积原理可以求出化学计量点时 $[Ag^+]=1.33\times10^{-5}\ mol\cdot L^{-1}$，而此时所需要的 CrO_4^{2-} 浓度为 $6.33\times10^{-3}\ mol\cdot L^{-1}$。实际滴定时，$CrO_4^{2-}$ 本身为黄色，当浓度高时颜色较深，会影响砖红色 Ag_2CrO_4 终点的观察，因此实际指示剂浓度会略低，通常 CrO_4^{2-} 浓度控制在 $5\times10^{-5}\ mol\cdot L^{-1}$。

(2) 溶液的酸度 CrO_4^{2-} 会与 H^+ 有如下的平衡关系：

$$2H^+ + 2CrO_4^{2-} \rightleftharpoons 2HCrO_4^- \rightleftharpoons Cr_2O_7^{2-} + H_2O$$

若酸度过高，则平衡右移，CrO_4^{2-} 会因酸效应，致使其浓度降低，导致 Ag_2CrO_4 沉淀出现过迟甚至不沉淀；但若溶液的碱性太强，则又将生成 Ag_2O 沉淀；滴定应该在中性或微碱性介质中进行，适宜的酸度范围为 pH=6.5~10.5。

如果溶液中有铵盐存在，则溶液呈碱性时会产生 NH_3，NH_3 与 Ag^+ 形成配离子，致使 AgCl 和 Ag_2CrO_4 沉淀出现过迟甚至不沉淀。当铵盐浓度比较低时($<0.05\ mol\cdot L^{-1}$)，采用控制溶液 pH=6.5~7.2，可消除铵根离子的影响，若铵根离子浓度 $>0.15\ mol\cdot L^{-1}$ 时，仅仅通过控制溶液酸度已经不能消除其影响，此时，需要在滴定前将大量铵盐除去。

(3) 滴定要点 Cl^- 或 Br^- 滴定时应剧烈振摇，AgCl 或 AgBr 沉淀容易吸附溶液中的 Cl^- 或 Br^-，接近化学计量点时滴加的标准溶液 Ag^+ 会使 Ag_2CrO_4 沉淀过早产生，引入误差，故滴定时必须剧烈摇动，使 Cl^- 或 Br^- 及时释放出来，从而防止终点提前。

3. 应用范围

莫尔法主要用于 Cl^-，Br^- 和 CN^- 的测定，不适用于测定 I^- 和 SCN^-。这是因为 AgI，

AgSCN 沉淀对 I^- 和 SCN^- 有强烈的吸附作用，即使剧烈摇动也无法使吸附的离子脱附，致使终点提前，且终点颜色变化不明显。莫尔法也不适用于以 NaCl 直接滴定 Ag^+。因为 Ag^+ 溶液中加入指示剂，立刻形成 Ag_2CrO_4 沉淀，用 NaCl 溶液滴定时，Ag_2CrO_4 转化成 AgCl 的速率非常慢，致使终点推迟。如果用铬酸钾指示剂法测定 Ag^+，必须采用返滴定法。

莫尔法的选择性比较差，凡能与银离子生成沉淀的阴离子（如 S^{2-}，CO_3^{2-}，PO_4^{3-}，SO_3^{2-}，$C_2O_4^{2-}$ 等），能与铬酸根离子生成沉淀的阳离子（如 Ba^{2+}，Pb^{2+} 等），能与银或氯配位的离子（如 $S_2O_3^{2-}$，NH_3，EDTA，CN^- 等），以及能发生水解的高价金属离子（如 Fe^{3+}，Al^{3+}，Bi^{3+}，Sn^{4+} 等），均对测定有干扰。此外，大量的 Cu^{2+}，Co^{2+}，Ni^{2+} 等有色离子的存在，对终点颜色的观察也有影响。以上干扰应预先除去。如 S^{2-} 在酸性溶液中生成 H_2S 可通过加热除去，SO_3^{2-} 氧化为 SO_4^{2-} 后不再产生干扰，Ba^{2+} 可通过加入过量的 Na_2SO_4 生成 $BaSO_4$ 沉淀去除。

莫尔法的优点是操作简便，方法的准确度也较好，不足之处是干扰较多，且只能直接测定 Cl^-，Br^-，CN^-，如果需要测定 Ag^+，除了用返滴定法外，可采用另一种方法。

6.4.2 福尔哈德法（铁铵矾指示剂法）

1. 基本原理

以铁铵矾 $NH_4Fe(SO_4)_2$ 为指示剂的银量法称为福尔哈德法，本法分为直接滴定法和返滴定法。

（1）直接滴定法原理　在 HNO_3 酸性条件下，以铁铵矾作指示剂，用 NH_4SCN 或 KSCN 标准溶液滴定含有 Ag^+ 的溶液。溶液中首先产生 AgSCN 沉淀，当 Ag^+ 定量沉淀后，过量 SCN^- 与 Fe^{3+} 生成红色配合物，指示终点的到达。滴定反应和指示反应如下：

$$Ag^+ + SCN^- = AgSCN\downarrow \quad （白色） \quad K_{sp}^{\ominus} = 1.0\times10^{-12}$$

$$Fe^{3+} + SCN^- = Fe(SCN)^{2+} \quad （红色） \quad K_{sp}^{\ominus} = 138$$

终点出现的早晚与 Fe^{3+} 的浓度有关，Fe^{3+} 浓度过大滴定终点会提前，浓度过小终点会拖后。

（2）返滴定法原理　测定卤化物或硫氰酸盐时，一般采用返滴定法。在含有卤化物或硫氰酸离子的酸性溶液中，先加入一定过量的 $AgNO_3$ 标准溶液，以铁铵矾作指示剂，用 NH_4SCN 的标准溶液滴定剩余的 $AgNO_3$。滴定反应和指示反应如下：

$$Ag^+(过量) + X^- \rightleftharpoons AgX\downarrow + Ag^+(剩余)$$

$$Ag^+(剩余) + SCN^- \rightleftharpoons AgSCN\downarrow$$

$$Fe^{3+} + SCN^- \rightleftharpoons Fe(SCN)^{2+}(红色)$$

用此方法测定 Cl^- 时，由于 AgSCN 的溶解度小于 AgCl 的溶解度，接近化学计量点时，易引起缓慢的沉淀转化反应，滴加 NH_4SCN 的标准溶液形成的红色随着摇动而消失，滴定观察不到明确的终点颜色变化，为了阻止 AgCl 沉淀转化为 AgSCN 沉淀，通常可以采用下列改进措施：

① 加入过量 $AgNO_3$ 后，将溶液煮沸，过滤 AgCl 沉淀，并用稀 HNO_3 充分洗涤沉淀，然后用 NH_4SCN 的标准溶液滴定滤液中剩余的 Ag^+。

② 试液中加入过量 $AgNO_3$，再加入有机溶剂（如硝基苯等），使 AgCl 沉淀的表面覆盖一层有机溶剂，避免沉淀与外部溶液接触，阻止 AgCl 转化为 AgSCN 沉淀的发生。用返滴定法测定溴化物或碘化物时，由于 AgBr 及 AgI 的溶解度均比 AgSCN 小，不发生上述转化反应，所以无需将沉淀过滤或加入有机溶剂。

2. 滴定条件

（1）指示剂用量　当滴定至化学计量点时，$c_{SCN^-}=c_{Ag^+}=1.0\times10^{-6}\ mol\cdot L^{-1}$，要求此时正好生成红色 $Fe(SCN)^{2+}$ 以确定终点，故此时$c_{Fe^{3+}}=\dfrac{c_{Fe(SCN)^{2+}}}{138\times c_{SCN^-}}$。一般说来，要能观察到 $Fe(SCN)^{2+}$ 的颜色，$c_{Fe(SCN)^{2+}}$要达到的最低浓度是 $6\times10^{-6}\ mol\cdot L^{-1}$，此时$c_{Fe^{3+}}=0.04\ mol\cdot L^{-1}$，这样高浓度的 Fe^{3+} 使溶液呈较深的橙黄色，影响终点的观察，故实验中通常保持在 $0.015\ mol\cdot L^{-1}$，此时引起的误差小于 ±0.1%。

（2）溶液酸度　由于指示剂是 Fe^{3+}，滴定必须在酸性溶液中进行，通常在 0.1~1 $mol\cdot L^{-1}$ HNO_3 介质中进行滴定，Fe^{3+} 以 $Fe(H_2O)_6^{3+}$ 存在，颜色较浅，如果酸度较低，Fe^{3+} 则以羟基化合物或多羟基化合物的形式存在，如 $[Fe(H_2O)_5(OH)]^{2+}$，$[Fe(H_2O)_4(OH)_2]^+$，呈棕色，影响终点观察，如果酸度更低，甚至会产生 $Fe(OH)_3$ 沉淀。

（3）在滴定接近终点时，必须剧烈摇动减少吸附。

（4）强氧化剂和氮的低价氧化物及铜盐、汞盐都与 SCN^- 作用，因而干扰测定，必须预先除去。

（5）用返滴定法测定 I^- 时，应首先加入过量 $AgNO_3$，再加铁铵矾作指示剂，否则 I^- 与 Fe^{3+} 发生氧化还原反应带来测量误差。

3. 应用范围

在酸性溶液中进行滴定是福尔哈德法的最大优点，一些在中性或弱碱性介质中能与 Ag^+ 产生沉淀的阴离子都不会干扰滴定，选择性比较好。采用直接滴定法可以测定 Ag^+ 等；采用返滴定法可以测定 Cl^-，Br^-，I^-，PO_4^{3-}，AsO_4^{3-} 和 SCN^- 等离子。

6.4.3 法扬司法（吸附指示剂法）

1. 测定原理

用吸附指示剂的银量法，称为法扬司法。吸附指示剂一般是有机染料，当它被沉淀表面吸附后，结构会发生改变从而引起颜色的变化，由此指示滴定的终点。吸附指示剂可以分为两类，一类是酸性染料，如荧光黄及其衍生物，它们是有机弱酸，解离出指示剂阴离子；

另一类是碱性染料，如甲基紫、罗丹明 6G 等，解离出指示剂阳离子。

如用 $AgNO_3$ 滴定 Cl^- 时，用荧光黄作指示剂。荧光黄是一种有机弱酸（用 HFIn 表示），在溶液中解离为黄绿色的阴离子。化学计量点前，溶液中剩余 Cl^-，生成的 AgCl 优先吸附 Cl^- 而带负电荷，荧光黄阴离子受排斥而不被吸附，溶液呈黄绿色；化学计量点后，Ag^+ 过量，AgCl 沉淀吸附过量 Ag^+ 而带正电荷，它将强烈吸附荧光黄阴离子。荧光黄阴离子被吸附后，结构变化而呈粉红色，从而指示滴定终点的到达。

$$HFIn \rightleftharpoons FIn^-(\text{黄绿色})+H^+ \qquad pK_a=7$$

$$\underset{\text{黄绿色}}{AgCl\cdot Cl^-+FIn^-} \longrightarrow AgCl\cdot Ag^++FIn^- \rightleftharpoons \underset{\text{粉红色}}{AgCl\cdot Ag^+FIn^-}$$

如果用 Cl^- 滴定 Ag^+，则颜色变化正好相反。

2. 滴定条件

（1）加胶体保护剂　由于颜色的变化是沉淀的表面吸附引起的，沉淀的颗粒越小，沉淀的比表面积越大，吸附能力越强。为了防止胶状沉淀微粒的凝聚，通常加入糊精或淀粉来保护胶体，使沉淀微粒处于高度分散状态，使沉淀比表面积更大，以利于对指示剂的吸附，变色敏锐。

此法不适宜用于测定浓度过低的溶液，否则由于生成的沉淀量太少，终点不明显。测定 Cl^- 时，其浓度要求在 0.005 $mol\cdot L^{-1}$ 以上，测 Br^-，I^- 和 SCN^- 时灵敏度稍高，0.001 $mol\cdot L^{-1}$ 仍可准确滴定。

（2）酸度要适当　常用的吸附指示剂大多是有机弱酸或弱碱，起指示作用的主要是离子，因此必须控制适宜的酸度，使指示剂在溶液中保持离子状态。

（3）胶体颗粒对指示剂的吸附能力应略小于对待测离子的吸附能力，否则指示剂将在化学计量点前被吸附而变色。卤化银对卤化物和几种常见吸附指示剂的吸附能力次序如下：

$$I^- > \text{二甲基二碘荧光黄} > Br^- > \text{曙红} > Cl^- > \text{荧光黄}$$

例如，滴定 Cl^- 时只能选用荧光黄，滴定 Br^- 时可以选曙红为指示剂。

（4）滴定应避免在强光照射下进行，因为卤化银胶体对光极为敏感，遇光容易分解析出金属银使沉淀变成灰色或黑色，影响终点观察。

3. 应用范围

法扬司法可测定 Cl^-，B^-，I^-，SCN^- 和 Ag^+ 等离子。一般在弱酸性到弱碱性条件下进行，方法简便，终点亦明显，较为准确，但反应条件较为严格，要注意溶液的酸度、浓度及胶体的保护等。见表 6–3。

实际工作需要根据测定对象选择合适的测定方法（表 6–3），如银合金中银含量的测定，由于用硝酸溶解试样，可以用福尔哈德法；测氯化钡中氯离子的含量，用福尔哈德法或用法扬司法，不能用莫尔法，因为铬酸根能与钡生成沉淀，天然水中氯含量的测定，用莫尔法。

表 6-3 银量法应用范围

银量法	方法	待测离子	滴定剂	终点	pH
莫尔法	直接滴定法 返滴定法	Cl^-,Br^- Ag^+	$AgNO_3$	Ag_2CrO_4 砖红色	中性或碱性
福尔哈德法	直接滴定法 返滴定法	Ag^+ X^-,SCN^-	NH_4SCN	$Fe(SCN)^{2+}$ 红色	酸性
法扬司法	直接滴定法	Cl^-,Br^-,I^-,SCN^-,Ag^+	$AgNO_3$	指示剂被吸附后沉淀表面的颜色	指示剂不同 pH 不同

应用实例

6.5 重量分析法及沉淀滴定法应用实例

应用实例

重量分析法准确度高,往往作为仲裁分析的标准。目前,重量分析法主要用于硅、硫、磷、钼等常量组分的测定。沉淀滴定法主要可以在可溶性氯化物中氯含量、银合金中银含量、有机卤化物中卤素含量等测定中应用。

6.6 课程思政任务单

6.7 学习要求、重点和难点

6.8 思考题和习题

思考题

1. 沉淀是怎样形成的？形成沉淀的性状主要与哪些因素有关？其中哪些因素主要由沉淀本质决定？哪些因素与沉淀条件有关？

2. 某溶液中含 SO_4^{2-}，Mg^{2+} 两种离子，欲用重量分析法测定，试拟定简要方案。

填空题

1. 难溶电解质溶液处于沉淀－溶解平衡时，溶液为________溶液。

2. 分析化学认为某离子沉淀完全是指该离子浓度小于________。

3. 溶度积常数和其他平衡常数一样，与物质的________和________有关，但与离子________的改变无关。

4. 对 $BaSO_4$ 多相平衡系统，如果加入 $BaCl_2$ 溶液，由于________效应，则溶解度________；如果加入 NaCl 溶液，由于________效应，则溶解度________。

5. 对同一类型的难溶强电解质，溶度积常数相差________，利用分步沉淀来分离离子效果越好。

6. 分步沉淀的次序不仅与溶度积常数及沉淀的________有关，而且还与溶液中相应离子________有关。

7. 莫尔法以________为指示剂，终点生成砖红色的________沉淀。

8. 重量分析法包括________、________、________、________。

选择题

1. 以下银量法测定需采用返滴定方式的是（　　）。

A. 莫尔法测 Cl^-　　B. 福尔哈德法测 Cl^-

C. 吸附指示剂法测 Cl^-　　D. 福尔哈德法测 Ag^+

2. A_2B 型难溶电解质的$K_{sp}^{\ominus}$与 s 之间的关系为（　　）。

A. $s=(K_{sp}^{\ominus}/2)^{1/2}$　　B. $s=(2K_{sp}^{\ominus})^2$

C. $s=(K_{sp}^{\ominus})^{1/3}$　　D. $s=(K_{sp}^{\ominus}/4)^{1/3}$

3. 已知$K_{sp}^{\ominus}(AB_2)=3.2\times10^{-11}$，$K_{sp}^{\ominus}(AB)=4.0\times10^{-8}$，则两者在水中溶解度关系为(　　)。

A. $s(AB)<s(A_2B)$　　B. $s(AB)>s(A_2B)$

C. $s(AB)=s(A_2B)$　　D. 不能确定

4. 用莫尔法测定水样中 Cl^- 的含量，如果水样中有 $NH_3\cdot H_2O$ 存在，则需控制 pH 6.5~7.2，这是为了(　　)。

A. 增加 AgCl 的溶解度　　B. 防止 Ag_2O 沉淀发生

C. 抑制配位反应发生　　D. 增强配合物的稳定性

5. 下列条件中，(　　)不是晶形沉淀所要求的沉淀条件。

A. 沉淀作用宜在较稀溶液中进行

B. 应在不断搅拌下加入沉淀剂

C. 沉淀作用宜在冷溶液中进行

D. 应进行沉淀的陈化

6. 莫尔法测定 Cl^- 含量时，要求介质的 pH 为 6.5~10.0，若 pH 过高，则(　　)。

A. AgCl 沉淀溶解　　B. Ag_2CrO_4 沉淀减少

C. AgCl 沉淀完全　　D. 形成 Ag_2O 沉淀

7. 福尔哈德法测定 Cl^- 时，采用的指示剂是(　　)。

A. 铁铵矾　　B. 铬酸钾　　C. 甲基橙　　D. 荧光黄

8. 下列原因中可减少沉淀溶解度的是(　　)。

A. 酸效应　　B. 盐效应　　C. 同离子效应　　D. 配位效应

9. 溶度积常数越小的难溶电解质，溶解度(　　)。

A. 越小　　B. 越大　　C. 相等　　D. 不能确定

计算题

1. 某溶液中含有 Ca^{2+} 和 Ba^{2+}，浓度均为 0.10 mol·L^{-1}，向溶液中滴加 Na_2SO_4 溶液，开始出现沉淀时 SO_4^{2-} 浓度应为多少？当 $CaSO_4$ 开始沉淀时，溶液中剩下的 Ba^{2+} 浓度为多少？能否用此方法分离 Ca^{2+} 和 Ba^{2+}？

已知$K_{sp}^{\ominus}(BaSO_4)=1.08\times10^{-10}$，$K_{sp}^{\ominus}(CaSO_4)=4.93\times10^{-5}$。

2. 今有一 KCl 与 KBr 的混合物。现称取 0.302 8 g 试样，溶于水后用 $AgNO_3$ 标准溶液滴定，用去 0.101 4 mol·L^{-1} $AgNO_3$ 溶液 30.20 mL。试计算混合物中 KCl 和 KBr 的质量分数。已知：$M_{KCl}=74.55$ g·mol^{-1}，$M_{KBr}=119.0$ g·mol^{-1}。

参考答案

3. 称取基准物质 NaCl 0.200 0 g 溶于水，加入 $AgNO_3$ 标准溶液 50.00 mL，

以铁铵矾为指示剂，用 NH_4SCN 标准溶液滴定，用去 25.00 mL。已知 1.00 mL NH_4SCN 标准溶液相当于 1.20 mL $AgNO_3$ 标准溶液，计算 $AgNO_3$ 和 NH_4SCN 溶液的浓度。

6.9 思维导图和电子课件

6.10 拓展知识

第7章 紫外-可见分光光度法

学习导航

知识目标

1. 掌握紫外-可见分光光度法中光吸收的基本概念、基本定律(朗伯-比尔定律)和偏离该定律的原因。

2. 熟悉分光光度计的基本组成、工作原理及显色反应条件的选择。

3. 了解紫外-可见分光光度法在无机物和有机物测量中的应用。

能力目标

1. 能对物质对光的选择性吸收、吸收光谱与分子结构的关系了解和应用。

2. 能正确书写朗伯-比尔定律的计算式和摩尔吸收系数定义式等。

3. 能熟悉运用紫外-可见分光光度计的基本部件(光源、单色器、吸收池、检测器、显示器),并测试分析某些微量元素的含量。

4. 能应用紫外-可见吸收光谱法来完成无机物和有机物的定性分析、定量分析。

思政目标

1. 通过对化学分析和仪器分析方法的比较,让学生知道现代仪器分析的发展趋势是自动化、智能化、快速化和便捷化。进一步升华到现代企业对员工的职业素养也有类似要求,引导学生积极勇于创新,主动开展工作,灵活应对不同状况,提高工作效率,为国家和社会做出自己的贡献。

2. 针对朗伯-比尔定律偏离的原因,让学生知道任何科学研究都是对特定条件下特殊物质的测定方法研究,要在研究中注意细节和实验条件,树立“量”的概念。

3. 懂得朗伯－比尔定律在生活中的应用，如用光学酒精测试仪检查酒驾，医学上血糖的测定也是基于紫外－可见分光光度法的基本原理等，让学生能够学以致用，用学到的知识服务社会，做到理论与实际相结合。

案例导入

2023 年 8 月 22 日日本首相岸田文雄在阁僚会议上宣布，自 24 日起将开始实施福岛第一核电站核污染水排海计划。根据计划，日本将在 17 天内首批排放出 7 800 吨核污染水，预计 2023 年全年将排放约 3.12 万吨，其中氚的总量约为 5 兆贝克勒尔。

对此，中国外交部发言人重申中国政府的立场，认为日本强行推进核污染水排海是不正当、不合理、不必要的行为。

随后，香港特别行政区政府和澳门特别行政区政府相继采取行动，限制从日本部分地区进口水产品。

事实上，自从 2021 年 4 月 13 日日本决定排放核污水入海以来，国际社会一直对此提出质疑和反对。甚至在日本国内，一些专家学者也多次提出异议，但日本政府至今没有做出令人满意的回应。

据东京电力公司统计，核污染水中共含有 62 种放射性核素，尽管经过处理但除了氚之外仍含有少量其他的放射性核素。

针对这一事件中的核废水中微量的放射性元素的测量，除了用前面学过的四大滴定和重量分析法之外，有没有更好的方法？是否可以用将要学习的紫外－可见分光光度法来测定核废水中微量的钴、铀等元素的含量？如何设计合适的测定方法和实验线路？

教学视频 电子课件

7.1 分光光度法的基本理论和概念

紫外－可见分光光度法（ultraviolet-visible spectrophotometry）是利用物质在紫外、可见光区（200~800 nm）的分子吸收光谱，对物质进行定性分析、定量分析及结构分析的方法，

又称为紫外 - 可见吸光光度法。本章重点讨论可见分光光度法。

许多物质的溶液显现出颜色，如 $KMnO_4$ 溶液呈紫红色，邻二氮菲亚铁配合物的溶液呈现橙红色。溶液颜色深浅与物质的浓度有关，溶液浓度越大，颜色越深。用人眼来观察溶液颜色深浅来测定物质浓度叫比色分析法，用分光光度计来进行测定物质的浓度，则称为分光光度法。

在选定波长下，待测溶液对光的吸收程度与溶液中吸光物质的浓度有简单的定量关系。分光光度法灵敏度较高，其检测下限可达 10^{-6} mol · L^{-1}，适用于微量组分的测定。

一般分光光度法测定的相对标准误差为 2%~5%，完全能够满足微量组分的测定要求。如果使用精密性能更高的分光光度计测量，则相对误差标准可低至 1%~2%。

分光光度法测定迅速，仪器价格便宜，操作简单，应用广泛，几乎所有的无机物和许多有机物都能用该法进行测定。它还可用来研究化学平衡，如测定溶液中配合物的组成，测定一些酸碱的解离常数等。因此，分光光度法是生产和科研部门广泛应用的一种分析方法。

7.1.1　物质对光的选择性吸收

当光束照射在物体上时，光与物体发生相互作用，产生反射、散射、吸收或透射，如图 7–1 所示。如果被照射物质是均匀溶液，则其溶液对光的散射作用可以忽略。

可见光是指人眼能观察到的波长范围在 400~750 nm 的电磁波。理论上将具有同一波长的光称为单色光，而将包含不同波长的光称为复合光。不同波长的可见光呈现出不同的颜色，如表 7–1 所示。

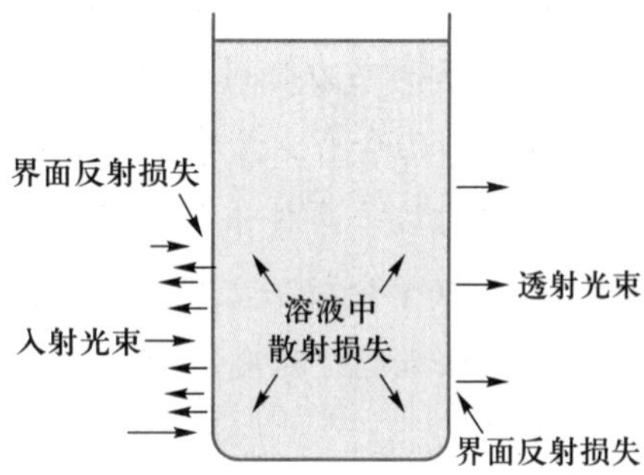

图 7–1　光与物体之间相互作用示意图

表 7–1　不同颜色的可见光的波长

物质颜色	吸收光	
	颜色	波长范围 λ/nm
黄绿	紫	400~450
黄	蓝	450~480
橙	绿蓝	480~490
红	蓝绿	490~500
紫红	绿	500~560
紫	黄绿	560~580

续表

物质颜色	吸收光	
	颜色	波长范围 λ/nm
蓝	黄	580~600
绿蓝	橙	600~650
蓝绿	红	650~750

1. 光的基本性质

（1）光的特性　光是一种电磁波，具有波粒二象性。

（2）相关表征的参数　光的波粒二象性可以用频率（ν）、波长（λ）、能量（E）和运动质量（m）等参数来描述。

$$\lambda = c/\nu$$

其中，c 代表光速，数值为 2.9979×10^{10} cm·s^{-1}；λ 是波长，单位是 cm；ν 代表频率，单位为 Hz。

各参数之间的关系由普朗克方程表示：

$$E = h\nu = hc/\lambda$$

其中，h 为普朗克常量 6.6262×10^{-34} J·s

普朗克方程表示了光的波动性与粒子性之间的关系。

不同波长的光具有不同的能量，波长越短，能量越高；波长越长，能量越低。

（3）光谱　如果光的波长为 200~400 nm 称为紫外光；400~750 nm 称为可见光（人眼能感觉到的光）；750 nm 以上称为红外光。白光是一种复合光，它可以通过三棱镜变为单色光。如果将两种不同颜色的光以一定比例混合能形成白光，这两种光则称为互补色光。

2. 物质对光的选择性吸收

（1）物质对光产生选择性吸收的原因　由于不同物质的分子组成和结构不同，它们所具有的特征能级也不同，故能级差不同，而各物质只能吸收与它们分子内部能级差相当的光辐射，所以不同物质对不同波长光的吸收，就具有选择性。

（2）物质的颜色与光吸收的关系　物质之所以有颜色，是它对不同波长的可见光具有选择性吸收的结果。物质呈现出的颜色恰恰是它所吸收光的互补色，而且溶液颜色的深浅，由溶液吸收光的量的多少所决定，即取决于吸光物质浓度的高低。图 7-2 是光的互补色示意图。

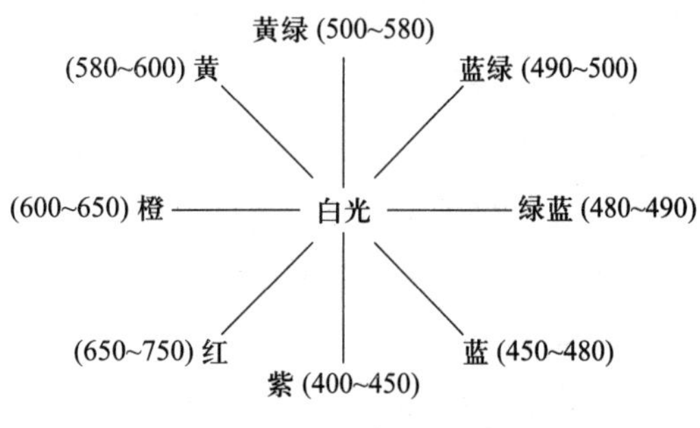

图 7-2　光的互补色示意图（λ/nm）

3. **吸收曲线**

物质对光吸收的特征，可用吸收曲线来描述，以波长为横坐标，吸光度为纵坐标作图即得吸收曲线。

对于同一物质，浓度不同，其吸收曲线的形状和最大吸收波长的位置不变，只是在同一波长下吸光度随浓度的增大而增大。图 7-3 是 $KMnO_4$ 不同浓度溶液的吸收曲线。

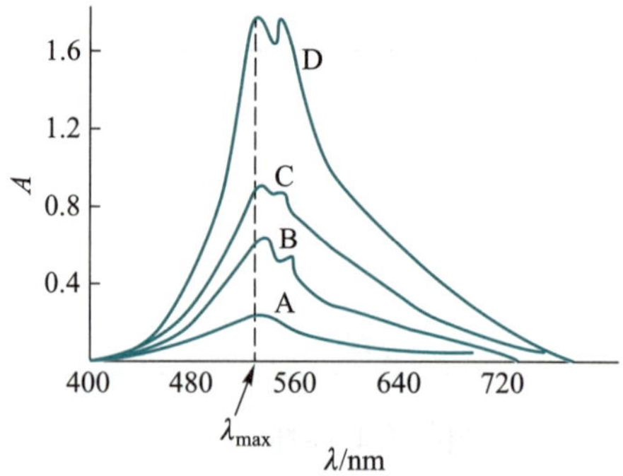

图 7-3 $KMnO_4$ 不同浓度溶液的吸收曲线

7.1.2 光吸收的基本定律

1729 年波格建立了吸光度与吸收介质厚度之间的关系。1760 年朗伯用数学方法表达了这一关系。1852 年比尔确定了吸光度与溶液浓度及液层厚度之间的关系。

1. **朗伯 - 比尔定律**（Lambert-Beer law）

（1）透射比 T（透光率）：透射光强度与入射光强度的比值 I_t/I_0 称为透射比。

（2）吸光度 A：物质在某一波长处对光吸收程度的大小。

（3）朗伯 - 比尔定律：

$$A=\lg\frac{I_0}{I_t}=Kbc,\quad A=\lg\frac{I_0}{I_t}=\lg\frac{1}{T}$$

① 物理意义：当某一平行单色光垂直通过某溶液时，溶液的吸光度与吸光物质的浓度 c 及液层厚度 b 成正比。b 为吸收池厚度（cm）；c 为浓度（$g\cdot L^{-1}$, $mol\cdot L^{-1}$）。

② K：吸收系数，表示吸光质点（分子、离子、原子）对某波长光的吸收能力，与吸光物质的性质、入射光波长及温度有关。K 的单位随 b，c 而变：

当 c 单位为 $g\cdot L^{-1}$，b 单位为 cm，K 以 a 表示，称为吸光系数，单位 $L\cdot g^{-1}\cdot cm^{-1}$，即 $A=abc$。

如果 c 单位为 $mol\cdot L^{-1}$，b 单位为 cm，则 K 用 κ 表示，称为摩尔吸收系数，单位为 $L\cdot mol^{-1}\cdot cm^{-1}$。$A=\kappa bc$，$\kappa$ 是吸光质点特性的重要参数，是衡量光度分析方法灵敏度的重要指标。

③ 适用条件：

a. 入射光为平行单色光且垂直照射。

b. 吸光物质为均匀非散射体系。

c. 吸光质点之间无相互作用。

d. 辐射与物质之间的作用仅限于光吸收过程，无荧光和光化学现象发生。

2. **吸收系数和桑德尔灵敏度**

（1）吸收系数

① 吸收系数 a：单位 $L\cdot g^{-1}\cdot cm^{-1}$，$A=abc$。

② 摩尔吸收系数κ：单位$L \cdot mol^{-1} \cdot cm^{-1}$，$A = \kappa bc$。

κ 值越大，反应越灵敏，一般认为$\kappa > 10^4\ L \cdot mol^{-1} \cdot cm^{-1}$为灵敏体系，$\kappa < 10^3\ L \cdot mol^{-1} \cdot cm^{-1}$则为不灵敏体系，$\kappa$ 是波长的函数。$\kappa = f(\lambda)$，一般情况下λ_{max}处，κ 最大。

③ 二者关系：$\kappa = a \cdot M$。

④ 摩尔吸收系数物理意义：当吸光物质的浓度为$1\ mol \cdot L^{-1}$，吸收池厚度为1 cm时，吸光物质对某波长光的吸光度。

κ 越大，表明测定该物质的灵敏度越高，故κ 常用来衡量光度分析法灵敏度的高低。

例 7-1 已知某溶液含Fe^{2+}为12.5 μg/25 mL，用邻二氮菲显色后形成$Fe(phen)_3$，用2 cm比色池在$\lambda_{508\ nm}$测得$A = 0.19$，求κ 为多少。

解：$A = \kappa bc$

$$c = (12.5 \times 10^{-6}\ g/M_{Fe})/(25/1\ 000) = [12.5 \times 10^{-3}/(56 \times 25)]\ mol \cdot L^{-1} = 9 \times 10^{-6}\ mol \cdot L^{-1}$$

$$\kappa = A/bc = 0.19/(2\ cm \times 9 \times 10^{-6}\ mol \cdot L^{-1}) = 1.1 \times 10^4\ L \cdot mol^{-1} \cdot cm^{-1}$$

即该体系是灵敏体系。

（2）桑德尔灵敏度S　指在一定波长下，当光度仪器的检测极限为$A = 0.001$时，单位截面积光程内所能检出的吸光物质的最低质量，其单位为$\mu g \cdot cm^{-2}$，记作S。

S与κ之间的关系为$S = M/\kappa\ (\mu g \cdot cm^{-2})$，推导如下：

$$A = 0.001 = \kappa bc, \quad bc = 0.001/\kappa$$

$$S = \frac{bc}{1\ 000} \times M \times 10^6 = bcM \times 10^3$$

$$S = M/\kappa\ (\mu g \cdot cm^{-2})$$

例 7-2 如果光度检测器的检测极限为$A = 0.001$，则例7-1中的桑德尔灵敏度S是多少？

解：$S = M/\kappa = 56/(1.1 \times 10^4) = 0.005\ (\mu g \cdot cm^{-2})$

（3）标准曲线的绘制及其应用

① 配制一系列已知浓度的标准溶液$c_1, c_2, c_3, \cdots$，在一定条件下分别测定$A_1, A_2, A_3, \cdots$。

② 以吸光度为纵坐标，以浓度为横坐标作图，绘得一条A–c标准曲线，该曲线也称为工作曲线（图7-4）。曲线的斜率为κb，由此可得到摩尔吸收系数κ。

③ 在相同条件下，测未知溶液吸光度A_x。

④ 由工作曲线查对应横坐标值，即为未知溶液浓度c_x。

标准曲线法，配制一系列不同浓度的待测组分的标准溶液，在选定的λ_{max}和最佳条件下，测得各自的吸光度。以吸光度对浓度作图得到一条直线。在相同的条件下，测得试样溶液的吸光度，然后从标准曲线上查得相应的浓度。

实验

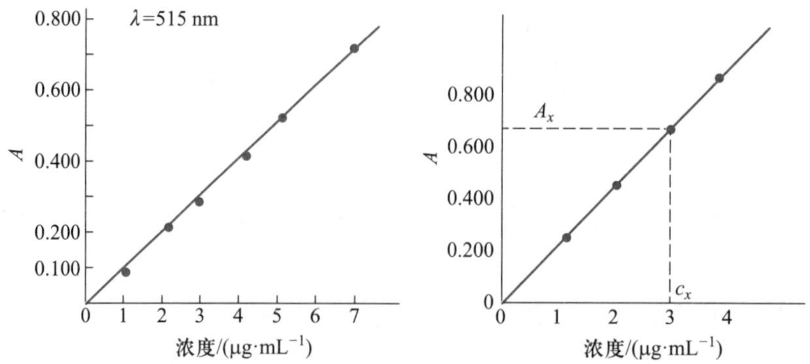

(a) 邻二氮菲测铁的标准曲线　　(b) 在标准曲线上找到待测物浓度

图 7-4 标准曲线

3. 引起偏离朗伯－比尔定律的因素

（1）物理因素

① 非单色光（单色光不纯）引起的偏离。

朗伯－比尔定律只适用于单色光，但由于单色器色散能力的限制和出口狭缝需要保持一定宽度，因此投射到吸收溶液的入射光实际上是具有一定波长范围的复合光（即很难获得真正的纯单色光）。由于物质对不同波长光的吸光系数不同，因而导致了对朗伯－比尔定律的偏离。

② 非平行入射光引起的偏离。

若入射光不垂直通过吸收池，就使通过吸收池溶液的实际光程 b' 大于吸收池厚度 b，实际测得的吸光度将大于理论值，产生正偏离。

③ 介质不均匀引起的偏离。

朗伯－比尔定律是建立在均匀、非散射基础上的一般规律，如果介质不均匀，呈胶体、乳浊、悬浮状态存在，则入射光通过溶液后，除了被吸收之外，还会有一部分因散射而损失，致使透射比减小，实测吸光度增大，造成偏离。

（2）化学因素

① 溶液浓度过高引起的偏离。

朗伯－比尔定律是建立在吸光质点之间没有相互作用的前提下。但当溶液浓度较高时，吸光物质的分子或离子间的平均距离减小，从而改变物质对光的吸收能力，即改变物质的摩尔吸收系数。浓度增加，相互作用增强，导致在高浓度范围内摩尔吸收系数不恒定而使吸光度与浓度之间的线性关系被破坏。

② 化学变化所引起的偏离。

溶液中吸光物质常因解离、缔合、形成新的化合物或在光照射下发生互变异构等，从而破坏了平衡浓度与分析浓度之间的正比关系，也就破坏了吸光度 A 与分析浓度 c 之间的线性关系，导致对朗伯－比尔定律的偏离。

7.2 紫外－可见分光光度计

吸光度测定使用的分光光度计可分为紫外－可见分光光度计和可见分光光度计，其种类和型号繁多。

7.2.1 组成部件

紫外－可见分光光度计的基本结构是由光源、单色器、吸收池、检测器和显示器五个部分组成，如图 7–5 所示。

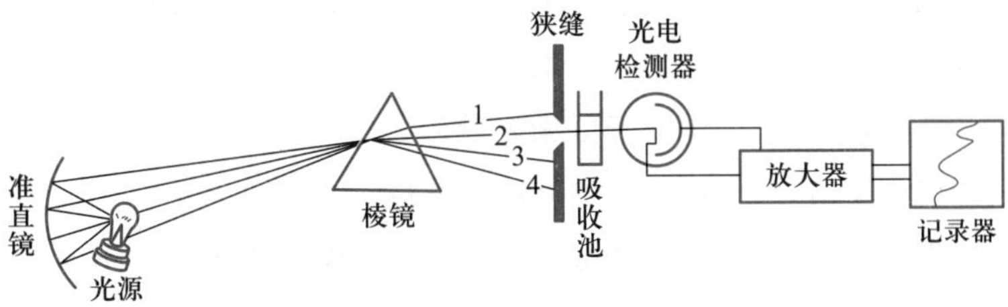

图 7–5 分光光度计组成图

1. **光源**

对光源的基本要求是应在所需的光谱区域内，能够发射连续辐射，有足够的辐射强度和良好的稳定性，而且辐射能量随波长的变化应尽可能小，使用寿命长，操作方便。

分光光度计中常用的光源有热辐射光源和气体放电光源两类。

热辐射光源用于可见光区，如钨丝灯和卤钨灯；气体放电光源用于紫外光区，如氢灯、氘灯。钨灯和碘钨灯可使用的范围在 340~2 500 nm。这类光源的辐射能量与施加的外加电压有关，在可见光区，辐射的能量与工作电压 4 次方成正比。光电流与灯丝电压的 n 次方（n>1）成正比。因此，使用时必须严格控制灯丝电压，仪器必须配有稳压装置，以保证光源的稳定。

在近紫外光区测定时，常用氢灯、氘灯，它们发射 180~375 nm 的连续光谱。

2. **单色器**

单色器是能从光源辐射的复合光中分出单色光的光学装置，其主要功能是产生光谱纯度高的光，且光的波长在紫外－可见光区域内任意可调。

单色器一般由入射狭缝、准光器（透镜或凹面反射镜使入射光成平行光）、色散元件、聚焦元件和出射狭缝等几部分组成。其核心部分是色散元件，起分光的作用。单色器的性能直接影响入射光的单色性，从而也影响测定的灵敏度、选择性及校准曲线的线性关系等。

能起分光作用的色散元件主要是棱镜和光栅，如图 7-6 所示。

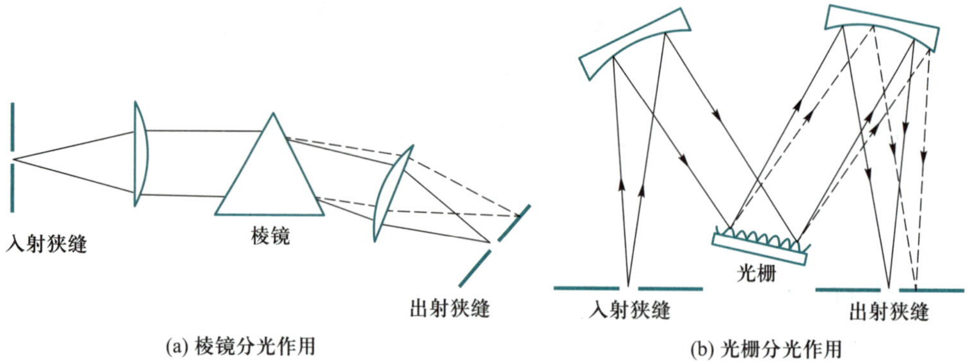

图 7-6 棱镜、光栅分光作用示意图

棱镜有玻璃和石英两种材料。它们的色散原理是：依据不同的波长的光通过棱镜时有不同的折射率，而将不同波长的光分开。由于玻璃可吸收紫外光，所以玻璃棱镜只能用于 350~3 200 nm 的波长范围，即只能用于可见光域内。石英棱镜可使用的波长范围较宽，为 185~4 000 nm，即可用于紫外、可见和近红外三个光域。

光栅是利用光的衍射与干涉作用制成的，它可用于紫外、可见及红外光域，而且在整个波长区具有良好的、几乎均匀一致的色散率。光栅分为透射光栅和反射光栅，反射光栅更常用。当复合光照射到光栅上时，每条刻槽都产生衍射作用。由每条刻槽所衍射的光又互相干涉而产生干涉条纹。光栅正是利用不同的入射光产生干涉条纹的衍射角不同，从而将复合光分成不同波长的单色光。

3. 吸收池

吸收池用于盛放分析试样，一般有石英和玻璃材质两种。石英池适用于可见光区及紫外光区，玻璃吸收池只能用于可见光区。为减少光的损失，吸收池的光学面必须完全垂直于光束方向。在高精度的分析测定中（紫外光区尤其重要），吸收池要挑选配对。因为吸收池材料的本身吸光特征及吸收池的光程长度的精度等对分析结果都有直接影响。

4. 检测器

检测器的功能是将光信号转变成电信号的装置，要求灵敏度高，响应时间短，噪声水平低且有良好的稳定性。常用的检测器有光电池、光电管、光电倍增管和光电二极管阵列检测器等。

光电池一般在光电比色计及 72 型分光光度计上采用，硒光电池对光的敏感范围为 300~800 nm，其中又以 500~600 nm 最为灵敏。这种光电池的特点是能产生可直接推动微安表或检流计的光电流，但由于容易出现“疲劳”效应，而只能用于低规格的分光光度计中。

光电管在紫外 - 可见分光光度计上应用较为广泛。它是由一个阳极和一个光敏阴极构成的真空或充有少量惰性气体的二极管，阴极表面镀有碱金属或碱土金属氧化物等光敏材料。其特点是灵敏度高，不易“疲劳”。

光电倍增管是检测微弱光最常用的光电元件，它的灵敏度比一般的光电管要高 200 倍，因此可使用较窄的单色器狭缝，从而对光谱的精细结构有较好的分辨能力。

5. 显示器

它的作用是放大信号并以适当方式指示或记录下来。常用的显示器装置有直读检流计、电位调节指零装置及数字显示或自动记录装置等。很多型号的分光光度计装配有微处理机，一方面可对分光光度计进行操作控制，另一方面可进行数据处理。

7.2.2 紫外－可见分光光度计的类型

紫外－可见分光光度计的类型很多，但可归纳为三种类型，即单光束分光光度计、双光束分光光度计和双波长分光光度计，如图 7–7 所示。

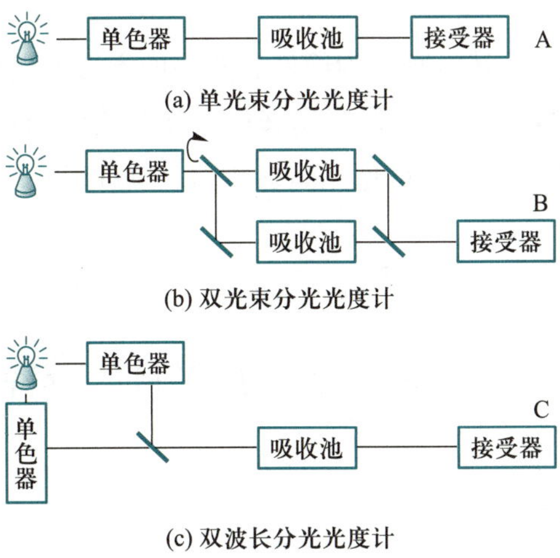

图 7–7 紫外－可见分光光度计的类型

1. 单光束分光光度计

经单色器分光后的一束平行光，轮流通过参比溶液和试样溶液，以进行吸光度的测定。这种简易型分光光度计结构简单，操作方便，维修容易，适用于常规分析。

2. 双光束分光光度计

经单色器分光后经反射镜分解为强度相等的两束光，一束通过参比池，一束通过试样池。光度计能自动比较两束光的强度，此比值即为试样的透射比，经对数变换将它转换成吸光度并作为波长的函数记录下来。

双光束分光光度计一般都能自动记录吸收光谱曲线。由于两束光同时分别通过参比池和试样池，还能自动消除光源强度变化所引起的误差。

3. 双波长分光光度计

由同一光源发出的光被分成两束，分别经过两个单色器，得到两束不同波长（1 和 2）的单色光；利用切光器使两束光以一定的频率交替照射同一吸收池，然后经过光电倍增管和电子控制系统，最后由显示器显示出两个波长处的吸光度差值 ΔA（$\Delta A = A_1 - A_2$）。对于多组分混合物、混浊试样（如生物组织液）分析，以及存在背景干扰或共存组分吸收干扰的情况下，利用双波长分光光度法，往往能提高方法的灵敏度和选择性。利用双波长分光光度计，能获得导数光谱。

通过光学系统转换，使双波长分光光度计能很方便地转化为单波长工作方式。如果能在 1 和 2 处分别记录吸光度随时间变化的曲线，还能进行化学反应动力学研究。

7.2.3 分光光度计的校正

通常在实验室工作中，验收新仪器或实验室使用过一段时间后都要进行波长校正和吸光度校正。

可以采用下述这种较为简便和实用的方法来进行校正：镨铷玻璃或钬玻璃都有若干特征的吸收峰，可用来校正分光光度计的波长标尺，前者用于可见光区，后者则对紫外和可见光区都适用。也可用 K_2CrO_4 标准溶液来校正吸光度标度。

分光光度计使用说明

7.3 显色反应及其条件的选择

7.3.1 显色反应的选择

1. 显色反应

在分光光度分析中，将试样中待测组分转变成有色化合物的反应叫显色反应。显色反应可分两大类，即配位反应和氧化还原反应，而配位反应是最主要的显色反应。与待测组分化合成有色物质的试剂称为显色剂。同一组分常可与若干种显色剂反应，生成若干有色化合物，其原理和灵敏度亦有差别。一种待测组分究竟应该用哪种显色反应，可根据所需测定标准加以选择。

2. 用于分光光度分析的显色反应要满足以下条件

（1）选择性要好、干扰少。一种显色剂最好只与一种待测组分起显色反应，尽量减少干扰。或者干扰离子容易被消除，或者显色剂与待测组分和干扰离子生成的有色化合物的吸收峰相隔较远。

（2）灵敏度要高。由于分光光度法一般是测定微量组分的，灵敏度高的显色反应对微量组分的测定有利。灵敏度的高低可以从摩尔吸收系数 κ 数值的大小来判断。但应注意，灵敏度高的显色反应，其选择性不一定好，对于高含量的组分，不一定要选用灵敏度高的显色反应。

（3）对比度要大。即如果显色剂有颜色，则有色化合物与显色剂的最大吸收波长的差别要大，一般要求波长差在 60 nm 以上。

（4）有色化合物的组成要恒定，化学性质要稳定。有色化合物的组成若不确定，测定的再现性就较差。有色化合物如果容易受空气的氧化或被日光的照射而分解，就会引入测量误差。

（5）显色反应的条件要易于控制。如果条件要求过于严格，难以控制，测定结果的再现性就差。

7.3.2 显色反应条件的选择

显色反应能否完全满足光度法的要求，除了与显色剂的性质有主要关系外，控制好显色反应的条件也是十分重要的，如果显色条件不合适，将会影响分析结果的准确度。其实验条件主要包括：显色剂的用量、溶液的酸度、显色时间、显色温度、有机溶剂、共存离子的干扰及消除等。

1. 显色剂的用量

显色反应就是将待测组分转变成有色化合物，其表示方式为

$$\underset{\text{（待测组分）}}{\mathrm{M}} + \underset{\text{（显色剂）}}{\mathrm{R}} = \underset{\text{（有色化合物）}}{\mathrm{MR}}$$

显色反应在一定程度上是可逆的。为了减少反应的可逆性，根据同离子效应，加入过量的显色剂是必要的，但也不能过量太多，否则会引起副反应，给测定带来不利。显色剂的适宜用量可以通过实验来确定，其方法是：将待测试液的浓度及其他条件固定，加入不同用量显色剂，在相同条件下测定吸光度，并以吸光度为纵坐标，显色剂用量为横坐标绘制吸光度 – 显色剂用量关系曲线，如图 7–8 所示。

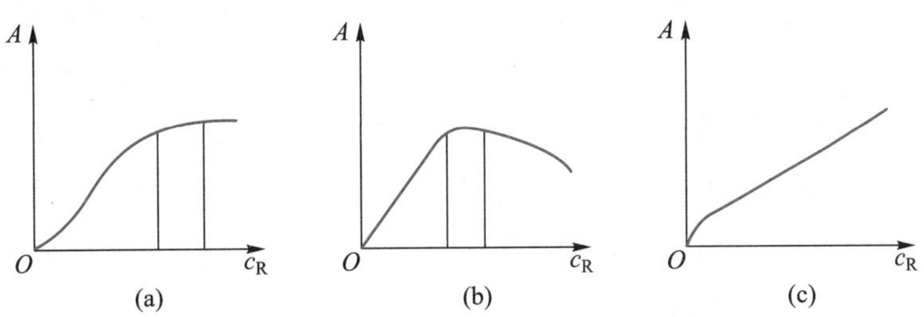

图 7–8 吸光度 – 显色剂用量关系曲线

2. 溶液的酸度

溶液酸度对显色反应的影响很大，这是由于溶液酸度直接影响着金属离子和显色剂的存在形式及有色配合物的组成和稳定性。因此，控制溶液适宜的酸度，是保证光度分析获得良好结果的重要条件之一。

（1）酸度对被测物质存在状态的影响　大部分高价金属离子都容易水解，当溶液的酸度降低时，会产生一系列羟基配离子或多核羟基配离子。高价金属离子的水解与多元弱酸的解离一样，是分级进行的。

随着水解的进行，同时还发生各种类型的聚合反应。聚合度随着时间增大，而最终将导致沉淀的生成。显然，金属离子的水解，对于显色反应是不利的，故溶液的酸度不能太低。

（2）酸度对显色剂浓度和颜色的影响　光度分析中所用的大部分显色剂都是有机弱酸。显色反应时，首先是有机弱酸发生解离，其次才是配阴离子与金属离子配位。

$$M + HR \xlongequal{} MR + H^+$$

从反应式可以看出，溶液酸度影响着显色剂的解离，并影响着显色反应的平衡移动，进而影响显色反应完全程度和有色化合物的稳定性。

许多显色剂本身就是酸碱指示剂，当溶液酸度改变时，显色剂本身就有颜色变化。如果显色剂在某一酸度时，配位反应和指示剂反应同时发生，两种颜色同时存在，就无法进行光度测定。例如，二甲酚橙在 $pH>6.3$ 时为红色，在 $pH<6.3$ 时为柠檬黄色，在 $pH = 6.3$ 时，呈现中间色，故 $pH = 6.3$ 时，是它的变色点。而二甲酚橙与金属离子的配合物却是红色。因此，二甲酚橙只有在 $pH<6$ 的酸性溶液中可作为金属离子的显色剂。如果在 $pH>6$ 的酸度下进行光度测定，就会引入很大误差。

（3）对配合物组成和颜色的影响　对于逐级形成的配合物的显色反应，在不同的酸度时，生成不同配位比的配合物。例如，铁与水杨酸的配位反应，当 $pH<4$ 时，生成 1∶1 的 $[Fe(C_7H_4O_3)]^+$，为紫色；当 $4<pH<9$ 时，生成 1∶2 的 $[Fe(C_7H_4O_3)_2]^-$，为橙色；当 $pH>9$ 时，生成 1∶3 的 $[Fe(C_7H_4O_3)_3]^{3-}$，为黄色。此时，必须控制合适的酸度，才可获得好的分析结果。

3. 显色时间和显色温度

显色反应的速率有快有慢，显色反应快的，几乎是瞬间即可完成，显色很快达到稳定状态，并且能保持较长时间。大多数显色反应速率较慢，需要一定时间，溶液颜色才能达到稳定程度。有些有色化合物放置一段时间后，因空气的氧化、试剂的分解或挥发、光的照射等原因，使颜色减退。适宜的显色时间和有色溶液稳定程度，可通过实验来确定。实验方法是配制一份显色溶液，从加入显色剂时计算时间，每隔几分钟测定一次吸光度，绘制 A-t 曲线，根据曲线来确定适宜的时间。

不同的显色反应需要不同温度，一般显色反应可在室温下完成。但是有些显色反应需要加热至一定温度才能完成；也有些有色配合物在较高温度下容易分解。因此，应根据不同的情况选择适当的温度进行显色。温度对光的吸收及颜色的深浅也有一定的影响，故标样和试样的显色温度应保持一样。合适显色温度可通过实验确定，作 A–c 曲线即可求出。

4. 有机溶剂

有机溶剂对显色反应的影响表现在下列几方面：

（1）溶剂影响配合物的解离度　许多有色化合物在水中的解离度大，而在有机溶剂中的解离度小，如在 $Fe(SCN)_3$ 溶液中加入可与水混溶的有机试剂（如丙酮），由于降低了 $Fe(SCN)_3$ 的解离度而使颜色加深提高了测定的灵酸度。

（2）溶剂改变配合物颜色　原因是各种溶剂分子的极性、介电常数不同，从而影响到配合物的稳定性，改变了配合物分子内部的状态或者形成不同的溶剂化物的结果。

（3）溶剂影响显色反应的速率　例如，当用氯代磺酚 S 测定 Nb 时，在水溶液中显色需几小时，如果加入丙酮，则仅需 30 min。

表面活性剂的加入可以提高显色反应的灵敏度，增加有色化合物的稳定性。其作用原理一方面是胶束增溶，另一方面是可形成含有表面活性剂的多元配合物。

5. 共存离子的干扰及消除

共存离子存在时对光度测定的影响有以下几种类型：

（1）与试剂生成有色配合物。如用硅钼蓝光度法测定钢中硅时，磷也能与钼酸铵生成配合物，同时被还原为钼蓝，使结果偏高。

（2）干扰离子本身有颜色　如 Co^{2+}（红色），Cr^{3+}（绿色），Cu^{2+}（蓝色）。

（3）与试剂结合成无色配合物　消耗大量试剂而使待测离子配位不完全。如用水杨酸测定 Fe^{3+} 时，Al^{3+}，Cu^{2+} 等有影响。

（4）与待测离子结合成解离度小的另一化合物　如由于 F^- 的存在，能与 Fe^{3+} 以 FeF_6^{3-} 形式存在，$Fe(SCN)_3$ 不会生成，因而无法进行测定。

消除干扰的方法

目前常用的消除干扰的方法主要有以下三种：控制酸度、加入掩蔽剂、采用萃取光度法等。

7.4　吸光度的测量及误差的控制

7.4.1　吸光光度法的测量误差

吸光度的实验测定总存在着误差。在不同吸光度下相同的吸光度读数误差对测定带来的浓度误差是不同的。这可以进行如下推导：假设试液符合朗伯－比尔定律，则

$$A=-\lg T=\kappa bc$$

微分，得

$$-\mathrm{dlg}T=-0.434\mathrm{dln}T=-0.434\frac{\mathrm{d}T}{T}=\kappa b\mathrm{d}c$$

将两式相除，整理后得

$$\frac{\mathrm{d}c}{c}=\frac{0.434}{T\lg T}\mathrm{d}T$$

以有限值表示，则浓度测量值的相对误差 E_r 可以写成

$$\frac{\Delta c}{c}=\frac{0.434}{T\lg T}\Delta T$$

由该式可知浓度相对误差（$\Delta c/c$）与透射比 T 有关，也与透射比的绝对误差 ΔT 有关。相对误差与透射比的相关曲线如图 7–9 所示。

由图 7–9 可知，T 很大或者比较小时，相对误差的绝对值都很大，只有当 T 为 0.20~0.65，或 A 为在 0.7~0.2，相对误差才最小，约在 4% 以下。由曲线可见，测量存在最小的相对误差，通过求得极值发现，当 T = 36.8% 或 A = 0.434 时，其测量误差最小，为 2.73%。

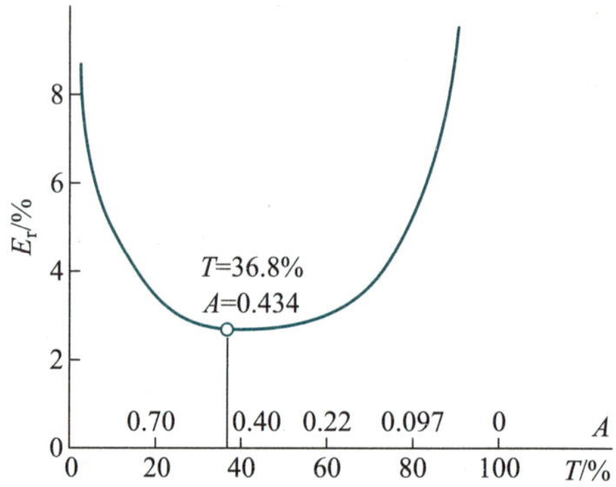

图 7–9 相对误差与透射比之间的关系

7.4.2 测量条件的选择

选择适当的测量条件，是获得准确测定结果的重要途径。选择适合的测量条件，可从下列几个方面考虑。

1. 测量波长的选择

一般选择最大吸收波长为测量波长，若在最大吸收波长处存在干扰，则应根据“吸收最大，干扰最小”的原则选择测量波长。即选用灵敏度较低但能避免干扰的入射光，就能获得满意的测定结果。

2. 吸光度范围的控制

吸光度为 0.15~0.80 时，测量的准确度较高。为此可以从下列几方面想办法：

（1）适宜的试样用量　计算而且控制试样的称出量，含量高时，少取样，或稀释试液；含量低时，可多取样，或萃取富集。

（2）选用适宜厚度的比色池　如果溶液已显色，则通过改变比色池厚度，来调节吸光度大小。

3. 参比溶液的选择

参比溶液是用来调节仪器工作零点的，如果参比溶液选得不适当，则对测量读数准确度的影响较大。选择的办法如下：

（1）当试液、试剂、显色剂均无色时，用蒸馏水作为参比溶液。

（2）当试剂和显色剂均无色，试液中其他离子有色时，应采用不加显色剂的试液作为参比溶液。

（3）当试剂和显色剂均有颜色时，可将一份试液加入适当掩蔽剂，将待测组分掩蔽起来，使之不再与显色剂作用，然后把显色剂、试剂均按操作手续加入，以此作空白，作为参比溶液，这样可以消除一些共存组分的干扰。

此外，对于比色池厚度、透射比、仪器波长，读数刻度等应进行校正，对比色池放置位置、光电池的灵敏度等也应注意检查。

7.5 其他分光光度法

其他分光光度法见侧边二维码。

7.6 分光光度法的主要应用

分光光度法除了广泛地用于测定微量成分外，也能用于常量组分及多组分的测定。同时，还可以用于研究化学平衡、配合物组成的测定等。下面简要地介绍有关这些方面的应用。

7.6.1 定量分析

1. 单组分的测定

（1）一般方法　当试液中只有一种待测组分在测量波长处产生吸收时，一般采用标准曲线法进行测定。

A–c 标准曲线法，如微量铁的邻二氮菲分光光度测定。

（2）示差法　当待测组分含量高时，就会偏离朗伯－比尔定律。即使不偏离，因吸光度太大，也超出了准确读数范围，即使分析误差控制在 5% 以下，对高含量成分也是不符合要求。如果采用示差法，就能克服这一缺点，也能使测定误差降到 ±0.5% 以下。

示差法与普通光度法的区别

2. 多组分的同时测定

多组分同时测定的依据是吸光度具有加和性。即总吸光度为各组分吸光度的总和。在每一组分的最大吸收波长下，测定总吸光度时，存在下面关系：

$$A_1=\kappa'_M bc_M+\kappa'_N bc_N$$

$$A_2=\kappa''_M bc_M+\kappa''_N bc_N$$

解得

$$c_M=\frac{A_1-\kappa'_N c_N b}{\kappa'_M b}$$

$$c_N=\frac{A_1\kappa''_M-A_2\kappa'_M}{\kappa'_N\kappa''_M-\kappa''_N\kappa'_M}$$

7.6.2 配合物的研究

分光光度法是研究溶液中配合物组成、配位平衡和测定配合物稳定常数的有效方法之一。

1. 摩尔比法

设配位反应为

$$M+nR \xlongequal{} MR_n$$

固定金属离子 M 的浓度，逐渐增加配位剂的浓度。配体为 R，显然，R 应是无色的或在选定的波长范围内无显著吸收。然后稀释至同一体积，得到 c_R/c_M 为 1, 2, 3, …的一系列溶液，配制相应的试剂空白，在一定波长下，测定其吸光度，绘制曲线，用作图法求得配位比。如图 7-10 所示。

曲线前部分表示，配位剂 R 浓度不断增加，生成的配合物不断增多，吸光度逐渐增大。当金属离子 M 全部形成配合物后，配位剂 R 的浓度再增加，吸光度达到最大值而不再变化。曲线峰值部分转折很不明显，是因配合物有微小解离造成的。曲线前后部分延长线，交于 *B* 点，由 *B* 点向横轴作垂线，交于横轴的一点，这点的比值就是配合物的配位比。

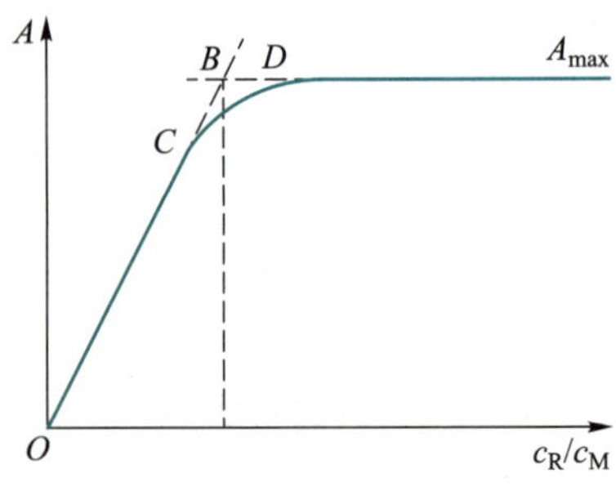

图 7-10 摩尔比法示意图

2. 等摩尔连续变化法

此法是保持溶液中 c_M+c_R 为常数，连续改变 c_R/c_M 配制出一系列溶液。分别测量系列溶液的吸光度 *A*，以 *A* 对 $c_M/(c_M+c_R)$ 作图，曲线折点对应的 c_R/c_M 值就等于配位比 *n*。如图 7-11 所示。

等摩尔连续变化法适用于配位比低、稳定性较高的配合物组成的测定。此外还可以测定配合物的不稳定常数。

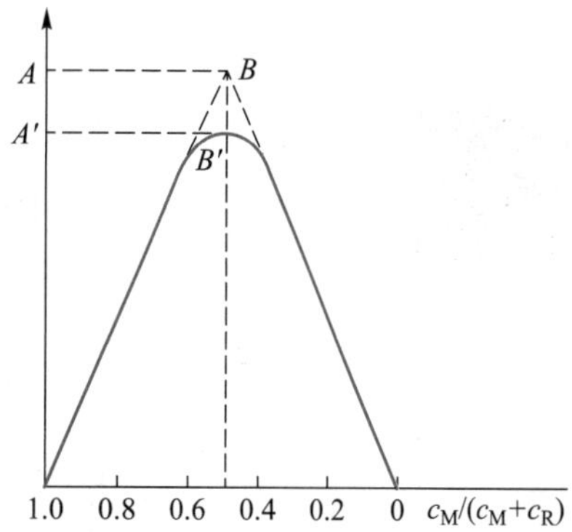

图 7-11　等摩尔连续变化法示意图

7.6.3　酸碱解离常数的测定

酸或碱的解离常数可用分光光度法测定，解离常数依赖于溶液的 pH。

设有一元弱酸 HB，按下式解离：

$$HB \rightleftharpoons H^+ + B^-$$

$$K_a = [B^-][H^+]/[HB]$$

配制三种分析浓度 c_{HB} 相等而 pH 不同的溶液，其中 $c_{HB} = [HB] + [B^-]$。第一种溶液的 pH 在 pK_a 附近，此时溶液中 HB 与 B^- 共存，用 1 cm 的吸收池在某一定的波长下，测量其吸光度：

$$A_{HB} = \kappa_{HB}[HB] = \kappa_{HB}c$$

$$\kappa_{HB} = A_{HB}/c$$

$$A = A_{HB} + A_{B^-} = \kappa_{HB}[HB] + \kappa_{B^-}[B^-] \tag{7-1}$$

第二种溶液是 pH 比 pK_a 低两个以上单位的酸性溶液，此时弱酸几乎全部以 HB 型体存在，在上述波长下测得吸光度：

$$A = \kappa_{HB}\frac{[H^+]c}{[H^+]+K_a} + \kappa_{B^-}\frac{K_a c}{[H^+]+K_a} \tag{7-2}$$

第三种溶液是 pH 比 pK_a 高两个以上单位的碱性溶液，此时弱酸几乎全部以 B^- 型体存在，在上述波长下测得吸光度：

$$A_B = \kappa_{B^-}[B^-] = \kappa_{B^-}c \tag{7-3}$$

$$\kappa_{B^-} = A_{B^-}/c$$

将上面各式整理得

$$K_a = \frac{(A_{HB}-A)[H^+]}{A-A_{B^-}} \tag{7-4}$$

$$pH = pK_a + \lg\frac{(A_{HB}-A)}{(A-A_{B^-})}$$

该式即为用分光光度法测定一元弱酸解离常数的基本公式。在测定中，可直接利用式（7-4）计算 K_a。也可以通过配制一系列不同 pH 的缓冲溶液并测定其吸光度 A，通过作图法，求出 pK_a，后者的测定结果更为准确。

7.7　分光光度法其他应用

分光光度法其他应用见侧边二维码。

7.8　课程思政任务单

7.9　学习要求、重点和难点

7.10　思考题和习题

思考题

1. 紫外-可见分光光度计与可见分光光度计比较，有什么不同之处？为什么？
2. 请画出紫外分光光度法仪器的组成图（即方框图），并说明各组成部分的作用。
3. 何谓朗伯-比尔定律？其数学表达式是什么？各物理意义如何？
4. 吸光光度法中测量条件的选择应注意哪几点？
5. 试简述可见分光光度法。
6. 在分光光度法中，显色反应的作用是什么？对显色反应有什么样的要求？

选择题

1. 一个有色溶液对某波长光的吸收遵守比尔定律，当选用 2.0 cm 的比色皿时，测得透射比为 T，若改用 1.0 cm 的吸收池，则透射比为（　　）。

A. T^2　　B. $T^{1/2}$　　C. $2T$　　D. $T/2$

2. 某同学进行光度分析时，误将参比溶液调至 90% 而不是 100%，在此条件下，测得有色溶液的透射比为 35%，则该有色溶液的正确透射比是（　　）。

A. 32.1%　　B. 34.5%　　C. 36.0%　　D. 38.9%

3. 物质的紫外－可见吸收光谱的产生是由于（　　）。

A. 分子的振动　　B. 分子的转动

C. 原子核外层电子的跃迁　　D. 原子核内层电子的跃迁

4. 按一般光度法用空白溶液作参比溶液，测得某试液的透射比为 10%，如果更改参比溶液，用一般分光光度法测得透射比为 20% 的标准溶液作参比溶液，则试液的透射比应等于（　　）。

A. 8%　　B. 40%　　C. 50%　　D. 80%

5. 用实验方法测定某金属配合物的摩尔吸收系数 κ，测定值的大小取决于（　　）。

A. 配合物的浓度　　B. 配合物的性质　　C. 吸收池的厚度　　D. 入射光强度

6. 已知相对分子质量为 320 的某化合物在波长 350 nm 处的百分吸收系数（比吸收系数）为 5 000，则该化合物的摩尔吸收系数为（　　）。

A. $1.6\times10^4\ L\cdot mol^{-1}\cdot cm^{-1}$　　B. $3.2\times10^5\ L\cdot mol^{-1}\cdot cm^{-1}$

C. $1.6\times10^6\ L\cdot mol^{-1}\cdot cm^{-1}$　　D. $1.6\times10^5\ L\cdot mol^{-1}\cdot cm^{-1}$

7. 符合比尔定律的有色溶液，当浓度为 c（$mol\cdot L^{-1}$）时，透射比为 30%；当浓度增大一倍时，透射比应为（　　）。

A. 54.8%　　B. 9%　　C. 15%　　D. 60%

8. 在分光光度法中，运用朗伯－比尔定律进行定量分析采用的入射光为（　　）。

A. 白光　　B. 单色光　　C. 可见光　　D. 紫外光

9. 下列因素中对朗伯－比尔定律不产生偏差的是（　　）。

A. 溶质的解离作用　　B. 杂散光进入检测器

C. 溶液的折射指数增加　　D. 改变吸收光程长度

10. 透射比与吸光度的关系是（　　）。

A. $1/T=A$　　B. $\lg(1/T)=A$　　C. $\lg T=A$

D. $T=\lg(1/A)$　　E. $A=-\lg T$

11. 下列表述中错误的是（　　）。

A. 玻璃棱镜适用于紫外光区

B. 吸光度具有加和性

C. $\lambda_{测定}$一定选用λ_{max}

D. 吸光度的适用范围为 0.2~0.8

12. 有色溶液的摩尔吸收系数κ与下列各因素有关的是(　　)。

A. 比色池厚度

B. 有色溶液的浓度

C. 入射光的波长

D. 有色溶液的种类

13. 下列表述错误的是(　　)。

A. 吸光度随浓度增加而增大,但最大吸收波长不变

B. 透射光与吸收光互为补色光,黄色和绿色互为补色光

C. 比色法又称分光光度法

D. 在公式$A = \lg(I_0/I_t) = \kappa bc$中,$\kappa$为摩尔吸收系数,其数值越大,反应越灵敏

14. 以下说法正确的是(　　)。

A. 摩尔吸收系数κ随浓度增大而增大

B. 吸光度A随浓度增大而增大

C. 透射比T随浓度增大而减少

D. 透射比T随比色池加厚而减少

计算题

1. 某化合物的最大吸收波长$\lambda_{max} = 280$ nm,光线通过1.0×10^{-5} mol·L^{-1}该化合物的溶液时,透射比为50%(用2 cm吸收池),求该化合物在280 nm处的摩尔吸收系数。

2. 某亚铁螯合物的摩尔吸收系数为12 000 L·mol^{-1}·cm^{-1},若采用1.00 cm的吸收池,欲把透射比读数限制在0.200~0.650,分析的浓度范围是多少?

3. 用双硫腙光度法测定Pb^{2+},Pb^{2+}的质量浓度为0.08 mg/50 mL,用2 cm比色皿在520 nm下测得$T = 53\%$,求κ。已知$M_{Pb} = 207.2$ g·mol^{-1}。

4. 用卟啉类显色剂光度法测定Cu^{2+},$\kappa = 2.00 \times 10^5$ L·mol^{-1}·cm^{-1}。试液中Cu^{2+}浓度为5.0×10^{-7}~5.0×10^{-6} mol·L^{-1},使用1 cm比色池进行测定,吸光度和透射比的范围如何?若分光光度计的透射比读数误差ΔT为0.005,可能引起的浓度测量相对误差为多少?

参考答案

5. 某钢样含镍约0.12%,用丁二酮肟光度法测定。试样溶液转入100 mL容量瓶中,在适宜条件下显色,定容,1 cm比色池,在470 nm测定,要求测量误差最小,应该称取试样多少克?已知$\kappa = 1.3 \times 10^4$ L·mol^{-1}·cm^{-1},$M_{Ni} = 58.69$ g·mol^{-1}。

6. 用双环己酮测定质量浓度为25.0 μg/50.0 mL的Cu^{2+}溶液,波长600 nm,吸收池厚度为2 cm,测得$T = 50.1\%$,求摩尔吸收系数κ。$M_{Cu} = 63.55$ g·mol^{-1}。

7.11 思维导图和电子课件

7.12 拓 展 知 识

第8章 分析化学领域的最新进展、检索方法和常用网站

8.1 分析化学领域的最新进展

在化学学科的“四大基础化学”（即无机化学、有机化学、物理化学和分析化学）中，分析化学涉及几乎所有的化合物和相关的化学原理，可谓是集大成者。

参考文献

我国分析化学界的研究者围绕国家社会中的具体需求，聚焦核心科学问题，在关键技术上突破瓶颈，开辟了一系列创新思路。这些研究工作分布在多个方向上，实现了与国际同行的竞争从跟跑到并跑、领跑的转变。近年来，我国科学家在分析化学领域的研究，呈现出以生命分析和环境分析为研究重点、注重方法创新和新原理发现、与尖端分析仪器装置的研制紧密结合的发展态势。接下来在本章中，将粗略介绍分析化学目前的学科前沿方向，以及我国科学家在其中的贡献。

8.1.1 光谱分析

光谱分析技术主要包括分子光谱和原子光谱。物质与光子的相互作用有光的吸收、发射和散射等模式，分子光谱在微量和痕量的物质定性与定量分析方面发挥着重要的作用，原子光谱广泛应用于元素种类、元素形态及金属组学分析中。

高灵敏度和高选择性的光学探针及其在单细胞中生物分子分析中的应用是这一领域的重要发展方向。分子影像技术为实现对细胞内生物活性分子的浓度和时空分布进行精准测定提供了契机，可以揭示细胞增殖、分化、病变与凋亡等生命活动规律。小分子荧光探针具有合成方便、立体位阻小、膜通透性好及 Stokes 位移可控等特点，可与待测物以共价或非共价的形式结合，形成具有特征发射波长的荧光复合物，实现对待测物或反应过程的信号识别、转换与输出。湖南大学张晓兵团队从传统的固态发光染料 HPQ 出发，通过设计加筛选策略，开发出了一种强疏水性、弱脂溶性的近红外固态发光染料 HYPQ。并以细胞膜

上的谷氨酰转肽酶(GGT)为模型,在该染料基础上构建了GGT特异性识别激活的抗扩散探针HYPQG,成功实现活细胞膜上GGT的原位成像分析。基于固态发光染料HYPQ的优异抗扩散特性,成功实现了细胞膜上生物分子长达6 h的原位成像。进一步研究发现抗扩散探针HYPQG可以实现肿瘤区域的长时间原位成像,表明该探针在生物医学基础研究和肿瘤成像与精准治疗领域具有很好的应用前景。

近年来,高分辨乃至于单分子的光谱成像技术方面也取得了很好的成果。单分子检测达到了分子检测灵敏度的极限,能检测出非均匀聚集体中的单个分子,并对它们进行识别、分类和定量描述,也可对化学反应的途径进行实时监测,而这些用传统的检测方法是非常困难的,甚至是无法获得的。华东师范大学李迪团队利用单分子荧光成像技术,研究表面等离激元对于催化反应的热载流子增强机制,获取了等离激元催化中的决速步骤和活化能。利用单分子荧光成像技术实时跟踪了金纳米棒上催化反应荧光产物生成和脱附过程。研究发现,荧光产物的生成速率远远小于产物的脱附速率,其中中间产物的生成是整个反应的决速步骤。研究了单个催化剂纳米粒子在不同温度下的催化过程,获取了单颗粒表面产物生成过程和脱附过程不同的表面活化能。深入研究发现光催化反应中同样存在补偿效应,等离激元热载流子的作用在于活化底物与催化剂之间的共价键。该工作提供的机理为复合纳米光电催化材料的合成提供理论依据。

参考文献

发展高灵敏、高选择性的传感技术,扩展人类对外部环境和自身状况的感知能力,一直是环境监测、医学诊断及工业过程控制等多个领域的重要研究内容。传感器一般由目标识别和信号转换两部分组成,光化学传感器的核心技术就是在对检测目标选择性识别的同时,巧妙地完成光学信号的转换与提取。因此,抗原-抗体、酶-底物和核酸杂交等多类特异性识别体系,以及化学发光和生物发光等机制,已被广泛用于传感器的构建。生物功能化的纳米颗粒、核酸探针等是近期发展起来的光化学传感器元件,在金属离子、小分子、生物大分子和目标DNA等的高灵敏检测,以及蛋白质内化过程的实时追踪、亚细胞结构的识别与活体成像等领域取得了诸多进展。例如,国家纳米科学研究中心蒋兴宇团队使用罗丹明修饰的金纳米颗粒(Au nanoparticles, AuNPs)检测小鼠脑髓液里的乙酰胆碱酯酶(acetylcholinesterase, AChE),罗丹明修饰的AuNPs表面带有负电荷,使AuNPs能均匀分散呈现红色,由于胆碱能被AChE催化生成含有巯基的硫代胆碱,硫代胆碱带有正电荷,因此当待测液中存在有AChE时,胆碱被催化成硫代胆碱,硫代胆碱的巯基与AuNPs形成了金硫键,使AuNPs带有正电荷,通过静电作用发生聚集,溶液呈蓝色。

原子光谱分析方面,我国学者在金属组学这一国际刚兴起的研究方向有较高的地位。金属组(metallome)的概念由英国学者Williams于2001年提出。之后,日本学者Haraguchi于2002年提出金属组学(metallomics),特指系统研究生命体内,特别是细胞内自由或配位的全部金属/类金属元素的含量、分布、化学种态及其功能的一门新兴学科。金属组学是从原子层面研究相关科学问题，而高通量原子光谱技术正是金属组学研究的重要工具。原子光谱和金属组学已经列入了国家自然科学基金委员会《化学测量学“十四五”及中长期发展规划》的优先研究领域。金属组学中常用的方法是开展比较金属组学研究，即比较不同外部刺激所造成的机体金属组差异。针对新冠肺炎大流行，中国科学院高能物理研究所李玉锋和香港大学孙红哲团队提出了利用比较金属组学方法筛查新冠肺炎及研发药物的思路。

以上略举几例，展现了我国在光谱分析方向近些年的研究进展。国家自然科学基金委员会“十四五”发展规划提出，光谱分析化学的优先研究领域包括功能光学探针与标记、光学传感器与传感器阵列、化学发光和生物发光新体系、原子光谱与金属组学及表面增强光谱技术等。

8.1.2 电分析

与其他分析检测方法比较，电分析化学方法最突出的优势是响应快、仪器简单、易小型化。由于电化学信号产生的场所——工作电极是整个测量电路的一部分，电信号不需要转换而直接输入测量电路，所以仪器测量简单且响应速度快。我国的电化学分析一直与国际接轨，达到乃至引领国际先进水平。电分析化学从 20 世纪 60 年代开始，几乎每 10 年就有一两个比较集中的研究方向。21 世纪以来，电分析化学的前沿研究领域主要包括：纳米电分析化学、生物电分析化学、电化学发光、核酸的电分析化学、软界面电分析化学和电化学联用技术。

近年来，将纳米材料应用于新型生物传感器的研制已成为研究热点。清华大学李景虹团队以石墨烯电化学规律的研究为基础，针对生物传感对灵敏度、选择性的需求，围绕石墨烯电化学、生物传感及细胞成像新方法开展了系统深入的创新性研究。他们发现了石墨烯的选择性吸附及酶切保护的生物学效应；提出了石墨烯作为生物探针和分子识别载体的实时细胞成像新方法，实现了单细胞内能量物质 ATP 等生物小分子的选择性实时监测。最近，中国科学院长春应用化学研究所杨秀荣团队成功开发了一种电化学生物传感器，该生物传感器使用二茂铁功能化共价有机框架、DNA 四面体纳米结构生物传感界面和靶催化发夹组装策略，用于灵敏和特异性地测定 micro RNA-21。在最佳条件下，生物传感器显示出从 1 $fmol \cdot L^{-1}$ 到 10 $nmol \cdot L^{-1}$ 的宽线性响应范围，检测下限为 0.33 $fmol \cdot L^{-1}$。该团队还通过表面活性剂辅助合成方法，制备了采用 Zn^{2+} 和 Fe 结合的四（4- 羧基苯基）卟啉配体的二维 Zn-TCPP（Fe）纳米片。基于此纳米片的传感系统对乙酰胆碱酯酶显示出良好的选择性和灵敏度，并且在评估人血清试样中的 AChE 活性和筛选 AChE 抑制剂方面具有极好的潜力。

参考文献

生命过程涉及分子识别、物质转化、能量传输和信息转导等过程。建立简便、快速、灵敏、原位及活体的分析新原理、新方法和新技术，是揭示生命过程的化学本质的首要任务。上海交通大学左小磊和济南大学于京华团队合作，设计了一种便携式智能微型化电化学生物传感器。利用分子穿越的原理可将反应所需的多种溶液自动、可控地输运到电极反应界面，且无需外部设备驱动。研究表明，这种电化学生物传感器可在 1 h 内对核酸类疾病标志物进行快速、灵敏的检测，并具有拓展至蛋白类疾病标志物检测的潜力。这一技术解决了电化学生物传感器走向实际临床应用的一个瓶颈问题，为重大疾病快速筛查及传染病防治提供了新的契机。准确反映临床行为的疾病分子分类奠定了精准医疗的基础。上海交通大学樊春海、左小磊团队还开发了一种基于框架核酸生物传感平台的多维癌症诊断分子分类器，它可以实现多维分子临床数据的计算分类。该研究利用框架核酸的可编程特性，构建了类原子精度的信号报告体系。通过将多维度生物标志物分子结合事件转化为统一的电化学传感信号，使几乎任何生物分子结合事件都能线性转化为信号增益。可在单分子、单颗粒水平实现对荧光分子、酶分子及纳米颗粒等多种信号报告基团的化学计量比控制，实现了包括 microRNA、mRNA、蛋白及小分子等多种生物标志物的信号转化，并通过对多维度生物标志物的分类分析实现了前列腺癌精准诊断。

电化学发光（electrochemiluminescence，ECL）是指电极表面活性物质经由高能电子转移反应形成激发态，再通过辐射跃迁回到基态时发光的过程。由于其具有灵敏度高、检测范围广、响应速度快、背景信号低等优点，已被广泛应用于临床诊断、生物分析、食品分析、环境监测等众多领域。济南大学魏琴教授团队基于纳米表面能量转移（NSET）首次建立了一种 ECL-NSET 能量转移研究模型，为猝灭型 ECL 传感体系的机理探究提供了一种全新的研究思路。以铁蛋白为载体设计了一种具有 ECL-NSET 特性的新型三维杂化纳米结构，并研制了一种高灵敏的生物传感器用于脓毒症标志物降钙素原的精准检测。并引入七肽配基 HWRGWVC 作为“抓手”实现了抗体分子在传感载体表面的定向结合，为免疫分析中如何高度保持生物分子活性提供了新的借鉴。广州大学牛利教授团队报道了将石墨相氮化碳（g-C_3N_4）纳米管应用于电化学发光领域，发现在共反应剂 $K_2S_2O_8$ 存在时，其具有较强的电化学发光信号。他们将 g-C_3N_4 纳米管的电化学发光应用到 Cu^{2+} 检测中，发现其在 0.05~1 000 $nmol \cdot L^{-1}$ 的检测范围内具有较好的线性响应，检测限低至 0.025 $nmol \cdot L^{-1}$。这种新型的 g-C_3N_4 纳米管电化学发光体系具有很强的抗干扰性和稳定性，具有良好的应用前景。西南大学袁若教授团队开发了一种基于 β- 环糊精配体的屏蔽方法来制备高效的近红外电化学发光效率的金纳米团簇电化学发光探针。配体的屏蔽作用不仅可以减少环境暴露，避免了溶解氧、水和自聚合的猝灭，而且在没有大量化学修饰的情况下缩短了电荷转移途径。他们使用该电化学发光探针作为发射体，构建了一个“信号关闭”电化学发光传感平台检测去甲肾上腺素。该工作深入了解了配体在提高高效电化学发光金属纳米团簇的活性共反应物自由基稳定性方面的关键作用，极大地促进金属纳米团簇在高效电化学发光器件、高分辨率成像和超灵敏生物传感领域的发展。

以上略举几例，展现了我国在电分析方向近些年的研究进展。国家自然科学基金委员会"十四五"发展规划提出，电分析化学的优先研究领域包括功能化仿生界面的构筑与电化学传感、纳米电分析化学、电化学发光与成像新技术、生命电分析化学、可穿戴电化学传感与器件及谱学电分析等。

8.1.3　色谱和微 - 纳流控

色谱技术主要包括气相色谱和液相色谱，在有机合成与分离、纳米材料表征、生命科学研究等领域发挥着极为重要甚至关键的作用。近年来，气相色谱的发展主要集中于仪器的微型化、仪器联用技术、新型固定相和新型检测器的开发等方面。比如，气相色谱具有进样量小、分离能力强等优点，将之与原子荧光光谱法联用，在元素形态分析中发挥了广泛的作用，该系统兼具二者的优势。经过气相色谱分离的气态流出物能够直接进入原子荧光光谱仪，通过原子化器的原子化，可以测得其原子荧光信号。这种联用技术主要应用于某些有机金属化合物的形态分析，比如有机铅、有机硒、有机锡和有机汞等，具有出色的定量检测能力，灵敏度高。中国科学院生态环境研究中心的江桂斌团队进一步建立了固相微萃取 - 气相色谱 - 原子荧光光谱法，用以检测单、双、三丁基锡的形态，具有快速、准确、简单的优势。

微 - 纳尺度分离分析指使用至少有一个维度尺寸在微米至纳米量级的装置所进行的分离分析，其核心是微 - 纳流体的传输。用于分离目的的微 - 纳分析与电泳装置基本相似，包括进样及清洗系统、分离系统、检测系统与操控系统等，只是分离、进样和部分检测单元都集成在同一芯片上，体积小或可拆卸。微流体本身涉及力学、流体力学、材料的设计、芯片的研发制造等，最后还要实现自动化控制等方方面面。在模拟人体组织微环境时必然涉及细胞、体液等流体介质，那么微流控细胞分析技术作为一个交叉学科技术显得尤为重要。清华大学林金明团队使用微流控技术，将细胞培养集成在一个小小"芯片"上，实现了 6 通道细胞封闭培养，外部连接控温与二氧化碳气体装置，真正实现细胞培养的功能。这样做的好处是与传统细胞培养相比，过程试剂加样量大大减少；同时，大大降低了对空间洁净度的高要求。目前该成果已经成功实现产业化，并与色谱、质谱联用进行细胞分析，可以称为第四代色谱 - 质谱联用技术。

参考文献

另外一类与微 - 纳尺度分离分析相关的制备技术就是多种多样的纳米孔和纳米薄膜等的合成。与 DNA 或蛋白质等生物分子大小相近的纳米孔道，可能会改变关于基因测序和蛋白质组学的研究方式，成为新的更高效快速的可控分离结构。南京大学龙亿涛团队提出了一种基于纳米孔道单分子界面的复杂体系分子时序演化研究策略。利用精准设计的生物纳米孔道单分子界面，以及针对性开发的单分子快速定量方法，采用自主研制的微弱电流测量装置，通过高通量逐个识别多组分系统中单个氨基酸差异的血管紧张素系列肽，实时监测了血管紧张素多肽的动态演化过程，建立了从单分子层面研究复杂体系多种靶标时序动态演化的新方法，率先揭示了肾素－血管紧张素系统中的串扰效应。

以上略举几例，展现了我国在分离分析方向近些年的研究进展。国家自然科学基金委员会“十四五”发展规划提出，色谱与微－纳流控分析化学的优先研究领域包括试样处理方法、新型分离介质、联用技术与新型检测器、微－纳尺度分离分析及复杂体系多维度分析等。

8.1.4 质谱

目前，国际上质谱分析的飞速发展主要涉及仪器和应用两个方面。前者主要追求高效率的离子化技术及快速、高分辨率和高灵敏的质谱仪器研究，后者主要涉及面向药物分析、能源与环境分析、元素形态分析、质谱成像、代谢组学研究及蛋白质科学研究的新方法、新技术等。

质谱仪器的发展呈现出以下两个特点。第一，面向实验室中科学研究和精密检测分析的发展需求，以高通量、高灵敏度、高精度和高度自动化为目标；第二，基于现场及实时分析的技术研发，其目标是创造小型化、便携化和自动化的新型设备。比如，清华大学张新荣团队研发出介质阻挡放电电离（DBDI）技术，并在此基础上研发出低温等离子体探针（LTP probe）技术，在质谱成像分析方面取得了新突破。

灵敏、准确地测定水体和食品试样中的微量有害元素，对环境监测、食品安全和人类健康具有重要意义。比如，在用于测定砷的各种方法中，电感耦合等离子体质谱（ICP-MS）在灵敏度、选择性和实用性方面具有巨大优势。四川大学侯贤灯团队报道了一种利用 CdS/MIL-100（Fe）复合材料进行无机砷高灵敏度检测的新方法。该材料可以作为吸附剂和光催化剂，对无机砷实现吸附富集，然后进行光化学蒸汽发生，通过使分析物变成气态物质进入电感耦合等离子体质谱，进行无机砷超灵敏检测和非色谱形态分析。该方法可以对湿消解后具有复杂基质的食品试样（如大米）进行 As（Ⅲ）/As（Ⅴ）的元素形态分析，灵敏度和检测限均优于以往报道的直接溶液雾化采样等 ICP-MS 检测砷的方法。

将质谱的代谢物检测能力和流式细胞系统的高通量特点相结合，能够加快单细胞代谢物筛选的速度，实现样本中大量细胞的高通量快速检测，进而实现对病人体液样本中癌细胞的识别和分子组成分析，有望为临床癌症诊断提供更为丰富的信息。清华大学张新荣团队研制了液滴微萃取－皮升电喷雾质谱单细胞代谢物分析仪器，能够提取细胞内数百种代谢物并利用多级质谱对潜在的标志物成分进行分子确认。使用微－纳液滴对癌细胞代谢物进行萃取，并延长电喷雾时间，能够记录来自单个细胞的 600 多个代谢物的串联质谱图，识别出超过 300 种磷脂分子，

参考文献

最终发现胶质母细胞瘤细胞中不饱和比饱和磷脂酰胆碱的比值明显高于正常细胞。该团队还在上述单细胞质谱仪器研究的基础上，建立了免标记单细胞质谱流式平台。相对于传统荧光流式细胞技术，有机质谱流式细胞技术提供了更为丰富的单细胞分子指纹的信息，用于更好地区分正常细胞与癌细胞，并对癌细胞进行了更为精准的分型。此外，相比于免疫分析，免标记代谢分析摒弃了标记程序，大大简化了操作程序，加快了检测的速度，有望用于临床癌细胞在单细胞尺度的精准诊断。

以上略举几例，展现了我国在质谱方向近些年的研究进展。国家自然科学基金委员会"十四五"发展规划提出，质谱分析化学的优先研究领域包括新型离子化方法与技术、高性能质量分析器、同位素质谱技术与应用质谱成像及临床质谱分析等。

8.1.5 核磁共振

核磁共振（NMR）是一种波谱学研究手段，可以获得原子核自旋的化学位移、耦合常数和弛豫速率等参数，不仅能够提供物质的成分和含量信息，还能够在无损和无侵入的条件下提供物质（包括组织和器官等）的宏观形态、高精度的分子微观结构、分子间的相互作用及其动态过程等不同空间尺度和不同时间尺度的丰富信息。NMR 在非破坏性复杂生物试样直接分析、生物分子的三维结构的测定、蛋白质结构分析及其与生物分子（配体）之间的相互作用研究、生物代谢水平及其动态变化（代谢组学）的分析和活体成像分析等方面都有着重要的应用。

参考文献

NMR 是一个物理、化学、生物和医学交叉极其广泛的研究领域。中国科学院精密测量科学与技术创新研究院刘买利团队与相关研究团队合作，利用固体核磁共振光谱和分子动力学模拟等研究方法，揭示了汞离子调控水通道蛋白（AQP）功能的分子机制，为开发 AQP 功能调节剂提供了理论指导。AqpZ 和 AQP6 是研究汞离子相反调控 AQP 功能的理想体系：两者具有相似的空间结构和相近的汞结合位点，然而功能实验表明，汞离子对两者却具有相反的调控效果——抑制 AqpZ 和激活 AQP6。研究团队通过结合固体核磁共振光谱和分子动力学模拟，构建和验证了 Hg-AqpZ 复合物的结构。在 Hg-AqpZ 结构模型中，观察到 Hg^{2+} 诱导的构象变化主导了 AqpZ 水通道的关闭。在 Hg-AQP6 结构模型中，观察到 Hg^{2+} 诱导的构象变化导致了 AQP6 水通道的开放。进一步分析提出了汞离子调控水通道蛋白 AqpZ 和 AQP6 的分子机制。

核磁共振成像的应用主要在化学生物成像方面。湖南大学宋国胜团队设计了一种 MnO_x 包裹全氟化碳的纳米颗粒（PM-CS NPs），能够直接递送氧气参与基于 MnO_x 的类芬顿反应，增强了细胞内 ROS 的产生和 GSH 的消耗，并且降低了 GPX4 的表达，直接提高了细胞内磷脂过氧化物的产生，增强了铁死亡的治疗效果。同时，氧气的递送缓解了肿瘤的乏氧，能够阻碍细胞内的脂滴形成，释放更多的游离脂肪酸参与到脂质过氧化的过程中，并且使酰基辅酶 A 合成酶长链家族成员 4（ACSL4）的表达量上升，进一步促进了铁死亡治疗。此外，锰离子在肿瘤微环境中的释放过程能够通过与之相关的 $^{1}H/^{19}F$ 双模核磁信号的变化进行监控。

以上略举几例，展现了我国在核磁共振方向近些年的研究进展。国家自然科学基金委员会“十四五”发展规划提出，核磁共振分析化学的优先研究领域包括核磁共振成像测量方法、新型造影剂构建及生物医学应用生物大分子稳态和瞬态结构与动态相互作用基于核磁共振的组学分析面向细胞 / 组织 / 活体的跨尺度核磁共振测量学，以及大幅度提高灵敏度、分辨率和采样速度的核磁共振新原理、新技术与新方法等。

8.1.6 纳米分析

在三维空间中，纳米材料至少有一维处在纳米尺度范围，并显示出只有在该尺度下才有的一些性能。纳米材料的独特性质能够满足分析化学的新方法和新仪器研究中不断延伸的需求，所以其在分析化学领域的应用得到了快速的发展。依赖于纳米材料的光、声、电、磁和催化等性能，纳米材料对分析化学的贡献在纳米组装与生物传感、纳米探针与分子识别、基于纳米材料的化学成像等方面都有了广泛的突破。考虑到前述几部分内容也涉及部分纳米材料的应用，在本节仅简要介绍几个其他的应用案例。

参考文献

自组装是有序构建具有独特功能的纳米材料的一种简便方法。华东师范大学裴昊团队开发了一种多聚体 T 细胞识别试剂平台，其利用二维 DNA 折纸支架在纳米尺度下控制 pMHC（抗原肽结合的主要组织相容性复合物）组装，形成一种新的多聚体（称为 dorimers）。该团队首先制作了边长约 120 nm 的三角形 DNA 折纸作为二维支架，然后对 pMHC 分子进行纳米级组装，构建出基于 DNA 折纸的 pMHC 多聚体。在检测自身免疫性 $CD8^{+}$ T 细胞试验中，由于低亲和力抗原特异性 T 细胞受体（TCR）的亲和力较低，自身免疫 T 细胞一般很难在外周血中直接检测到。该团队研究发现，具有较短的 pMHC 间距和较高的 pMHC 价位的多聚体，具有更强的与 TCR 结合的能力。他们将这种 dorimers 多聚体应用于在非肥胖糖尿病（NOD）小鼠的脾中鉴定自身免疫 $CD8^{+}$ T 细胞，与其他类似的多聚体相比，dorimers 能在小鼠 $CD8^{+}$ T 细胞和早期 $CD4^{+}$ $CD8^{+}$ T 细胞中检测到更多抗原特异性 T 细胞，这些细胞表达的 TCR 密度低至 1/30~1/10。dorimers 也适用于检测表达低亲和力 TCR 的自身免疫性 $CD8^{+}$ T 细胞，这是四聚体难以检测的。

光学成像由于其高空间分辨率、高特异性和非侵入性，在生物医学诊疗中发挥着重要作用。北京化工大学汪乐余团队报道了一种基于聚合物点的 ^{19}F 核磁共振成像 / 荧光成像双功能纳米探针，其荧光与 ^{19}F 核磁共振强度均可以通过控制碳化程度来调节。该团队合成的聚合物点是由非共轭高分子部分碳化形成的荧光聚合物点，本质上是一种介于传统碳量子点与聚合物之间的过渡结构。利用聚合物与含氟分子进行水热反应，在发生不完全的碳化反应后，形成 ^{19}F 接枝的荧光碳化聚合物。该纳米材料具有聚合物点尺寸小、化学稳定、生物相容性好等优点。在进行不完全的碳化反应后，探针材料表面将存在含氟片段和一些短的聚合物链。通过含氟片段与聚合物链交错分布在聚合物点表面，有效防止纳米探针中疏水的含氟片段聚集，增强其活动性。从而确保探针 ^{19}F 核磁共振成像信号足够用于活体影像分析。细胞荧光成像和体内 ^{19}F 核磁共振成像结果表明，该 ^{19}F 接枝的荧光碳化聚合物点适用于双模态成像。

中山大学黄佳国团队开发了一种尺寸可变的可激活聚合化学发光和荧光纳米探针，该类型探针能够在超氧阴离子存在下在疾病部位特异性激活纳米颗粒转换成小分子，灵敏地触发化学发光和荧光信号进而反映疾病生物标志物的水平，可用于非侵入性的体内成像和体外尿液诊断。该研究工作中的纳米探针主要由超氧阴离子响应的级联自消除基团、化学发光信号基团、荧光信号基团和肾清除基团四个关键部分组成。其中发光团与自消除基团连接形成了聚合物骨架，同时通过自消除基团与超氧阴离子响应基团进行连接。在未激活状态下，纳米探针无化学发光、无荧光信号且非肾清除。而在激活状态下，超氧离子诱导级联自消除反应，导致探针的主链解聚，释放出可肾清除的荧光团片段，可用于在体荧光成像和体外尿液检测。

纳米材料通常表现出异于块体材料的催化性能。纳米酶概念就是由中国科学家在 2007 年率先提出的，是指一类自身蕴含酶学特性的纳米材料。纳米酶能够在温和条件下高效催化酶的底物，也能在极端环境中保持高的类酶活性。十几年来这一研究方向取得了快速的发展，并且被国际纯粹与应用化学联合会（IUPAC）评为 2022 年度“十大化学新兴技术”。目前，已有数个国家的几百个实验室从事纳米酶及其在生物、医学、环境等领域的分析检测、诊断治疗和催化应用研究。

比色法是测定葡萄糖浓度的经典方法，其原理是辣根过氧化物酶和葡萄糖氧化酶的双酶级联反应产生颜色变化。葡萄糖首先被葡萄糖氧化酶催化产生过氧化氢，然后过氧化氢会被辣根过氧化物酶催化产生羟基自由基，再与显色底物反应并产生颜色。由于四氧化三铁纳米酶具有过氧化物酶的催化功能，它可以取代辣根过氧化物酶。中国科学院长春应用化学研究所汪尔康团队提出，可以把葡萄糖氧化酶直接固定在四氧化三铁纳米颗粒表面，在葡萄糖氧化酶催化葡萄糖产生过氧化氢的同时，四氧化三铁纳米酶便可以直接发挥其过氧化物酶的催化活性，继而与显色底物发生显色反应。这种方法可以简单、方便、迅速地检测葡萄糖的含量，并且纳米酶比天然的酶具有更好的稳定性与耐用性。

目前已有研究利用光对纳米酶的活性进行调节，即具有拟酶活性的纳米颗粒周围的配体分子或修饰材料受光的控制，从而带来了催化活性的增强或减弱；而纳米颗粒自身则总是保持本征的拟酶催化性质，不受光的影响。上述体系可称为光控热催化纳米酶，在本质上与发生光催化反应的天然光能酶并不相同。尽管一些纳米材料在光刺激下伴随着活性氧等物质的光生成，但光几乎从来未被直接用作驱动纳米酶催化化学转化的能量输入来源。受纳米光催化的启发，湖南大学李昆团队提出了一种只在光照下具有拟酶活性，而在黑暗中完全不具有热催化的拟酶活性的新型纳米酶，这与光激活 / 光响应型纳米酶有本质的区别。遵循与“天然酶”和“纳米酶”相同的命名模式，作为“天然光能酶”的模拟物，该团队将利用光作为唯一驱动力并模拟酶活性的光催化纳米材料称为“纳米光能酶”。在该研究中，使用在光催化中占有突出地位的锐钛矿型二氧化钛（TiO_2）纳米材料开发纳米光能酶，并论证了 H_2O_2 在 TiO_2 上的解离对多种底物的氧化能力是完全由光赋予的。最后，该团队基于 TiO_2 PNZs 构建了可视化葡萄糖检测生物传感平台。

参考文献

以上略举几例，展现了我国在纳米分析方向近些年的研究进展。国家自然科学基金委员会“十四五”发展规划提出的化学测量学优先研究领域中并未单独分类纳米分析化学，但除了以上研究领域部分涵盖纳米材料的应用之外，涉及纳米分析化学的还包括：能源与新材料分析、单颗粒水平测量与分析、高时空高分辨成像、多模态跨尺度成像、单分子 / 单细胞 / 单颗粒成像及柔性 / 可穿戴传感器件等。

8.1.7 化学计量学

现代分析化学的两个重要特征是分析对象的复杂化和分析手段的仪器化。不断涌现的各类新型分析仪器便于研究者获取包含大量化学信息的高维数据，这为分析化学家提供了发展机遇，同时也带来了新的挑战。这些大量化学信息，无论是从数量还是复杂程度来讲，已经很难用传统的数据处理方法进行解析。因此，分析化学家解决复杂化学体系分析问题时，需要用新的思路来设计和优化这些测量过程，并从这些高维数据中提取有用的化学信息。化学计量学（chemometrics）和化学信息学（chemoinformatics）就应运而生，不断快速发展，并逐渐成为现代化学尤其是现代分析化学中非常活跃的研究领域。化学计量学是瑞典的沃尔德（S.Wold）于 1971 年在申请科学基金时首先提出来的。经过五十余年的发展，目前被普遍认可的化学计量学是指从化学量测数据中获取、表述、显示相关化学信息，化学计量学的主要特征是把化学问题构造成可以通过数学关系表达的数学模型。

湖南大学俞汝勤和吴海龙团队为我国化学计量学的发展做出了巨大贡献。在最近的一篇评述文章中，该团队指出多维校正方法为分析化学带来了革命性的“二阶优势”，可以在有未知干扰存在的情况下实现复杂体系中多个感兴趣成分的直接定量分析。通过多维校正算法的“数学分离”手段，化学计量学的一些优势逐渐显现出来。比如，可以采用绿色和高效的“数学分离”来增强或者代替传统的“物理 / 化学分离”，大大简化甚至省略试样纯化和预分离等前处理过程，减

参考文献

少分析时间和化学试剂的消耗，带来方法选择性、灵敏度、抗数据共线性能力的提升，这有效地解决了困扰了分析化学家多年的一些难题。多维校正与现代高阶仪器相结合，不仅可以充分利用这些仪器的高灵敏度，而且可以极大限度地减少整个分析过程对环境的影响，符合绿色分析化学的发展需求。同时，该理论具有普适性和通用性，适用于分析化学定量分析各分支，可与色谱、光谱、电化学等各类联用仪器等结合，有望成为化学测量学的指导性理论。

将来的化学计量学发展呈现以下态势。理论研究方面，针对仪器数据结构的专用多维校正算法、适合大数据的高效多维校正算法、不同高阶仪器的数据预处理方法还有待深入研究。应用方面，多维校正方法不局限于传统小分子的静态定量分析，而有望将多维校正方法结合光谱技术实现感兴趣分析物动力学过程的实时监控，或与化学生物传感等技术进行更好的结合，以完成更复杂的定性定量分析任务。此外，化学多维校正方法与现代仪器分析新技术相结合，可为构建新一代智能分析仪器提供理论及设计依据，并指导开发研制具有数学分离功能的新型的分析仪器。最后，深度学习等人工智能方法近年来取得了重大进展，数据密集范式（data-intensive science）成为一个独特的科学研究范式，被称为第四范式。作为数据分析的主要工具，化学计量学/化学信息学正在协助并推动化学和分析科学步入科学研究的第四范式。

8.1.8 面向应用的分析化学及其重点研究方向

以上从分析原理的角度，介绍了当前分析化学的研究进展。从分析化学的应用出口来看，主要包括：生物分析、活体分析、疾病生物标志物分析、药物分析、食品分析、公共安全分析、环境分析、环境健康与毒理学分析等。这里不再详细展开介绍。

国家自然科学基金委员会“十四五”发展规划提出的重点研究方向为：复杂体系分离分析、活体分析、分子识别与信号转换、单分子/单细胞/单颗粒水平测量与分析、仿生分析与智能器件、极端条件下的化学测量、多原理集成与联用分析方法、微 - 纳分析及应用、新型分析仪器与装置、柔性/可穿戴传感器件、公共安全检测、化学测量学的人工智能模态与方法、多组学分析方法和技术、临床医学分析、能源与新材料分析、基于大科学装置的化学测量。

8.2 分析化学文献的检索方法

在写论文和做研究时，检索大量的文献资料是必不可少的环节。文献的类型包括图书、期刊、专利、科技报告、会议论文、学位论文、标准文献和政府出版物等。依据不同的文献类型,应该选择不同的文献检索工具。图书:中国国家图书馆、中国科学院国家科学数据图书馆、超星数字图书馆、Springer 外文图书馆等。期刊:中国知网(CNKI)、维普、万方、Web of Science、SciFinder 和 EBSCO 数据库,以及期刊出版社网站等。专利:万方、中国国家知识产权局专利检索系统、中国专利信息中心、欧洲专利局数据库、美国专利商标局数据库等。科技报告:中国科技成果数据库、国家科技图书文献中心、美国政府研究中心等。会议论文:中国知网(CNKI)、万方、国家科技图书文献中心、中国会议网等会议论文数据库等。学位论文:中国知网(CNKI)、万方、国家科技图书文献中心学位论文库等。标准文献:万方、中国标准服务网、ISO、IEC 网站等。政府出版物:各国政府公报、政府网站等。其他检索工具还包括 Bing、百度学术等搜索引擎。

根据自己感兴趣的内容,需要确定检索途径、检索词,并构造检索式。检索途径包括篇名、著者、标题、文献序号、主题等。确定检索词的方法有直接选词、找出隐含检索词、泛指概念具体化(同义词、近义词、目标从属概念集合等)等方式,也可以结合研究点选择主要检索词。注意要放弃没有检索意义的词,比如"的""the""of"等。构造检索式主要是指利用"and""or""not"的逻辑运算符,使得检索结果更加确切。

常用文献检索思路主要有三类。

第一类是直接法,指直接利用检索工具查找文献信息,又分为顺查法、倒查法和抽查法几种。顺查法是按时间顺序由远及近地进行文献信息检索,适用于新开课题、较大课题和申请专利查新。这种方法基本上可以反映某项目发展的全貌,能得到较高的查全率和查准率,但缺点在于费时费力而检索效率低。倒查法是按时间顺序由近及远地进行文献信息检索,适用于原始创新的课题。其优点在于效率高、新颖性强,但可能遗漏有用的文献而影响查全率。抽查法是选取一定时间段进行查找,适用于了解处于其兴旺发展时期的学科。这种方法针对性强,节省时间,但要求研究者必须能把握该学科的兴旺发展时期才能使用,否则会影响查准率。

第二类是追溯法,即利用文献后所附的参考文献,逐一追查原文,反复操作,直至源头。这种方法适合已掌握新近发表的、相同或相关内容的主要文献时采用。其优点在于可以获得更有用的文献而提高检索效果,并掌握作者研究思路的来龙去脉。但可能存在因"参考文献"的局限性而产生漏检的局限性,进而影响文献的查全率。

第三类为综合法,是上述方法结合使用,先采用顺查法、倒查法和抽查法,利用检索工具查找出一批相关文献;然后采用追溯法,利用所附的"参考文献",分期分段、逐次地追溯查找相关文献。如此一来,可以取长补短,是实际操作中使用较多的方法。

内容小结

使用本节所介绍的分析化学文献检索方法,任选下列主题中的一个进行检索查询,以文献报告的形式进行汇报。

备选主题

1. 癌症相关生物标志物检测方法的最新进展。
2. 环境污染物分析方法的最新进展。
3. 荧光探针在生物医学方面的应用。

8.3 课程思政任务单

8.4 分析化学常用网站

8.5 参 考 文 献

附　录

表 1　常用基准物质的干燥条件和应用

基准物质		干燥后的组成	干燥条件和温度	标定对象
名称	分子式			
碳酸氢钠	$NaHCO_3$	Na_2CO_3	270~300℃	酸
十水合碳酸钠	$Na_2CO_3 \cdot 10H_2O$	Na_2CO_3	270~300℃	酸
硼砂	$Na_2B_4O_7 \cdot 10H_2O$	$Na_2B_4O_7 \cdot 10H_2O$	放在装有 NaCl 和蔗糖饱和溶液的密闭器皿中	酸
碳酸氢钾	$KHCO_3$	K_2CO_3	270~300℃	酸
二水合草酸	$H_2C_2O_4 \cdot 2H_2O$	$H_2C_2O_4 \cdot 2H_2O$	室温空气干燥	碱或 $KMnO_4$
邻苯二甲酸氢钾	$KHC_8H_4O_4$	$KHC_8H_4O_4$	110~120℃	碱
重铬酸钾	$K_2Cr_2O_7$	$K_2Cr_2O_7$	140~150℃	还原剂
溴酸钾	$KBrO_3$	$KBrO_3$	130℃	还原剂
碘酸钾	KIO_3	KIO_3	130℃	还原剂
铜	Cu	Cu	室温干燥器中保存	还原剂
三氧化二砷	As_2O_3	As_2O_3	室温干燥器中保存	氧化剂
草酸钠	$Na_2C_2O_4$	$Na_2C_2O_4$	130℃	氧化剂
碳酸钙	$CaCO_3$	$CaCO_3$	110℃	EDTA
锌	Zn	Zn	室温干燥器中保存	EDTA
氧化锌	ZnO	ZnO	900~1 000℃	EDTA
氯化钠	NaCl	NaCl	500~600℃	$AgNO_3$
氯化钾	KCl	KCl	500~600℃	$AgNO_3$
硝酸银	$AgNO_3$	$AgNO_3$	220~250℃	氯化物

表 2　弱酸及其共轭碱在水中的解离常数（25℃，I=0）

弱酸	分子式	K_a	pK_a	共轭碱	
				pK_b	K_b
砷酸	H_3AsO_4	$6.3\times10^{-3}(K_{a_1})$	2.20	11.80	$1.6\times10^{-12}(K_{b_3})$
		$1.0\times10^{-7}(K_{a_2})$	7.00	7.00	$1\times10^{-7}(K_{b_2})$
		$3.2\times10^{-12}(K_{a_3})$	11.50	2.50	$3.1\times10^{-3}(K_{b_1})$
亚砷酸	H_3AsO_3	6.0×10^{-10}	9.22	4.78	1.7×10^{-5}
硼酸	H_3BO_3	5.8×10^{-10}	9.24	4.76	1.7×10^{-5}
焦硼酸	$H_2B_4O_7$	$1\times10^{-4}(K_{a_1})$	4	10	$1\times10^{-10}(K_{b_2})$
		$1\times10^{-9}(K_{a_2})$	9	5	$1\times10^{-5}(K_{b_1})$
碳酸	H_2CO_3	$4.2\times10^{-7}(K_{a_1})$	6.38	7.62	$2.4\times10^{-8}(K_{b_2})$
	$(CO_2+H_2O)^*$	$5.6\times10^{-11}(K_{a_2})$	10.25	3.75	$1.8\times10^{-4}(K_{b_1})$
氢氰酸	HCN	6.2×10^{-10}	9.21	4.79	1.6×10^{-5}
铬酸	H_2CrO_4	$1.8\times10^{-1}(K_{a_1})$	0.74	13.26	$5.6\times10^{-14}(K_{b_2})$
		$3.2\times10^{-7}(K_{a_2})$	6.50	7.50	$3.1\times10^{-8}(K_{b_1})$
氢氟酸	HF	6.6×10^{-4}	3.18	10.82	1.5×10^{-11}
亚硝酸	HNO_2	5.1×10^{-4}	3.29	10.71	1.2×10^{-11}
过氧化氢	H_2O_2	1.8×10^{-12}	11.75	2.25	5.6×10^{-3}
磷酸	H_3PO_4	$7.6\times10^{-3}(K_{a_1})$	2.12	11.88	$1.3\times10^{-12}(K_{b_3})$
		$6.3\times10^{-8}(K_{a_2})$	7.20	6.80	$1.6\times10^{-7}(K_{b_2})$
		$4.4\times10^{-13}(K_{a_3})$	12.36	1.64	$2.3\times10^{-2}(K_{b_1})$
焦磷酸	$H_4P_2O_7$	$3.0\times10^{-2}(K_{a_1})$	1.52	12.48	$3.3\times10^{-13}(K_{b_4})$
		$4.4\times10^{-3}(K_{a_2})$	2.36	11.64	$2.3\times10^{-12}(K_{b_3})$
		$2.5\times10^{-7}(K_{a_3})$	6.60	7.40	$4.0\times10^{-8}(K_{b_2})$
		$5.6\times10^{-10}(K_{a_4})$	9.25	4.75	$1.8\times10^{-5}(K_{b_1})$
亚磷酸	H_3PO_3	$5.0\times10^{-2}(K_{a_1})$	1.30	12.70	$2.0\times10^{-13}(K_{b_2})$
		$2.5\times10^{-7}(K_{a_2})$	6.60	7.40	$4.0\times10^{-8}(K_{b_1})$
氢硫酸	H_2S	$1.3\times10^{-7}(K_{a_1})$	6.88	7.12	$7.7\times10^{-8}(K_{b_2})$
硫酸	HSO_4^-	$1.0\times10^{-2}(K_{a_2})$	1.99	12.01	$1.0\times10^{-12}(K_{b_1})$
亚硫酸	H_2SO_3	$1.3\times10^{-2}(K_{a_1})$	1.90	12.10	$7.7\times10^{-13}(K_{b_2})$
	(SO_2+H_2O)	$6.3\times10^{-8}(K_{a_2})$	7.20	6.80	$1.6\times10^{-7}(K_{b_1})$

续表

弱酸	分子式	K_a	pK_a	共轭碱	
				pK_b	K_b
偏硅酸	H_2SiO_3	$1.7\times10^{-10}(K_{a_1})$	9.77	4.23	$5.9\times10^{-5}(K_{b_2})$
		$1.6\times10^{-12}(K_{a_2})$	11.8	2.20	$6.2\times10^{-3}(K_{b_1})$
甲酸	HCOOH	1.8×10^{-4}	3.74	10.26	5.5×10^{-11}
乙酸	CH_3COOH	1.8×10^{-5}	4.74	9.26	5.5×10^{-10}
一氯乙酸	$CH_2ClCOOH$	1.4×10^{-3}	2.86	11.14	6.9×10^{-12}
二氯乙酸	$CHCl_2COOH$	5.0×10^{-2}	1.30	12.70	2.0×10^{-13}
三氯乙酸	CCl_3COOH	0.23	0.64	13.36	4.3×10^{-14}
氨基乙酸盐	$^+NH_3CH_2COOH$	$4.5\times10^{-3}(K_{a_1})$	2.35	11.65	$2.2\times10^{-12}(K_{b_1})$
	$^+NH_3CH_2COO^-$	$2.5\times10^{-10}(K_{a_2})$	9.60	4.40	$4.0\times10^{-5}(K_{b_1})$
乳酸	$CH_3CHOHCOOH$	1.4×10^{-4}	3.86	10.14	7.2×10^{-11}
苯甲酸	C_6H_5COOH	6.2×10^{-5}	4.21	9.79	1.6×10^{-10}
草酸	$H_2C_2O_4$	$5.9\times10^{-2}(K_{a_1})$	1.22	12.78	$1.7\times10^{-13}(K_{b_2})$
		$6.4\times10^{-5}(K_{a_2})$	4.19	9.81	$1.6\times10^{-10}(K_{b_1})$
d-酒石酸	CH(OH)COOH | CH(OH)COOH	$9.1\times10^{-4}(K_{a_1})$ $4.3\times10^{-5}(K_{a_2})$	3.04 4.37	10.96 9.63	$1.1\times10^{-11}(K_{b_2})$ $2.3\times10^{-10}(K_{b_1})$
邻苯二甲酸	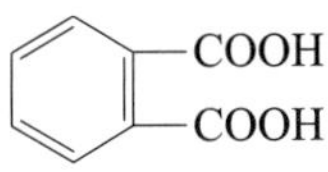	$1.1\times10^{-3}(K_{a_1})$ $3.9\times10^{-6}(K_{a_2})$	2.95 5.41	11.05 8.59	$9.1\times10^{-12}(K_{b_2})$ $2.6\times10^{-9}(K_{b_1})$
柠檬酸	CH_2COOH | C(OH)COOH | CH_2COOH	$7.4\times10^{-4}(K_{a_1})$ $1.7\times10^{-5}(K_{a_2})$ $4.0\times10^{-7}(K_{a_3})$	3.13 4.76 6.40	10.87 9.26 7.60	$1.4\times10^{-11}(K_{b_3})$ $5.9\times10^{-10}(K_{b_2})$ $2.5\times10^{-8}(K_{b_1})$
苯酚	C_6H_5OH	1.1×10^{-10}	9.95	4.05	9.1×10^{-5}
乙二胺四乙酸	H_6-$EDTA^{2+}$	$0.13(K_{a_1})$	0.9	13.1	$7.7\times10^{-14}(K_{b_6})$
	H_5-$EDTA^+$	$3\times10^{-2}(K_{a_2})$	1.6	12.4	$3.3\times10^{-13}(K_{b_5})$
	H_4-EDTA	$1\times10^{-2}(K_{a_3})$	2.0	12.0	$1\times10^{-12}(K_{b_4})$
	H_3-$EDTA^-$	$2.1\times10^{-3}(K_{a_4})$	2.67	11.33	$4.8\times10^{-12}(K_{b_3})$
	H_2-$EDTA^{2-}$	$6.9\times10^{-7}(K_{a_5})$	6.16	7.84	$1.4\times10^{-8}(K_{b_2})$
	H-$EDTA^{3-}$	$5.5\times10^{-11}(K_{a_6})$	10.26	3.74	$1.8\times10^{-4}(K_{b_1})$
氨离子	NH_4^+	5.6×10^{-10}	9.26	4.74	1.8×10^{-5}
联氨离子	$^+H_3NNH_3^+$	3.3×10^{-9}	8.48	5.52	3.0×10^{-6}
羟氨离子	NH_3^+OH	1.1×10^{-6}	5.96	8.04	9.1×10^{-9}
甲胺离子	$CH_3NH_3^+$	2.4×10^{-11}	10.62	3.38	4.2×10^{-4}

续表

弱酸	分子式	K_a	pK_a	共轭碱	
				pK_b	K_b
乙胺离子	$C_2H_5NH_3^+$	1.8×10^{-11}	10.75	3.25	5.6×10^{-4}
二甲胺离子	$(CH_3)_2NH_2^+$	8.5×10^{-11}	10.07	3.93	1.2×10^{-4}
二乙胺离子	$(C_2H_5)_2NH_2^+$	7.8×10^{-12}	11.11	2.89	1.3×10^{-3}
乙醇胺离子	$HOCH_2CH_2NH_3^+$	3.2×10^{-10}	9.50	4.50	3.2×10^{-5}
三乙醇胺离子	$(HOCH_2CH_2)_3NH^+$	1.7×10^{-8}	7.76	6.24	5.8×10^{-7}
六亚甲基四胺离子	$(CH_2)_6N_4H^+$	7.1×10^{-6}	5.15	8.85	1.4×10^{-9}
乙二胺离子	$^+H_3NCH_2CH_2NH_3^+$	1.4×10^{-7}	6.85	7.15	$7.1\times10^{-8}(K_{b_2})$
	$H_2NCH_2CH_2NH_3^+$	1.2×10^{-10}	9.93	4.07	$8.5\times10^{-5}(K_{b_1})$
吡啶离子		5.9×10^{-6}	5.23	8.77	1.7×10^{-9}

* 如果不计水合 CO_2，H_2CO_3 的pK_{a_1}=3.76

表 3 离子的 $\mathring{a}$ 值

$\mathring{a}$/pm	一价离子
900	H^+
600	Li^+
500	$CHCl_2COO^-$，CCl_3COO^-
400	Na^+，ClO_2^-，IO_3^-，HCO_3^-，$H_2PO_4^-$，HSO_3^-，$H_2AsO_4^-$，CH_3COO^-，CH_2ClCOO^-
300	OH^-，F^-，SCN^-，HS^-，ClO_3^-，ClO_4^-，BrO_3^-，IO_4^-，MnO_4^-，K^+，Cl^-，Br^-，I^-，CN^-，NO_2^-，NO_3^-，Rb^+，Cs^+，NH_4^+，Tl^+，Ag^+，$HCOO^-$，H_2Cit^-
$\mathring{a}$/pm	二价离子
800	Mg^{2+}，Be^{2+}
600	Ca^{2+}，Cu^{2+}，Zn^{2+}，Sn^{2+}，Mn^{2+}，Fe^{2+}，Ni^{2+}，Co^{2+}
500	Sr^{2+}，Ba^{2+}，Cd^{2+}，Hg^{2+}，S^{2-}，$S_2O_4^{2-}$，WO_4^{2-}，Pb^{2+}，CO_3^{2-}，SO_3^{2-}，MoO_4^{2-}，$(COO)_2^{2-}$，$HCit^{2-}$
400	Hg_2^{2+}，SO_4^{2-}，$S_2O_3^{2-}$，SeO_4^{2-}，CrO_4^{2-}，HPO_4^{2-}
$\mathring{a}$/pm	三价离子
900	Al^{3+}，Fe^{3+}，Cr^{3+}，Sc^{3+}，Y^{3+}，La^{3+}，In^{3+}，Ce^{3+}，Pr^{3+}，Nd^{3+}，Sm^{3+}
500	Cit^{3-}
400	PO_4^{3-}，$[Fe(CN)_6]^{3-}$
$\mathring{a}$/pm	四价离子
1 100	Th^{4+}，Zr^{4+}，Ce^{4+}，Sn^{4+}
500	$[Fe(CN)_6]^{4-}$

表 4　离子的活度系数

°a/pm	离子强度 I/($mol \cdot L^{-1}$)						
	0.001	0.002 5	0.005	0.01	0.025	0.05	0.1
一价离子							
900	0.967	0.950	0.933	0.914	0.88	0.86	0.83
800	0.966	0.949	0.931	0.912	0.88	0.85	0.82
700	0.965	0.948	0.930	0.909	0.875	0.845	0.81
500	0.965	0.948	0.929	0.907	0.87	0.835	0.80
500	0.964	0.947	0.928	0.904	0.865	0.83	0.79
400	0.964	0.947	0.927	0.901	0.855	0.815	0.77
300	0.964	0.945	0.925	0.899	0.85	0.805	0.755
二价离子							
800	0.872	0.813	0.755	0.69	0.595	0.52	0.45
700	0.872	0.812	0.753	0.685	0.58	0.50	0.425
600	0.870	0.809	0.749	0.675	0.57	0.485	0.405
500	0.868	0.805	0.744	0.67	0.555	0.465	0.38
400	0.867	0.803	0.740	0.660	0.545	0.445	0.355
三价离子							
900	0.738	0.632	0.54	0.445	0.325	0.245	0.18
600	0.731	0.620	0.52	0.415	0.28	0.195	0.13
500	0.728	0.616	0.51	0.405	0.27	0.18	0.115
400	0.725	0.612	0.505	0.395	0.25	0.16	0.095
四价离子							
1 100	0.588	0.455	0.35	0.255	0.155	0.10	0.065
600	0.575	0.43	0.315	0.21	0.105	0.055	0.027
500	0.57	0.425	0.31	0.20	0.10	0.048	0.021

表 5　常用缓冲溶液

缓冲溶液	酸	共轭碱	pK_a
氨基乙酸 –HCl	$^{+}NH_3CH_2COOH$	$^{+}NH_3CH_2COO^-$	2.35 (pK_{a_1})
一氯乙酸 –NaOH	$CH_2ClCOOH$	CH_2ClCOO^-	2.86
邻苯二甲酸氢钾 –HCl	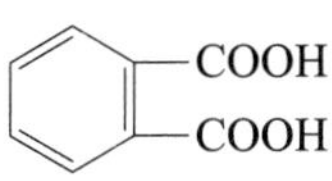	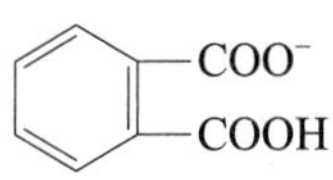	2.95 (pK_{a_1})
甲酸 –NaOH	HCOOH	$HCOO^-$	3.74

续表

缓冲溶液	酸	共轭碱	pK_a
HAc–NaAc	HAc	Ac^-	4.74
六亚甲基四胺 –HCl	$(CH_2)_6N_4H^+$	$(CH_2)_6N_4$	5.15
NaH_2PO_4–Na_2HPO_4	$H_2PO_4^-$	HPO_4^{2-}	7.20 (pK_{a_2})
三乙醇胺 –HCl	$^+HN(CH_2CH_2OH)_3$	$N(CH_2CH_2OH)_3$	7.76
Tris*–HCl	$^+NH_3C(CH_2OH)_3$	$NH_2C(CH_2OH)_3$	8.21
$Na_2B_4O_7$–HCl	H_3BO_3	$H_2BO_3^-$	9.24 (pK_{a_1})
$Na_2B_4O_7$–NaOH	H_3BO_3	$H_2BO_3^-$	9.24 (pK_{a_1})
NH_3–NH_4Cl	NH_4^+	NH_3	9.26
乙醇胺 –HCl	$^+NH_3CH_2CH_2OH$	$NH_2CH_2CH_2OH$	9.50
氨基乙酸 –NaOH	$^+NH_3CH_2COO^-$	$NH_2CH_2COO^-$	9.60 (pK_{a_2})
$NaHCO_3$–Na_2CO_3	HCO_3^-	CO_3^{2-}	10.25 (pK_{a_2})

* 三(羟甲基)氨基甲烷

表 6　酸碱指示剂

指示剂	变色范围 pH	颜色		pK_{HIn}	浓度
		酸色	碱色		
百里酚蓝(第一次变色)	1.2~2.8	红	黄	1.6	0.1%(20% 乙醇溶液)
甲基黄	2.9~4.0	红	黄	3.3	0.1%(90% 乙醇溶液)
甲基橙	3.1~4.4	红	黄	3.4	0.05% 水溶液
溴酚蓝	3.1~4.6	黄	紫	4.1	0.1%(20% 乙醇溶液),或指示剂钠盐的水溶液
溴甲酚绿	3.8~5.4	黄	蓝	4.9	0.1% 水溶液,每 100 mg 指示剂加 0.05 $mol\cdot L^{-1}$ NaOH 2.9 mL
甲基红	4.4~6.2	红	黄	5.2	0.1%(60% 乙醇溶液),或指示剂钠盐的水溶液
溴百里酚蓝	6.0~7.6	黄	蓝	7.3	0.1%(20% 乙醇溶液),或指示剂钠盐的水溶液
中性红	6.8~8.0	红	黄橙	7.4	0.1%(60% 乙醇溶液)
酚红	6.7~8.4	黄	红	8.0	0.1%(60% 乙醇溶液),或指示剂钠盐的水溶液
酚酞	8.0~9.6	无	红	9.1	0.1%(90% 乙醇溶液)
百里酚蓝(第二次变色)	8.0~9.6	黄	蓝	8.9	0.1%(20% 乙醇溶液)
百里酚酞	9.4~10.6	无	蓝	10.0	0.1%(90% 乙醇溶液)

表 7 混合酸碱指示剂

指示剂溶液的组成	变色点 pH	颜色		备注
		酸色	碱色	
一份 0.1% 甲基黄乙醇溶液 一份 0.1% 亚甲基蓝乙醇溶液	3.25	蓝紫	绿	pH3.4 绿色 pH3.2 蓝紫色
一份 0.1% 甲基橙水溶液 一份 0.25% 靛蓝二磺酸钠水溶液	4.1	紫	黄绿	
三份 0.1% 溴甲酚绿乙醇溶液 一份 0.2% 甲基红乙醇溶液	5.1	酒红	绿	
一份 0.1% 溴甲酚绿钠盐水溶液 一份 0.1% 氯酚红钠盐水溶液	6.1	黄绿	蓝紫	pH5.4 蓝紫色，pH5.8 蓝色，pH6.0 蓝带紫，pH6.2 蓝紫
一份 0.1% 中性红乙醇溶液 一份 0.1% 亚甲基蓝乙醇溶液	7.0	蓝紫	绿	pH7.0 紫蓝
一份 0.1% 甲酚红钠盐水溶液 三份 0.1% 百里酚蓝钠盐水溶液	8.3	黄	紫	pH8.2 玫瑰色 pH8.4 清晰的紫色
一份 0.1% 百里酚蓝 50% 乙醇溶液 三份 0.1% 酚酞 50% 乙醇溶液	9.0	黄	紫	从黄到绿再到紫
二份 0.1% 百里酚酞乙醇溶液 一份 0.1% 茜素黄乙醇溶液	10.2	黄	紫	

表 8 配位化合物的稳定常数（18~25℃）

金属离子	$I/(mol\cdot L^{-1})$	n	$\lg\beta_n$
氨配位化合物			
Ag^+	0.5	1,2	3.24,7.05
Cd^{2+}	2	1, …,6	2.65,4.75,6.19,7.12,6.80,5.14
Co^{2+}	2	1, …,6	2.11,3.74,4.79,5.55,5.73,5.11
Co^{3+}	2	1, …,6	6.7,14.0,20.1; 25.7,30.8,35.2
Cu^+	2	1,2	5.93,10.86
Cu^{2+}	2	1, …,5	4.31,7.98,11.02,13.32,12.86
Ni^{2+}	2	1, …,6	2.80,5.04,6.77,7.96,8.71,8.74
Zn^{2+}	2	1, …,4	2.37,4.81,7.31,9.46
溴配位化合物			
Ag^+	0	1, …,4	4.38,7.33,8.00,8.73
Bi^{3+}	2.3	1, …,6	4.30,5.55,5.89,7.82, —,9.70
Cd^{2+}	3	1, …,4	1.75,2.34,3.32,3.70

续表

金属离子	$I/(mol \cdot L^{-1})$	n	$\lg\beta_n$
Cu^{+}	0	2	5.89
Hg^{2+}	0.5	1，…,4	9.05,17.32,19.74,21.00
氯配位化合物			
Ag^{+}	0	1，…,4	3.04,5.04,5.04; 5.30
Hg^{2+}	0.5	1，…,4	6.74,13.22,14.07,15.07
Sn^{2+}	0	1，…,4	1.51,2.24,2.03,1.48
Sb^{3+}	4	1，…,6	2.26,3.49,4.18,4.72,4.72,4.11
氰配位化合物			
Ag^{+}	0	1，…,4	—,21.1,21.7,20.6
Cd^{2+}	3	1，…,4	5.48,10.60,15.23,18.78
Co^{2+}		6	19.09
Cu^{+}	0	1，…,4	—,24.0,28.59,30.3
Fe^{2+}	0	6	35
Fe^{3+}	0	6	42
Hg^{2+}	0	4	41.4
Ni^{2+}	0.1	4	31.3
Zn^{2+}	0.1	4	16.7
氟配位化合物			
Al^{3+}	0.5	1，…,6	6.15,11.15,15.00,17.75,19.36,19.84
Fe^{3+}	0.5	1，…,6	5.28,9.30,12.06，—,15.77，—
Th^{4+}	0.5	1，…,3	7.65,13.46,17.97
TiO_2^{2+}	3	1，…,4	5.4,9.8,13.7,18.0
ZrO_2^{2+}	2	1，…,3	8.80,16.12,21.94
碘配位化合物			
Ag^{+}	0	1，…,3	6.58,11.74,13.68
Bi^{3+}	2	1，…,6	3.63，—，—,14.95,16.80,18.80
Cd^{2+}	0	1，…,4	2.10,3.43,4.49,5.41
Pb^{2+}	0	1，…,4	2.00,3.15,3.92,4.47
Hg^{2+}	0.5	1，…,4	12.87,23.82,27.60,29.83
磷酸配位化合物			
Ca^{2+}	0.2	CaHL	1.7
Mg^{2+}	0.2	MgHL	1.9

续表

金属离子	$I/(mol \cdot L^{-1})$	n	$\lg\beta_n$
Mn^{2+}	0.2	MnHL	2.6
Fe^{3+}	0.66	FeL	9.35
硫氰酸配位化合物			
Ag^{+}	2.2	1，…,4	—,7.57,9.08,10.08
Au^{+}	0	1，…,4	—,23，—,42
Co^{2+}	1	1	1.0
Cu^{+}	5	1，…,4	—,11.00,10.90,10.48
Fe^{3+}	0.5	1.2	2.95,3.36
Hg^{2+}	1	1，…,4	—,17.47，—,21.23
硫代硫酸配位化合物			
Ag^{+}	0	1，…,3	8.82,13.46,14.15
Cu^{+}	0.8	1,2,3	10.35,12.27,13.71
Hg^{2+}	0	1，…,4	—,29.86,32.26,33.61
Pb^{2+}	0	1.3	5.1,6.4
乙酰丙酮配位化合物			
Al^{3+}	0	1,2,3	8.60,15.5,21.30
Cu^{2+}	0	1,2	8.27,16.34
Fe^{2+}	0	1,2	5.07,8.67
Fe^{3+}	0	1,2,3	11.4,22.1,26.7
Ni^{2+}	0	1,2,3	6.06,10.77,13.09
Zn^{2+}	0	1,2	4.98,8.81
柠檬酸配位化合物			
Ag^{+}	0	Ag_2HL	7.1
Al^{3+}	0.5	AlHL	7.0
		AlL	20.0
		AlOHL	30.6
Ca^{2+}	0.5	CaH_3L	10.9
		CaH_2L	8.4
		CaHL	3.5
Cd^{2+}	0.5	CdH_2L	7.9
Cd^{2+}	0.5	CdHL	4.0
		CdL	11.3

续表

金属离子	$I/(mol \cdot L^{-1})$	n	$\lg\beta_n$
Co^{2+}	0.5	CoH_2L	8.9
		CoHL	4.4
		CoL	12.5
Cu^{2+}	0.5	CuH_3L	12.0
	0	CuHL	6.1
	0.5	CuL	18.0
Fe^{2+}	0.5	FeH_3L	7.3
		FeHL	3.1
		FeL	15.5
Fe^{3+}	0.5	FeH_2L	12.2
		FeHL	10.9
		FeL	25.0
Ni^{2+}	0.5	NiH_2L	9.0
		NiHL	4.8
		NiL	14.3
Pb^{2+}	0.5	PbH_2L	11.2
		PbHL	5.2
		PbL	12.3
Zn^{2+}	0.5	ZnH_2L	8.7
		ZnHL	4.5
		ZnL	11.4
草酸配位化合物			
Al^{3+}	0	1，2，3	7.26，13.0，16.3
Cd^{2+}	0.5	1，2	2.9，4.7
Co^{2+}	0.5	CoHL	5.5
		CoH_2L	10.6
		1，2，3	4.79，6.7，9.7
Co^{3+}	0	3	~20
Cu^{2+}	0.5	CuHL	6.25
		1，2	4.5，8.9
Fe^{2+}	0.5~1	1，2，3	2.9，4.52，5.22
Fe^{3+}	0	1，2，3	9.4，16.2，20.2

续表

金属离子	$I/(mol\cdot L^{-1})$	n	$\lg\beta_n$
Mg^{2+}	0.1	1,2	2.76,4.38
Mn(Ⅲ)	2	1,2,3	9.98,16.57,19.42
Ni^{2+}	0.1	1,2,3	5.3,7.64,8.5
Th(Ⅳ)	0.1	4	24.5
TiO^{2+}	2	1,2	6.6,9.9
Zn^{2+}	0.5	ZnH_2L	5.6
		1,2,3	4.89,7.60,8.15
磺基水杨酸配位化合物			
Al^{3+}	0.1	1,2,3	13.20,22.83,28.89
Cd^{2+}	0.25	1,2	16.68,29.08
Co^{2+}	0.1	1,2	6.13,9.82
Cr^{3+}	0.1	1	9.56
Cu^{2+}	0.1	1,2	9.52,16.45
Fe^{2+}	0.1~0.5	1,2	5.90,9.90
Fe^{3+}	0.25	1,2,3	14.64,25.18,32.12
Mn^{2+}	0.1	1,2	5.24,8.24
Ni^{2+}	0.1	1,2	6.42,10.24
Zn^{2+}	0.1	1,2	6.05,10.65
酒石酸配位化合物			
Bi^{3+}	0	3	8.30
Ca^{2+}	0.5	CaHL	4.85
	0	1,2	2.98,9.01
Cd^{2+}	0.5	1	2.8
Cu^{2+}	1	1，…,4	3.2,5.11,4.78,6.51
Fe^{3+}	0	3	7.49
Mg^{2+}	0.5	MgHL	4.65
		1	1.2
Pb^{2+}	0	1,2,3	3.78，—,4.7
Zn^{2+}	0.5	ZnHL	4.5
		1,2	2.4,8.32
乙二胺配位化合物			
Ag^{+}	0.1	1,2	4.70,7.70

续表

金属离子	$I/(mol\cdot L^{-1})$	n	$\lg\beta_n$
Cd^{2+}	0.5	1,2,3	5.47,10.09,12.09
Co^{2+}	1	1,2,3	5.91,10.64,13.94
Co^{3+}	1	1,2,3	18.70,34.90,48.69
Cu^{+}		2	10.8
Cu^{2+}	1	1,2,3	10.67,20.00,21.0
Fe^{2+}	1.4	1,2,3	4.34,7.65,9.70
Hg^{2+}	0.1	1,2	14.30,23.3
Mn^{2+}	1	1,2,3	2.73,4.79,5.67
Ni^{2+}	1	1,2,3	7.52,13.80,18.06
Zn^{2+}	1	1,2,3	5.77,10.83,14.11
硫脲配位化合物			
Ag^{+}	0.03	1,2	7.4,13.1
Bi^{3+}		6	11.9
Cu^{+}	0.1	3,4	13,15.4
Hg^{2+}		2,3,4	22.1,24.7,26.8
氢氧基配位化合物			
Al^{3+}	2	4	33.3
		$[Al_6(OH)_{15}]^{3+}$	163
Bi^{3+}	3	1	12.4
		$[Bi_6(OH)_{12}]^{6+}$	168.3
Cd^{2+}	3	1, …,4	4.3,7.7,10.3,12.0
Co^{2+}	0.1	1,3	5.1, —,10.2
Cr^{3+}	0.1	1,2	10.2,18.3
Fe^{2+}	1	1	4.5
Fe^{3+}	3	1,2	11.0,21.7
		$[Fe_2(OH)_2]^{4+}$	25.1
Hg^{2+}	0.5	2	21.7
Mg^{2+}	0	1	2.6
Mn^{2+}	0.1	1	3.4
Ni^{2+}	0.1	1	4.6
Pb^{2+}	0.3	1,2,3	6.2,10.3,13.3
		$[Pb_2(OH)]^{3+}$	7.6

续表

金属离子	I/(mol·L^{-1})	n	lgβ_n
Sn^{2+}	3	1	10.1
Th^{4+}	1	1	9.7
Ti^{3+}	0.5	1	11.8
TiO^{2+}	1	1	13.7
VO^{2+}	3	1	8.0
Zn^{2+}	0	1，…,4	4.4,10.1,14.2,15.5

说明：

（1）β_n 为配位化合物的累积稳定常数，即

$$\beta_n=K_1\times K_2\times K_3\times\cdots\times K_n$$

$$\lg\beta_n=\lg K_1+\lg K_2+\lg K_3+\cdots+\lg K_n$$

例如，Ag^+ 与 NH_3 的配位化合物：

$\lg\beta_1=3.24$　即 $\lg K_1=3.24$

$\lg\beta_2=7.05$　即 $\lg K_1=3.24$　$\lg K_2=3.81$

（2）酸式、碱式配位化合物及多核氢氧基配位化合物的化学式标明于 n 栏中。

表 9　氨羧配体类配位化合物的稳定常数（18~25℃，I=0.1 mol·L^{-1}）

金属离子	lg$K_{稳}$						
	EDTA	DCTA	DTPA	EGTA	HEDTA	NTA	
						lgβ_1	lgβ_2
Ag^+	7.32			6.88	6.71	5.16	
Al^{3+}	16.3	19.5	18.6	13.9	14.3	11.4	
Ba^{2+}	7.86	8.69	8.87	8.41	6.3	4.82	
Be^{2+}	9.2	11.51				7.11	
Bi^{3+}	27.94	32.3	35.6		22.3	17.5	
Ca^{2+}	10.69	13.20	10.83	10.97	8.3	6.41	
Cd^{2+}	16.46	19.93	19.2	16.7	13.3	9.83	14.61
Co^{2+}	16.31	19.62	19.27	12.39	14.6	10.38	14.39
Co^{3+}	36				37.4	6.84	
Cr^{3+}	23.4					6.23	
Cu^{2+}	18.80	22.00	21.55	17.71	17.6	12.96	
Fe^{2+}	14.32	19.0	16.5	11.87	12.3	8.33	
Fe^{3+}	25.1	30.1	28.0	20.5	19.8	15.9	
Ga^{3+}	20.3	23.2	25.54		16.9	13.6	
Hg^{2+}	21.7	25.00	26.70	23.2	20.30	14.6	
In^{3+}	25.0	28.8	29.0		20.2	16.9	
Li^+	2.79					2.51	
Mg^{2+}	8.7	11.02	9.30	5.21	7.0	5.41	

续表

金属离子	$\lg K_{稳}$						
	EDTA	DCTA	DTPA	EGTA	HEDTA	NTA	
						$\lg\beta_1$	$\lg\beta_2$
Mn^{2+}	13.87	17.48	15.60	12.28	10.9	7.44	
Mo(V)	~28						
Na^{+}	1.66						1.22
Ni^{2+}	18.62	20.3	20.32	13.55	17.3	11.53	16.42
Pb^{2+}	18.04	20.38	18.80	14.71	15.7	11.39	
Pd^{2+}	18.5						
Sc^{3+}	23.1	26.1	24.5	18.2			24.1
Sn^{2+}	22.11						
Sr^{2+}	8.73	10.59	9.77	8.50	6.9	4.98	
Th^{4+}	23.2	25.6	28.78				
TiO^{2+}	17.3						
Tl^{3+}	37.8	38.3				20.9	32.5
U^{4+}	25.8	27.6	7.69				
VO^{2+}	18.8	20.1					
Y^{3+}	18.09	19.85	22.13	17.16	14.78	11.41	20.43
Zn^{2+}	16.50	19.37	18.40	12.7	14.7	10.67	14.29
Zr^{4+}	29.5		35.8			20.8	
稀土元素	16~20	17~22	19		13~16	10~12	

EDTA：乙二胺四乙酸

DCTA（或 DCyTA，CyDTA）：1，2- 二氨基环己烷四乙酸

DTPA：二乙基三胺五乙酸

EGTA：乙二醇二乙醚二胺四乙酸

HEDTA：*N*-*β*- 羟基乙基乙二胺三乙酸

NTA：氨三乙酸

表 10 EDTA 的 $\lg\alpha_{Y(H)}$

pH	$\lg\alpha_{Y(H)}$	pH	$\lg\alpha_{Y(H)}$	pH	$\lg\alpha_{Y(H)}$	pH	$\lg\alpha_{Y(H)}$	pH	$\lg\alpha_{Y(H)}$
0.0	23.64	0.8	19.08	1.6	15.11	2.4	12.19	3.2	10.14
0.1	23.06	0.9	18.54	1.7	14.68	2.5	11.90	3.3	9.92
0.2	22.47	1.0	18.01	1.8	14.27	2.6	11.62	3.4	9.70
0.3	21.89	1.1	17.49	1.9	13.88	2.7	11.35	3.5	9.48
0.4	21.32	1.2	16.98	2.0	13.51	2.8	11.09	3.6	9.27
0.5	20.75	1.3	16.49	2.1	13.16	2.9	10.84	3.7	9.06
0.6	20.18	1.4	16.02	2.2	12.82	3.0	10.60	3.8	8.85
0.7	19.62	1.5	15.55	2.3	12.50	3.1	10.37	3.9	8.65

续表

pH	$\lg\alpha_{Y(H)}$	pH	$\lg\alpha_{Y(H)}$	pH	$\lg\alpha_{Y(H)}$	pH	$\lg\alpha_{Y(H)}$	pH	$\lg\alpha_{Y(H)}$
4.0	8.44	5.7	5.15	7.4	2.88	9.1	1.19	10.8	0.11
4.1	8.24	5.8	4.98	7.5	2.78	9.2	1.10	10.9	0.09
4.2	8.04	5.9	4.81	7.6	2.68	9.3	1.01	11.0	0.07
4.3	7.84	6.0	4.65	7.7	2.57	9.4	0.92	11.1	0.06
4.4	7.64	6.1	4.49	7.8	2.47	9.5	0.83	11.2	0.05
4.5	7.44	6.2	4.34	7.9	2.37	9.6	0.75	11.3	0.04
4.6	7.24	6.3	4.20	8.0	2.27	9.7	0.67	11.4	0.03
4.7	7.04	6.4	4.06	8.1	2.17	9.8	0.59	11.5	0.02
4.8	6.84	6.5	3.92	8.2	2.07	9.9	0.52	11.6	0.02
4.9	6.65	6.6	3.79	8.3	1.97	10.0	0.45	11.7	0.02
5.0	6.45	6.7	3.67	8.4	1.87	10.1	0.39	11.8	0.01
5.1	6.26	6.8	3.55	8.5	1.77	10.2	0.33	11.9	0.01
5.2	6.07	6.9	3.43	8.6	1.67	10.3	0.28	12.0	0.01
5.3	5.88	7.0	3.32	8.7	1.57	10.4	0.24	12.1	0.01
5.4	5.69	7.1	3.21	8.8	1.48	10.5	0.20	12.2	0.005
5.5	5.51	7.2	3.10	8.9	1.38	10.6	0.16	13.0	0.000 8
5.6	5.33	7.3	2.99	9.0	1.28	10.7	0.13	13.9	0.000 1

表 11 一些配体的 $\lg\alpha_{L(H)}$

配体	pH												
	0	1	2	3	4	5	6	7	8	9	10	11	12
DCTA	23.77	19.79	15.91	12.54	9.95	7.87	6.07	4.75	3.71	2.70	1.71	0.78	0.18
DTPA	28.06	23.09	18.45	14.61	11.58	9.17	7.10	5.10	3.19	1.64	0.62	0.12	0.01
EGTA	22.96	19.00	15.31	12.48	10.33	8.31	6.31	4.32	2.37	0.78	0.12	0.01	0.00
NTA	16.80	13.80	10.84	8.24	6.75	5.70	4.70	3.70	2.70	1.71	0.78	0.18	0.02
乙酰丙酮	9.0	8.0	7.0	6.0	5.0	4.0	3.0	2.0	1.04	0.30	0.04	0.00	
草酸盐	5.45	3.62	2.26	1.23	0.41	0.06	0.00						
氰化物	9.21	8.21	7.21	6.21	5.21	4.21	3.21	2.21	1.23	0.42	0.06	0.01	0.00
氟化物	3.18	2.18	1.21	0.40	0.06	0.01	0.00						

表 12　一些金属离子的 $\lg\alpha_{M(OH)}$

金属离子	$\frac{I}{mol \cdot L^{-1}}$	pH													
		1	2	3	4	5	6	7	8	9	10	11	12	13	14
Ag(Ⅰ)	0.1											0.1	0.5	2.3	5.1
Al(Ⅲ)	2					0.4	1.3	5.3	9.3	13.3	17.3	21.3	25.3	29.3	33.3
Ba(Ⅱ)	0.1													0.1	0.5
Bi(Ⅲ)	3	0.1	0.5	1.4	2.4	3.4	4.4	5.4							
Ca(Ⅱ)	0.1													0.3	1.0
Cd(Ⅱ)	3									0.1	0.5	2.0	4.5	8.1	12.0
Ce(Ⅳ)	1~2	1.2	3.1	5.1	7.1	9.1	11.1	13.1							
Cu(Ⅱ)	0.1								0.2	0.8	1.7	2.7	3.7	4.7	5.7
Fe(Ⅱ)	1									0.1	0.6	1.5	2.5	3.5	4.5
Fe(Ⅲ)	3			0.4	1.8	3.7	5.7	7.7	9.7	11.7	13.7	15.7	17.7	19.7	21.7
Hg(Ⅱ)	0.1			0.5	1.9	3.9	5.9	7.9	9.9	11.9	13.9	15.9	17.9	19.9	21.9
La(Ⅲ)	3										0.3	1.0	1.9	2.9	3.9
Mg(Ⅱ)	0.1											0.1	0.5	1.3	2.3
Ni(Ⅱ)	0.1									0.1	0.7	1.6			
Pb(Ⅱ)	0.1							0.1	0.5	1.4	2.7	4.7	7.4	10.4	13.4
Th(Ⅳ)	1				0.2	0.8	1.7	2.7	3.7	4.7	5.7	6.7	7.7	8.7	9.7
Zn(Ⅱ)	0.1									0.2	2.4	5.4	8.5	11.8	15.5

表 13　标准电极电势(18~25℃)

半反应	$\varphi^{\ominus}$/V
F_2(气)$+2H^++2e^- \Longrightarrow 2HF$	3.06
$O_3+2H^++2e^- \Longrightarrow O_2+H_2O$	2.07
$S_2O_8^{2-}+2e^- \Longrightarrow 2SO_4^{2-}$	2.01
$H_2O_2+2H^++2e^- \Longrightarrow 2H_2O$	1.77
$MnO_4^-+4H^++3e^- \Longrightarrow MnO_2$(固)$+2H_2O$	1.695
PbO_2(固)$+SO_4^{2-}+4H^++2e^- \Longrightarrow PbSO_4$(固)$+2H_2O$	1.685
$HClO_2+2H^++2e^- \Longrightarrow HClO+H_2O$	1.64
$HClO+H^++e^- \Longrightarrow \frac{1}{2}Cl_2+H_2O$	1.63
$Ce^{4+}+e^- \Longrightarrow Ce^{3+}$	1.61
$H_5IO_6+H^++2e^- \Longrightarrow IO_3^-+3H_2O$	1.60

续表

半反应	$\varphi^{\ominus}$/V
$HBrO+H^{+}+e^{-} \rightleftharpoons \frac{1}{2}Br_2+H_2O$	1.59
$BrO_3^{-}+6H^{+}+5e^{-} \rightleftharpoons \frac{1}{2}Br_2+3H_2O$	1.52
$MnO_4^{-}+8H^{+}+5e^{-} \rightleftharpoons Mn^{2+}+4H_2O$	1.51
Au(Ⅲ)$+3e^{-} \rightleftharpoons$ Au	1.50
$HClO+H^{+}+2e^{-} \rightleftharpoons Cl^{-}+H_2O$	1.49
$ClO_3^{-}+6H^{+}+5e^{-} \rightleftharpoons \frac{1}{2}Cl_2+3H_2O$	1.47
PbO_2(固)$+4H^{+}+2e^{-} \rightleftharpoons Pb^{2+}+2H_2O$	1.455
$HIO+H^{+}+e^{-} \rightleftharpoons \frac{1}{2}I_2+H_2O$	1.45
$ClO_3^{-}+6H^{+}+6e^{-} \rightleftharpoons Cl^{-}+3H_2O$	1.45
$BrO_3^{-}+6H^{+}+6e^{-} \rightleftharpoons Br^{-}+3H_2O$	1.44
Au(Ⅲ)$+2e^{-} \rightleftharpoons$ Au(Ⅰ)	1.41
Cl_2(气)$+2e^{-} \rightleftharpoons 2Cl^{-}$	1.359 5
$ClO_4^{-}+8H^{+}+7e^{-} \rightleftharpoons \frac{1}{2}Cl_2+4H_2O$	1.34
$Cr_2O_7^{2-}+14H^{+}+6e^{-} \rightleftharpoons 2Cr^{3+}+7H_2O$	1.33
MnO_2(固)$+4H^{+}+2e^{-} \rightleftharpoons Mn^{2+}+2H_2O$	1.23
O_2(气)$+4H^{+}+4e^{-} \rightleftharpoons 2H_2O$	1.229
$IO_3^{-}+6H^{+}+5e^{-} \rightleftharpoons \frac{1}{2}I_2+3H_2O$	1.20
$ClO_4^{-}+2H^{+}+2e^{-} \rightleftharpoons ClO_3^{-}+H_2O$	1.19
Br_2(水)$+2e^{-} \rightleftharpoons 2Br^{-}$	1.087
$NO_2+H^{+}+e^{-} \rightleftharpoons HNO_2$	1.07
$Br_3^{-}+2e^{-} \rightleftharpoons 3Br^{-}$	1.05
$HNO_2+H^{+}+e^{-} \rightleftharpoons NO$(气)$+H_2O$	1.00
$VO_2^{+}+2H^{+}+e^{-} \rightleftharpoons VO^{2+}+H_2O$	1.00
$HIO+H^{+}+2e^{-} \rightleftharpoons I^{-}+H_2O$	0.99
$NO_3^{-}+3H^{+}+2e^{-} \rightleftharpoons HNO_2+H_2O$	0.94
$ClO^{-}+H_2O+2e^{-} \rightleftharpoons Cl^{-}+2OH^{-}$	0.89
$H_2O_2+2e^{-} \rightleftharpoons 2OH^{-}$	0.88
$Cu^{2+}+I^{-}+e^{-} \rightleftharpoons CuI$(固)	0.86
$Hg^{2+}+2e^{-} \rightleftharpoons Hg$	0.845

续表

半反应	$\varphi^{\ominus}$/V
$NO_3^-+2H^++e^- \longrightarrow NO_2+H_2O$	0.80
$Ag^++e^- \longrightarrow Ag$	0.799 5
$Hg_2^{2+}+2e^- \longrightarrow 2Hg$	0.793
$Fe^{3+}+e^- \longrightarrow Fe^{2+}$	0.771
$BrO^-+H_2O+2e^- \longrightarrow Br^-+2OH^-$	0.76
O_2(气)$+2H^++2e^- \longrightarrow H_2O_2$	0.682
$AsO_2^-+2H_2O+3e^- \longrightarrow As+4OH^-$	0.68
$2HgCl_2+2e^- \longrightarrow Hg_2Cl_2$(固)$+2Cl^-$	0.63
Hg_2SO_4(固)$+2e^- \longrightarrow 2Hg+SO_4^{2-}$	0.615 1
$MnO_4^-+2H_2O+3e^- \longrightarrow MnO_2$(固)$+4OH^-$	0.588
$MnO_4^-+e^- \longrightarrow MnO_4^{2-}$	0.564
$H_3AsO_4+2H^++2e^- \longrightarrow HAsO_2+2H_2O$	0.559
$I_3^-+2e^- \longrightarrow 3I^-$	0.545
I_2(固)$+2e^- \longrightarrow 2I^-$	0.534 5
Mo(Ⅵ)$+e^- \longrightarrow$ Mo(Ⅴ)	0.53
$Cu^++e^- \longrightarrow Cu$	0.52
$4SO_2$(水)$+4H^++6e^- \longrightarrow S_4O_6^{2-}+2H_2O$	0.51
$[HgCl_4]^{2-}+2e^- \longrightarrow Hg+4Cl^-$	0.48
$2SO_2$(水)$+2H^++4e^- \longrightarrow S_2O_3^{2-}+H_2O$	0.40
$[Fe(CN)_6]^{3-}+e^- \longrightarrow [Fe(CN)_6]^{4-}$	0.36
$Cu^{2+}+2e^- \longrightarrow Cu$	0.337
$VO^{2+}+2H^++e^- \longrightarrow V^{3+}+H_2O$	0.337
$BiO^++2H^++3e^- \longrightarrow Bi+H_2O$	0.32
Hg_2Cl_2(固)$+2e^- \longrightarrow 2Hg+2Cl^-$	0.267 6
$HAsO_2+3H^++3e^- \longrightarrow As+2H_2O$	0.248
$AgCl$(固)$+e^- \longrightarrow Ag+Cl^-$	0.222 3
$SbO^++2H^++3e^- \longrightarrow Sb+H_2O$	0.212
$SO_4^{2-}+4H^++2e^- \longrightarrow SO_2$(水)$+H_2O$	0.17
$Cu^{2+}+e^- \longrightarrow Cu^+$	0.159
$Sn^{4+}+2e^- \longrightarrow Sn^{2+}$	0.154
$S+2H^++2e^- \longrightarrow H_2S$(气)	0.141
$Hg_2Br_2+2e^- \longrightarrow 2Hg+2Br^-$	0.139 5
$TiO^{2+}+2H^++e^- \longrightarrow Ti^{3+}+H_2O$	0.1

续表

半反应	$\varphi^{\ominus}$/V
$S_4O_6^{2-}+2e^- \longrightarrow 2S_2O_3^{2-}$	0.08
$AgBr$(固)$+e^- \longrightarrow Ag+Br^-$	0.071
$2H^++2e^- \longrightarrow H_2$	0.000
$O_2+H_2O+2e^- \longrightarrow HO_2^-+OH^-$	−0.067
$TiOCl^++2H^++3Cl^-+e^- \longrightarrow [TiCl_4]^-+H_2O$	−0.09
$Pb^{2+}+2e^- \longrightarrow Pb$	−0.126
$Sn^{2+}+2e^- \longrightarrow Sn$	−0.136
AgI(固)$+e^- \longrightarrow Ag+I^-$	−0.152
$Ni^{2+}+2e^- \longrightarrow Ni$	−0.246
$H_3PO_4+2H^++2e^- \longrightarrow H_3PO_3+H_2O$	−0.276
$Co^{2+}+2e^- \longrightarrow Co$	−0.277
$Tl^++e^- \longrightarrow Tl$	−0.336 0
$In^{3+}+3e^- \longrightarrow In$	−0.345
$PbSO_4$(固)$+2e^- \longrightarrow Pb+SO_4^{2-}$	−0.355 3
$SeO_3^{2-}+3H_2O+4e^- \longrightarrow Se+6OH^-$	−0.366
$As+3H^++3e^- \longrightarrow AsH_3$	−0.38
$Se+2H^++2e^- \longrightarrow H_2Se$	−0.40
$Cd^{2+}+2e^- \longrightarrow Cd$	−0.403
$Cr^{3+}+e^- \longrightarrow Cr^{2+}$	−0.41
$Fe^{2+}+2e^- \longrightarrow Fe$	−0.440
$S+2e^- \longrightarrow S^{2-}$	−0.48
$2CO_2+2H^++2e^- \longrightarrow H_2C_2O_4$	−0.49
$H_3PO_3+2H^++2e^- \longrightarrow H_3PO_2+H_2O$	−0.50
$Sb+3H^++3e^- \longrightarrow SbH_3$	−0.51
$HPbO_2^-+H_2O+2e^- \longrightarrow Pb+3OH^-$	−0.54
$Ga^{3+}+3e^- \longrightarrow Ga$	−0.56
$TeO_3^{2-}+3H_2O+4e^- \longrightarrow Te+6OH^-$	−0.57
$2SO_3^{2-}+3H_2O+4e^- \longrightarrow S_2O_3^{2-}+6OH^-$	−0.58
$SO_3^{2-}+3H_2O+4e^- \longrightarrow S+6OH^-$	−0.66
$AsO_4^{3-}+2H_2O+2e^- \longrightarrow AsO_2^-+4OH^-$	−0.67
Ag_2S(固)$+2e^- \longrightarrow 2Ag+S^{2-}$	−0.69
$Zn^{2+}+2e^- \longrightarrow Zn$	−0.763
$2H_2O+2e^- \longrightarrow H_2+2OH^-$	−0.828
$Cr^{2+}+2e^- \longrightarrow Cr$	−0.91
$HSnO_2^-+H_2O+2e^- \longrightarrow Sn+3OH^-$	−0.91
$Se+2e^- \longrightarrow Se^{2-}$	−0.92

续表

半反应	$\varphi^{\ominus}$/V
$Sn(OH)_6^{2-}+2e^- \rightleftharpoons HSnO_2^-+H_2O+3OH^-$	−0.93
$CNO^-+H_2O+2e^- \rightleftharpoons CN^-+2OH^-$	−0.97
$Mn^{2+}+2e^- \rightleftharpoons Mn$	−1.182
$ZnO_2^{2-}+2H_2O+2e^- \rightleftharpoons Zn+4OH^-$	−1.216
$Al^{3+}+3e^- \rightleftharpoons Al$	−1.66
$H_2AlO_3^-+H_2O+3e^- \rightleftharpoons Al+4OH^-$	−2.35
$Mg^{2+}+2e^- \rightleftharpoons Mg$	−2.37
$Na^++e^- \rightleftharpoons Na$	−2.714
$Ca^{2+}+2e^- \rightleftharpoons Ca$	−2.87
$Sr^{2+}+2e^- \rightleftharpoons Sr$	−2.89
$Ba^{2+}+2e^- \rightleftharpoons Ba$	−2.90
$K^++e^- \rightleftharpoons K$	−2.925
$Li^++e^- \rightleftharpoons Li$	−3.042

表 14 一些氧化还原电对的条件电势

半反应	$\varphi^{\ominus\prime}$/V	介质
$Ag(II)+e^- \rightleftharpoons Ag^+$	1.927	$4\ mol\cdot L^{-1}\ HNO_3$
$Ce(IV)+e^- \rightleftharpoons Ce(III)$	1.74	$1\ mol\cdot L^{-1}\ HClO_4$
	1.44	$0.5\ mol\cdot L^{-1}\ H_2SO_4$
	1.28	$1\ mol\cdot L^{-1}\ HCl$
$Co^{3+}+e^- \rightleftharpoons Co^{2+}$	1.84	$3\ mol\cdot L^{-1}\ HNO_3$
[Co(乙二胺)$_3$]$^{3+}$+e^- ⇌ [Co(乙二胺)$_3$]$^{2+}$	−0.2	$0.1\ mol\cdot L^{-1}\ KNO_3$+ 0.1 mol·L^{-1} 乙二胺
$Cr(III)+e^- \rightleftharpoons Cr(II)$	−0.40	$5\ mol\cdot L^{-1}\ HCl$
$Cr_2O_7^{2-}+14H^++6e^- \rightleftharpoons 2Cr^{3+}+7H_2O$	1.08	$3\ mol\cdot L^{-1}\ HCl$
	1.15	$4\ mol\cdot L^{-1}\ H_2SO_4$
	1.025	$1\ mol\cdot L^{-1}\ HClO_4$
$CrO_4^{2-}+2H_2O+3e^- \rightleftharpoons CrO_2^-+4OH^-$	−0.12	$1\ mol\cdot L^{-1}\ NaOH$
$Fe(III)+e^- \rightleftharpoons Fe^{2+}$	0.767	$1\ mol\cdot L^{-1}\ HClO_4$
	0.71	$0.5\ mol\cdot L^{-1}\ HCl$
	0.68	$1\ mol\cdot L^{-1}\ H_2SO_4$
	0.68	$1\ mol\cdot L^{-1}\ HCl$
	0.46	$2\ mol\cdot L^{-1}\ H_3PO_4$
	0.51	$1\ mol\cdot L^{-1}\ HCl$– $0.25\ mol\cdot L^{-1}\ H_3PO_4$
$[Fe(EDTA)]^-+e^- \rightleftharpoons [Fe(EDTA)]^{2-}$	0.12	$0.1\ mol\cdot L^{-1}$ EDTA pH=4~6

续表

半反应	$\varphi^{\ominus'}$/V	介质
$[Fe(CN)_6]^{3-}+e^- \longrightarrow [Fe(CN)_6]^{4-}$	0.56	$0.1\ mol\cdot L^{-1}$ HCl
$FeO_4^{2-}+2H_2O+3e^- \longrightarrow FeO_2^-+4OH^-$	0.55	$10\ mol\cdot L^{-1}$ NaOH
$I_3^-+2e^- \longrightarrow 3I^-$	0.544 6	$0.5\ mol\cdot L^{-1}\ H_2SO_4$
I_2(水)$+2e^- \longrightarrow 2I^-$	0.627 6	$0.5\ mol\cdot L^{-1}\ H_2SO_4$
$MnO_4^-+8H^++5e^- \longrightarrow Mn^{2+}+4H_2O$	1.45	$1\ mol\cdot L^{-1}\ HClO_4$
$[SnCl_6]^{2-}+2e^- \longrightarrow [SnCl_4]^{2-}+2Cl^-$	0.14	$1\ mol\cdot L^{-1}$ HCl
Sb(Ⅴ)$+2e^- \longrightarrow$ Sb(Ⅲ)	0.75	$3.5\ mol\cdot L^{-1}$ HCl
$[Sb(OH)_6]^-+2e^- \longrightarrow SbO_2^-+2OH^-+2H_2O$	−0.428	$3\ mol\cdot L^{-1}$ NaOH
$SbO_2^-+2H_2O+3e^- \longrightarrow Sb+4OH^-$	−0.675	$10\ mol\cdot L^{-1}$ KOH
Ti(Ⅳ)$+e^- \longrightarrow$ Ti(Ⅲ)	−0.01	$0.2\ mol\cdot L^{-1}\ H_2SO_4$
	0.12	$2\ mol\cdot L^{-1}\ H_2SO_4$
	−0.04	$1\ mol\cdot L^{-1}$ HCl
	−0.05	$1\ mol\cdot L^{-1}\ H_3PO_4$
Pb(Ⅱ)$+2e^- \longrightarrow$ Pb	−0.32	$1\ mol\cdot L^{-1}$ NaAc

表 15　微溶化合物的溶度积(18~25℃, *I*=0)

微溶化合物	K_{sp}	pK_{sp}	微溶化合物	K_{sp}	pK_{sp}
AgAc	2×10^{-3}	2.7	$BaSO_4$	1.1×10^{-10}	9.96
Ag_3AsO_4	1×10^{-22}	22.0	$Bi(OH)_3$	4×10^{-31}	30.4
AgBr	5.0×10^{-13}	12.30	BiOOH**	4×10^{-10}	9.4
Ag_2CO_3	8.1×10^{-12}	11.09	BiI_3	8.1×10^{-19}	18.09
AgCl	1.8×10^{-10}	9.75	BiOCl	1.8×10^{-31}	30.75
Ag_2CrO_4	2.0×10^{-12}	11.71	$BiPO_4$	1.3×10^{-23}	22.89
AgCN	1.2×10^{-16}	15.92	Bi_2S_3	1×10^{-97}	97.0
AgOH	2.0×10^{-8}	7.71	$CaCO_3$	2.9×10^{-9}	8.54
AgI	9.3×10^{-17}	16.03	CaF_2	2.7×10^{-11}	10.57
$Ag_2C_2O_4$	3.5×10^{-11}	10.46	$CaC_2O_4\cdot H_2O$	2.0×10^{-9}	8.70
Ag_3PO_4	1.4×10^{-16}	15.84	$Ca_3(PO_4)_2$	2.0×10^{-29}	28.70
Ag_2SO_4	1.4×10^{-5}	4.84	$CaSO_4$	9.1×10^{-6}	5.04
Ag_2S	2×10^{-49}	48.7	$CaWO_4$	8.7×10^{-9}	8.06
AgSCN	1.0×10^{-12}	12.00	$CdCO_3$	5.2×10^{-12}	11.28
$Al(OH)_3$(无定形)	1.3×10^{-33}	32.9	$Cd_2[Fe(CN)_6]$	3.2×10^{-17}	16.49
As_2S_3*	2.1×10^{-22}	21.68	$Cd(OH)_2$(新析出)	2.5×10^{-14}	13.60
$BaCO_3$	5.1×10^{-9}	8.29	$CdC_2O_4\cdot 3H_2O$	9.1×10^{-8}	7.04
$BaCrO_4$	1.2×10^{-10}	9.93	CdS	8×10^{-27}	26.1
BaF_2	1×10^{-5}	6.0	$CoCO_3$	1.4×10^{-13}	12.84
$BaC_2O_4\cdot H_2O$	2.3×10^{-8}	7.64	$Co_2[Fe(CN)_6]$	1.8×10^{-15}	14.74

续表

微溶化合物	K_{sp}	pK_{sp}	微溶化合物	K_{sp}	pK_{sp}
$Co(OH)_2$(新析出)	2×10^{-15}	14.7	$Mg(OH)_2$	1.8×10^{-11}	10.74
$Co(OH)_3$	2×10^{-44}	43.7	$MnCO_3$	1.8×10^{-11}	10.74
$Co[Hg(SCN)_4]$	1.5×10^{-8}	5.82	$Mn(OH)_2$	1.9×10^{-13}	12.72
α-CoS	4×10^{-21}	20.4	MnS(无定形)	2×10^{-10}	9.7
β-CoS	2×10^{-25}	24.7	MnS(晶形)	2×10^{-13}	12.7
$Co_3(PO_4)_2$	2×10^{-35}	34.7	$NiCO_3$	6.6×10^{-9}	8.18
$Cr(OH)_3$	6×10^{-31}	30.2	$Ni(OH)_2$(新析出)	2×10^{-15}	14.7
CuBr	5.2×10^{-9}	8.28	$Ni_3(PO_4)_2$	5×10^{-31}	30.3
CuCl	1.2×10^{-3}	5.92	α-NiS	3×10^{-19}	18.5
CuCN	3.2×10^{-20}	19.49	β-NiS	1×10^{-24}	24.0
CuI	1.1×10^{-12}	11.96	γ-NiS	2×10^{-26}	25.7
CuOH	1×10^{-14}	14.0	$PbCO_3$	7.4×10^{-14}	13.13
Cu_2S	2×10^{-48}	47.7	$PbCl_2$	1.6×10^{-5}	4.79
CuSCN	4.8×10^{-15}	14.32	PbClF	2.4×10^{-9}	8.62
$CuCO_3$	1.4×10^{-10}	9.86	$PbCrO_4$	2.8×10^{-13}	12.55
$Cu(OH)_2$	2.2×10^{-20}	19.66	PbF_2	2.7×10^{-8}	7.57
CuS	6×10^{-36}	35.2	$Pb(OH)_2$	1.2×10^{-15}	14.93
$FeCO_3$	3.2×10^{-11}	10.50	PbI_2	7.1×10^{-9}	8.15
$Fe(OH)_2$	8×10^{-16}	15.1	$PbMoO_4$	1×10^{-13}	13.0
FeS	6×10^{-18}	17.2	$Pb_3(PO_4)_2$	8.0×10^{-43}	42.10
$Fe(OH)_3$	4×10^{-38}	37.4	$PbSO_4$	1.6×10^{-8}	7.79
$FePO_4$	1.3×10^{-22}	21.89	PbS	8×10^{-28}	27.9
Hg_2Br_2***	5.8×10^{-23}	22.24	$Pb(OH)_4$	3×10^{-66}	65.5
Hg_2CO_3	8.9×10^{-17}	16.05	$Sb(OH)_3$	4×10^{-42}	41.4
Hg_2Cl_2	1.3×10^{-18}	17.88	Sb_2S_3	2×10^{-93}	92.8
$Hg_2(OH)_2$	2×10^{-24}	23.7	$Sn(OH)_2$	1.4×10^{-23}	27.85
Hg_2I_2	4.5×10^{-29}	28.35	SnS	1×10^{-25}	25.0
Hg_2SO_4	7.4×10^{-7}	6.13	$Sn(OH)_4$	1×10^{-56}	56.0
Hg_2S	1×10^{-47}	47.0	SnS_2	2×10^{-27}	26.7
$Hg(OH)_2$	3.0×10^{-25}	25.52	$SrCO_3$	1.1×10^{-10}	9.96
HgS(红色)	4×10^{-53}	52.4	$SrCrO_4$	2.2×10^{-5}	4.65
HgS(黑色)	2×10^{-52}	51.7	SrF_2	2.4×10^{-9}	8.61
$MgNH_4PO_4$	2×10^{-13}	12.7	$SrC_2O_4\cdot H_2O$	1.6×10^{-7}	6.80
$MgCO_3$	3.5×10^{-3}	7.46	$Sr_3(PO_4)_2$	4.1×10^{-28}	27.39
MgF_2	6.4×10^{-9}	8.19	$SrSO_4$	3.2×10^{-7}	6.49

续表

微溶化合物	K_{sp}	pK_{sp}	微溶化合物	K_{sp}	pK_{sp}
$Ti(OH)_3$	1×10^{-40}	40.0	$Zn(OH)_2$	1.2×10^{-17}	16.92
$TiO(OH)_2$***	1×10^{-29}	29.0	$Zn_3(PO_4)_2$	9.1×10^{-33}	32.04
$ZnCO_3$	1.4×10^{-11}	10.84	ZnS	2×10^{-22}	21.7
$Zn_2[Fe(CN)_6]$	4.1×10^{-16}	15.39			

* 为下列平衡的平衡常数 $As_2S_3+4H_2O \rightleftharpoons 2HAsO_2+3H_2S$

**BiOOH: $K_{sp}=[BiO^+][OH^-]$

***$(Hg_2)_mX_n$: $K_{sp}=[Hg_2^{2+}]^m[X^{-2m/n}]^n$

****$TiO(OH)_2$: $K_{sp}=[TiO^{2+}][OH^-]^2$

主要参考文献